·通用经济系列教材·

Game Theory

博弈论

——思想方法及应用

焦宝聪　陈兰平　方海光　编著

中国人民大学出版社
·北京·

图书在版编目（CIP）数据

博弈论——思想方法及应用/焦宝聪，陈兰平，方海光编著. —北京：中国人民大学出版社，2013.5
通用经济系列教材
ISBN 978-7-300-17474-7

Ⅰ.①博… Ⅱ.①焦…②陈…③方… Ⅲ.①博弈论-高等学校-教材 Ⅳ.①O225

中国版本图书馆 CIP 数据核字（2013）第 098312 号

通用经济系列教材
博弈论——思想方法及应用
焦宝聪　陈兰平　方海光　编著
Boyilun

出版发行	中国人民大学出版社		
社　　址	北京中关村大街 31 号	**邮政编码**	100080
电　　话	010－62511242（总编室）		010－62511398（质管部）
	010－82501766（邮购部）		010－62514148（门市部）
	010－62515195（发行公司）		010－62515275（盗版举报）
网　　址	http://www.crup.com.cn		
	http://www.ttrnet.com（人大教研网）		
经　　销	新华书店		
印　　刷	北京七色印务有限公司		
规　　格	185 mm×260 mm　16 开本	**版　　次**	2013 年 6 月第 1 版
印　　张	12	**印　　次**	2013 年 6 月第 1 次印刷
字　　数	269 000	**定　　价**	24.00 元

出版说明

随着经济全球化的不断深入，中国经济走上了高速发展的通道，获得了前所未有的发展。越来越多的人认识到，要想真正融入现代社会，无论是什么专业背景、从事何种工作，学习经济类课程对工作都非常有帮助。顺应这一形势，我国大部分高等院校也开始重视经济类课程的教学和经济类课程的普及。一方面，越来越多的经济类课程成为高校非经济专业选修的热门课程；另一方面，许多理工科学生把经济类专业当作第二学位来学习。但是，现有的经济类教材大部分在内容上都有一定的深度，适合非经济类专业或初涉经济学专业的学生学习的教材较少。鉴于这种情况，我们组织编写了这套“通用经济系列教材”。本套教材在组织编写上，遵循了以下原则：

第一，所列课程均为经济类的基础课程，能够适应不同专业学生的普及学习。

第二，教材在编写上力求简明、通俗，篇幅适中，重视基础知识和基本原理的讲解。

第三，在内容上尽量减少纯理论的阐述、证明等，增加一些实际案例、专栏、开篇案例导读之类的东西，使教材的可读性更强，内容更易于理解。

我们秉承中国人民大学出版社“出教材学术精品，育人文社科英才”的宗旨，紧跟时代脉搏，不断推出精品，提升教材的质量，为中国高等教育和实践水平的提升做出贡献。我们希望广大读者的建议和鞭策，能够促使我们不断对本套丛书进行改进和完善，以更好地服务读者。

中国人民大学出版社

内容简介

本书作为大学经管类各专业博弈论入门教材，向读者介绍博弈论的优秀思想、方法以及应用，使读者能在短时间内领会博弈论的精髓，增强用博弈论的知识解决问题的意识和能力，以达到开阔视野、启发心智、提高工作效益的效果。全书共分五章：第一章主要介绍博弈论的基本概念；第二章系统介绍非合作博弈；第三章重点介绍合作博弈；第四章精要介绍动态博弈；第五章讨论博弈论在机制设计及拍卖中的应用等。

本书着重介绍策略思维和博弈论方法，对有些理论问题，我们尽量从认识论和方法论的高度来阐述说明，以启发读者的深入思考。针对有些较为繁杂的计算过程，介绍了工具软件 Excel 和 WinQSB 的使用方法。特别地，对分配机制设计中介绍的“塔木德分配方案”，我们给出了一般性算法，解决了“多人争产问题”的复杂的计算问题并配备了计算软件。据我们了解，这在国内尚属首次。另外，为各章精心设计了适量的习题，以便于读者检验自己的学习效果。各章附录，使本书读起来更加生动有趣。

本书行文通俗易懂，内容深入浅出，既可作为高等院校大学经管类各专业的入门教材，同时也会对从事规划、投资、决策、管理等领域工作的各级行政管理人员、企业管理者或是想了解博弈论的人们提供积极的帮助。

前　言

著名经济学家、1970年诺贝尔经济学奖获得者保罗·萨缪尔逊（Paul A. Samuelson，1915—2009）曾经说过："要想在现代社会做一个有文化的人，你必须对博弈论有一个大致了解。"博弈论（game theory）是运筹学的一个重要分支，是研究有竞争对手存在时决策者的策略选择及策略均衡问题的科学。在冲突局势下，决策者如何选择最优策略是人们普遍关心的问题。因此，博弈论的发展与应用具有非常广阔的空间和强大的生命力。博弈论正在成为经济学、政治学、军事科学、法学、社会学等领域极其有用的分析工具。现代社会尤其是读经管类各专业的大学生更需要学会博弈论的思想方法，增强使用博弈论知识解决实际问题的意识和能力，机智地应对现代经济社会中具有竞争性的决策优化问题。

本书作为高等院校经管类各专业的入门教材，基本特点有三：

1. 教材按照由浅入深、循序渐进的原则，通过准确、系统地介绍非合作博弈、合作博弈和动态博弈等基础知识，揭示了博弈决策的基本规律，并讨论了博弈论在经济学、社会学等诸多领域的应用。

2. 注意从应用的角度审视博弈论，帮助学生体会博弈论的思想方法。为使经管类各专业和其他非数学专业的大学生对博弈论的学习不但有兴趣而且能学有成效，我们尽量避开或化解高深数学方法，避免从抽象的概念出发，而注重通过具体的实例引入概念；在介绍各种博弈模型时，注意说明其使用背景及应用范围，并在给出一般分析方法的同时，介绍相应的计算机软件求解方法，以方便学生对实际问题的求解。这一特点对非数学专业的大学生来说，是非常重要的。

3. 利用大量的案例分析使概念和理论便于理解，并激发读者的积极思考。这些案例涉及的领域非常广泛，既包括经济学、政治学、军事学、生物学，也包括商业以及国际关系的分析等。

本书介绍的内容具有较强的系统性、可读性，方法具有较强的实用性、可操作性，使读者在系统学习博弈论的优秀思想、方法以及应用的同时，可以在比较短的时间内领会博弈论的精髓，进而提高用博弈论知识解决问题的意识和能力。

根据博弈论的逻辑结构，我们将全书内容分为五章：第一章介绍什么是博弈论，博弈论的基本概念，博弈的表述模型及博弈分析的基本特征。其后三章中的每一章都介绍一种类型的博弈，对各种博弈问题、博弈原理的实际意义都有通俗简洁、深入浅出的阐述。第二章除介绍非合作博弈的基本内容外，还详细介绍了用 Excel 软件求解二人非零和博弈的方法，使高阶混和策略博弈问题的复杂求解过程变得简单轻松。第五章除介绍博弈论在机制设计、拍卖市场中的应用外，我们特别给出了有 $n(n\geqslant 2)$ 人参与的“塔木德财产分配方案”的一般算法，通过编程实践，表明此算法的应用方便准确，解决了复杂的计算问题。据我们了解，这在国内尚属首次。另外，我们为各章精心设计了适量的习题。浏览书中安排的附录一定有助于提高读者的学习兴趣。相信读者一定能够从学习或讲授博弈论的过程中体会到别样的乐趣。

为提高本书的使用效率，方便教师进行多媒体教学，我们提供了开放的电子教案和习题解答，教师可在此基础上根据需要进行修改。同时，为提高读者学习、使用博弈论的收益，我们还提供了相应的计算软件以方便读者进行计算或进行数学实验，可以通过电子邮箱 jiaobc3093@126.com 与作者联系。

由于编者水平有限，不妥之处恳请读者给予指正，欢迎提出改进建议。

在编写本书的过程中，我们参阅了大量文献，在此向文献的作者们表示衷心感谢！

焦宝聪　2012 年 11 月
于首都师范大学

目　录

第一章 引　言

在人类社会发展中，存在着大量的竞争或对抗性质的行为，我们将这种行为称为**博弈行为**。在这类行为中，参与竞争或对抗的各方各自具有不同的目标和利益，为了达到各自的目的，各方必须考虑对手的各种可能的应对策略，并力图选取对自己最为有利或最合理的应对策略。博弈论是一门正统的科学，同时也是抽象的和推论性的。与可预知性或解释性原理相反，博弈论是不可预知的，这正是有时被称为“标准化”理论的原因。如果说经济学为资源的配置提供了一个分析框架，那么博弈论则为交互的决策提供了一个分析框架。博弈论的真正精髓在于它丰富的思想内涵。本章将介绍什么是博弈论、博弈论对经济学的影响、博弈论的基本概念以及博弈论的基本假设和研究方法的主要特征。

1.1　什么是博弈论

按照2005年诺贝尔经济学奖得主罗伯特·奥曼（Robert Aumann）的看法，**所谓博弈就是策略性的互动决策**。在互动局势中，必须具有策略思维，否则就可能无法洞察局势而导致最终失败。**博弈论（games theory）就是专门研究在互动局势下人们的策略行为的学问**。博弈论在政治、军事、经济学、心理学、生物学等领域获得了广泛的应用，其中，在经济学、生物学、政治、军事中的应用取得了相当大的成就。1994—2012年期间，诺贝尔经济学奖曾六次眷顾博弈论，表明了博弈论在主流经济学中的地位及其对现代

经济学的影响与贡献。

博弈最初主要研究象棋、桥牌、赌博中的胜负问题，人们对博弈局势的把握只停留在经验上，没有进一步深入地向理论化发展，正式发展成一门博弈论学科则是在20世纪初。1928年数学家冯·诺伊曼（J. von Neumann）证明了博弈论的基本原理，从而宣告了博弈论的正式诞生。1944年冯·诺伊曼和经济学家奥斯卡·摩根斯顿（O. Morgenstern）合著出版了《博弈论与经济行为》一书，成为博弈论的经典之作，见图1—1。

图1—1　《博弈论与经济行为》及作者

该书不仅建立了博弈论严格的公理化体系，且对大量的经济活动进行了深入的分析，从而奠定了这一学科的基础和理论体系。经过半个多世纪的研究和拓展，博弈论已经成为整个社会科学特别是经济学的核心。

图1—2　亚当·斯密

微观经济学建立在现代西方经济学鼻祖——英国经济学家亚当·斯密（Adam Smith，1723—1790）的“看不见的手”这一原理的基础上（见图1—2）。1776年，亚当·斯密在《国民财富的性质和原因的研究》一书中写了如下名言：“每个人都在力图应用他的资本，来使其生产品能得到最大的价值。一般地说，他并不企图增进公共福利，也不知道他所增进的公共福利为多少，他所追求的仅仅是他个人的安乐，仅仅是他个人的利益。在这样做时，有一只看不见的手引导他去促进一种目标，而这种目标绝不是他所追求的东西。由于追求他自己的利益，他经常促进了社会利益，其效果要比他真正想促进社会利益时所得到的效果更大。”

这就是说，每个人的自利行为在“看不见的手”的指引下，追求自身利益最大化的同时也促进了社会公共利益的增长，即自利会带来互利。

传统经济学秉承了亚当·斯密的思想，它认为：人的经济行为的根本动机是自利，自私是个好东西，每个人都有权追求自己的利益，没有自私社会就不会进步，现代社会的财富是建立在对每个人自利权力的保护上的。因此，经济学不必担心人们参与竞争的动力，只需关注如何让每个求利者能够自由参与尽可能展开公平竞争的市场机制。只要市场机制公正，就会增进社会福利。事实果真总是如此吗？

下述“囚徒困境”问题（例 1.1）的结果恰恰表明，个人理性不能通过市场导致社会福利的最优。每一个参与者可以相信市场所提供的一切条件，但无法确信其他参与者能否与自己一样遵守市场规则。博弈论的科学分析让人们开始重新审视这一传统的观点。

“囚徒困境”问题最早是由美国普林斯顿大学数学家 A. W. 塔克（A. W. Tucker）于 1950 年提出来的。他当时编了一个故事，向斯坦福大学的一群心理学家解释什么是博弈论。“囚徒困境”提供了一个复杂的情景，“囚徒”必须在竞争与合作中做出选择。

例 1.1 囚徒困境（prisoner’s dilemma）问题

鲍勃和埃尔两个窃贼在偷盗地点附近被警察抓住，分别关押。对每个囚徒，地方检察官给出的政策是：如果一个囚徒坦白了罪行，交出了赃物，那么证据确凿，两人都被判有罪；如果另一个囚徒也作了坦白，则两人各被判刑 8 年；如果另一个囚徒没有坦白而是抵赖，则以妨碍公务罪（因已有证据表明其有罪）再加刑 2 年，而坦白者有功被减刑 8 年，立即释放；如果两人都抵赖，则地方检察官因证据不足不能判两人有偷窃罪，可以按照私人民宅罪将两人各判入狱 1 年。显然，这是检察官给两个囚徒构造的一个博弈。

我们用表格形式分析两个囚徒的情况。表 1—1 中的数字描述表示囚徒被宣判服刑的年数，也称为对应他们所采取的各种策略的支付。

表 1—1 囚徒困境问题的支付

		埃尔	
		认罪	不认罪
鲍勃	认罪	8，8	0，10
	不认罪	10，0	1，1

表中内容这样解释：囚徒的策略是认罪或不认罪，每个囚徒选择其中一个策略。表中的每组数字是两个囚徒选择不同策略时得到的被判服刑年数，逗号左边的数字是鲍勃的支付，右边的数字是埃尔的支付。以第一列为例：如果两个囚徒都认罪，都将被判服刑 8 年；如果鲍勃不认罪，埃尔认罪，则鲍勃被判服刑 10 年，埃尔获释。

这个博弈问题的结果是什么呢？一个博弈中各博弈方的问题是他们不知道对手会选择什么策略。在这种情况下，最有可能出现的结果是：每个人都会采用能够最大化自己收益的相应策略。

如果两个囚徒都想服刑时间最短，什么样的策略才是理性的呢？鲍勃的理性思考是：“有两种可能性会发生：埃尔认罪或不认罪。假定埃尔认罪，此时自己若认罪将被判服刑 8 年，若不认罪将被判服刑 10 年，所以最佳选择应该是认罪；相反，假定埃尔不认罪，此时自己若认罪将获释，若不认罪将被判服刑 1 年，所以最佳选择应该是认罪。”同理，埃尔也会选择认罪。其结果是两人都认罪，各被判服刑 8 年。

注意到在（认罪，认罪）这个策略组合中，两个囚徒都不能通过单方面改变策略以增加自己的效益，因此，谁也没有动力游离这个策略组合，于是，就形成了一种均衡状态。

然而，不难发现，无论是对两个囚徒个人还是对两个囚徒总体，最佳的结果都不是同时认罪各得到 8 年的惩罚，而是都不认罪各得到 1 年的惩罚，这就形成了所谓的囚徒困境。囚徒困境反映了一个很深刻的问题：**个体理性与集体理性的冲突**。以自我利益为目标的“理性”行为，导致了两个囚徒得到相对较劣的收益。

囚徒困境本身就已经推翻了自由经济主义存在的理论基础：即将追求个人利益的动机变为社会最大利益的手段的“看不见的手”并不总是存在的。囚徒困境揭示了个体理性的选择与群体理性选择之间的矛盾，从个体利益出发的行为往往不能实现团体的最大利益；同时也揭示了市场理性本身的内在矛盾，从个体理性出发的行为最终也不一定能真正实现个体的最大利益，甚至会得到相当差的结果。博弈论分析的这一惊人结果给现代社会科学造成了深远的影响。

囚徒困境被看成是博弈论的代表性案例，不仅因为其简单易懂，还在于这种现象在人类社会中广泛存在，如交通拥堵问题、军备竞赛问题、环境污染问题，等等。从更深刻的意义上讲，囚徒困境模型动摇了传统社会学、经济学理论的基础，这是经济学的重大革命。

美国著名经济学家哈佛大学的经济学教授格里高利·曼昆（N. Gregory Mankiw）指出：“自 20 世纪 80 年代以来，博弈论几乎应用于经济学的所有领域——包括工业组织、国际贸易、劳动经济以及宏观经济学。在这些领域，博弈论都成功地更新了原有的研究方法。”进入 20 世纪 90 年代以来，博弈论已融入主流经济学并对经济学产生了革命性的影响。

在现实生活中，博弈无处不在，除了广泛存在于经济领域外，国际问题、军事领域、现代企业管理、教育、社会问题、甚至家庭生活等方面只要涉及人群的互动就有博弈。

1.2 博弈论的基本概念

1. 基本概念

首先需要注意的是，博弈论研究的是理性行为，它认为：参与博弈的人是理性的，即人人都会根据对手的策略，选择自己的最优反应，以最大化自身的利益。这是博弈论研究的基本假设，这一基本假设为人们进行博弈论分析奠定了理论基础。

一般来说，每一局博弈都至少包含 3 个要素。

(1) 局中人（players）。

在一个博弈中，每一个有决策权的参与者都被称为一个局中人。只有两个局中人的博弈现象称为“二人博弈”，而多于两个局中人的博弈称为“多人博弈”。

局中人（或称参与人、参与者）不仅可以是个人，还可以是国家、企业、组织或一

群人。局中人是博弈的主体。

（2）策略集（strategies）。

一局博弈中，每个局中人都有可选择的、实际可行的、完整的行动方案，即方案不是某阶段的行动方案，而是指导整个行动的一个方案。一个局中人的一个可行的自始至终全局筹划的行动方案，称为这个局中人的一个策略，一个局中人的所有策略的集合称为该局中人的策略集。如果在一局博弈中，每个局中人的策略集都是有限集合，则称该局博弈为“有限博弈”，否则称为“无限博弈”。

（3）支付函数（payoff function）。

一局博弈结束时的结果称为支付或收益。每个局中人在一局博弈结束时的得失，不仅与该局中人自身所选择的策略有关，而且与其他局中人所选取的策略有关，正是这种策略的互动，使得博弈充满了趣味与魅力。一局博弈结束时，全体局中人所选取的一组策略，称为一个局势。每个局中人的“得失”是局势的函数，通常称为支付函数或收益函数。

支付函数值可能本身就是某种量值，如产量、利润、工资等，也可能是量化的某种效用，如幸福感、成就感、满意程度等。支付函数值可能是正值，也可能是负值。支付是局中人真正关心的东西，是进行判断和决策的依据。

例如，在囚徒困境问题中，局中人是鲍勃和埃尔；鲍勃的策略集合为｛认罪，不认罪｝，埃尔的策略集合为｛认罪，不认罪｝；鲍勃和埃尔的支付函数用表格表示，可见表1—1。

除此之外，博弈论中的基本概念还包括：行动、信息、结果和均衡。行动是局中人的决策变量；信息是局中人在进行博弈时有关其他局中人的特征和行动的知识；结果是博弈分析者感兴趣的要素的集合；均衡是所有局中人的最优策略形成的局势或行动的集合，是博弈最可能出现的结果。如何找出博弈问题的均衡局势，是博弈中最关心的问题。

2. 博弈的实例

例 1.2 市场进入博弈

在某产品市场上，厂商 A 和 B 对是否进入该市场进行决策。A 是先行动者，B 在观察了 A 的行动后再决定自己的行动。如果市场中只有一个厂商，则该厂商得到全部 1 个单位的收益。不进入市场的厂商收益为零。如果市场中有两个厂商，则各得到 −3 单位的收益。见图 1—3。两厂商该如何决策？

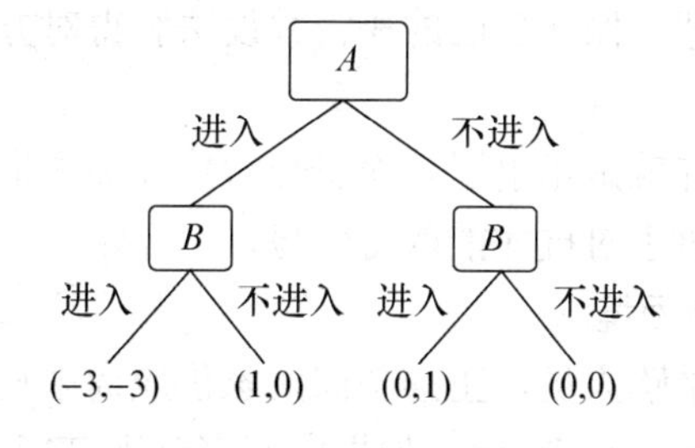

图 1—3 市场进入博弈

在博弈中，局中人往往是先考虑别人可能会怎么做，然后再采取行动。但是，如果你的做法是以对手的可能行动为依据，那么，对手在行动时，也同样会考虑你将来会怎么做，所以在某种程度上，你的做法其实是建立在你觉得对手认为你会怎么做的基础上的！

例 1.3　田忌赛马

战国时期（自公元前 475 周元王元年起，至公元前 221 年秦始皇吞并六国建立中国第一个统一的多民族的中央集权的封建国家为止）齐王与田忌赛马。双方约定：每人从自己的上、中、下三个等级的马中，各选出一匹马参赛，每一场比赛各出一匹马，一共比三场，每匹马只能参加一场比赛，每场比赛后输者要付给赢者一千金。就同级的马而言，齐王的马都比田忌的马强。在这场赛马博弈中，局中人是如何决策的？结果是怎样的？

在本博弈中局中人为齐王和田忌。以马出场的顺序而言，齐王有六种博弈策略。例如先用上等马，再用中等马，最后用下等马，以（上、中、下）表示。同样，田忌也有六种博弈策略，即两位局中人的策略集都含有六个策略，齐王和田忌的收益情况见表 1—2。每个数据对中左边的数字表示齐王的收益，右边的数字表示田忌的收益。

表 1—2　　**齐王与田忌的收益表**

		田忌					
		上中下	上下中	中上下	中下上	下中上	下上中
齐王	上中下	3，−3	1，−1	1，−1	1，−1	1，−1	−1，1
	上下中	1，−1	3，−3	1，−1	1，−1	−1，1	1，−1
	中上下	1，−1	−1，1	3，−3	1，−1	1，−1	1，−1
	中下上	−1，1	1，−1	1，−1	3，−3	1，−1	1，−1
	下中上	1，−1	1，−1	−1，1	1，−1	3，−3	1，−1
	下上中	1，−1	1，−1	1，−1	−1，1	1，−1	3，−3

博弈形势显然对田忌不利。但是田忌的谋士孙膑建议，每场比赛前要齐王报他要出哪匹马。孙膑让田忌的下等马对齐王的上等马，用中等马对齐王的下等马，用上等马对齐王的中等马。结果反而赢了齐王一千金，这是一个典型的博弈问题。它表明在博弈问题中，局中人必须运用智慧，保守自己的秘密并设法获得对方的情报，采取恰当的策略方能取得较好的结果。

人类最有趣的行为也许就是竞争了，而研究对抗冲突之道的博弈论，将从理论上说明理性且自利的人怎样与对手对抗才能取得优势。

例 1.4　供应商的囚徒困境

假定你是一家公司的采购人员，正准备向两家供应商采购 100 万个零配件。每个配件的生产成本是 6 元，市场价是 10 元。如果向两家分别订货 50 万个，则两家供应商各得利润 200 万元。这时你的总支出是 1 000 万元。为节省开支，你可以向两家供应商宣布，如果谁肯把价钱降到8.5元/个，谁就可以得到100万个配件的全部订货；如果两家都愿意以8.5元/个的价格供货，则两家各半。两家供应商只有一次机会，下次是否订货尚未可知。按照8.5元/个的价格订货100万个零配件，供应商的利润是250万元，订货50万个时供应商的利润是125万元。于是得到相应的收益表如下：

表1—3　　供应商的收益表

		供应商乙	
		8.5元/个	10元/个
供应商甲	8.5元/个	125，125	250，0
	10元/个	0，250	200，200

不难看出，供应商乙的供货价或为8.5元/个，或为10元/个；供应商甲的理性思考为："有两种情况可能会发生：假定乙的供货价为8.5元/个，此时自己若定价为10元/个，则收益为0；若自己定价为8.5元/个，将得到125万元的收益。"所以甲的最佳选择应是供货价为8.5元/个。同样，供应商乙也会做出类似的分析。因此，该博弈的均衡状态是（8.5元/个，8.5元/个）。你订货的总成本是850万元。

实际上，你给两家供应商构造了一个囚徒困境，利用这个囚徒困境，你可以节省150万元。

3. 博弈的分类

按博弈所具有的不同特征，其类型可分为如下几种。

（1）合作博弈与非合作博弈。

合作博弈主要研究人们达成合作的条件及如何分配合作得到的收益，即收益分配问题；非合作博弈研究人们在利益相互影响的局势中如何决策以使自己的收益最大，即策略选择问题。

合作博弈和非合作博弈的区别在于人们的行动为相互作用时，当事人能否达成一个具有约束力的协议（binding agreement）。若有，就是合作博弈；否则就是非合作博弈。例如，两个寡头企业，如果它们之间达成一个协议，联合最大化垄断利润，且各自按该协议生产，那么这就是合作博弈，其面临的问题是如何分享合作带来的增益。但若两个企业间的协议不具有约束力，即没有哪一方能强制另一方遵守该协议，每个企业都只选择自己的最优产量（或价格等），则这是非合作博弈。另外，合作博弈强调的是团体理性、效率、公正和公平。非合作博弈强调的是个人理性、个人最优决策，其结果可能是"理想"的，也可能是"不理想"的。

（2）完全信息与不完全信息博弈。

完全信息博弈是指每个局中人对所有局中人的策略集及策略组合下的支付有充分了解的博弈；反之，则称为不完全信息博弈。

（3）静态博弈与动态博弈。

静态博弈是指局中人同时采取行动，或者尽管有先后顺序，但后行动者不知道先行动者的策略的博弈；动态博弈是指双方的行动有先后顺序并且后行动者可以知道先行动者的策略的博弈。在四人进行的扑克牌游戏中，每个当事人所面临的是一场“完全无信息”的多人动态博弈；而在桥牌比赛中，每个当事人面对的则是一个“不完全无信息”博弈（有一定量的信息，因为有一个人要摊牌）。在各种广为流传的棋谱中，要分析每一种可能的情况，即分析对局者在每种局势下的最佳走法，实际上就是二人轮流进行的“动态最优”博弈。

（4）常和博弈与非常和博弈。

在每一个局势中，全体局中人的收益相加是一个常数的博弈，称为常和博弈；否则，称为非常和博弈。

（5）结盟博弈与不结盟博弈。

根据局中人是否结盟，还可以将博弈分为结盟博弈与不结盟博弈。

在众多博弈模型中，占有重要地位的是二人有限零和博弈，即在博弈中只有两个局中人，各自的策略集中只含有有限个策略，每局中两个局中人的收益总和为零（即一个局中人赢得的值恰为另一个局中人所输掉的值），这类博弈又称为矩阵博弈。

例 1.1 是二人非合作、完全信息、静态、有限、非常和博弈。

例 1.2 是二人非合作、完全信息、动态、有限、非常和博弈。

例 1.3 是二人非合作、完全信息、有限、零和博弈。

例 1.4 是二人非合作、完全信息、静态、有限、非常和博弈。

1.3　博弈的表述模型

博弈论的研究方法和其他许多利用数学工具研究社会经济现象的学科一样，都是从复杂的现象中抽象出基本的元素，并对这些元素构成的数学模型进行分析，而后逐步引入对其局势产生影响的其他因素，进而分析并得出其结果。

基于不同类型的不同抽象水平，形成三种博弈表述方式：标准式（列表或收益矩阵形式）、扩展式（博弈树形式）和特征函数式。利用这三种表述形式，可以研究形形色色的博弈问题。因此，博弈论被称为“社会科学的数学”。从理论上讲，博弈论是研究理性的行动者相互作用的形式理论，而实际上它正深入到经济学、政治学、社会学等领域，广泛地被各门社会科学所应用。例 1.1、例 1.3 的表述方式是标准式，例 1.2 的表述方式是扩展式。

标准式只能表示二人、三人博弈；扩展式则可以表示多人博弈，特别是动态多人博弈；特征函数式将出现在合作博弈的一般表示中，详见第三章。

1.4　博弈论分析的基本特征

博弈论是一种系统研究关于行为主体策略相互作用的理论，已形成一套完整的思想体系和方法论体系。博弈论分析具有下列特征。

1. 基本假设的合理性

博弈论的基本假设有两个：一是强调个人理性，假设当事人在进行决策时能够充分考虑到他所面临的局势，即他必须并且能够充分考虑到人们之间行为的相互作用及其可能影响，能够做出合乎理性的选择；二是假设博弈参与者要最大化自己的目标函数，通常选择使其收益最大化的策略。从社会生活的实际看，这两个假设是符合人们的心理规律的，因为在各种情形中各行为主体都有自己的利益或目标函数，都面临着策略选择问题，同时，在客观上也要求他选择最佳策略。从这个意义上看，可以把博弈论描述为一种分析当事人在一定情形中策略选择的方法。博弈论的这种基本假设是非常现实和合理的。

2. 研究对象的普遍性和应用范围的广泛性

随着社会经济的发展，人们的行为之间存在相互作用与相互依赖，不同的行为主体及其不同的行为方式所形成的利益冲突与合作，已成为一种普遍现象，这为博弈论的研究提供了十分丰富的研究对象，使博弈论的研究对象具有普遍性。在现实世界中，有人群互动的地方就存在博弈。一切涉及人们之间利益冲突与一致的问题、一切关于竞争或对抗的问题都是博弈论的研究对象。

由于现实社会中人与人之间行为的相互作用及利益冲突与一致的普遍存在，要求人们面对局势进行策略选择，因此也就需要应用博弈论去研究。一切都在博弈之中，现实社会中广泛存在合作与非合作博弈、完全信息与不完全信息下的博弈的事实，使博弈论的研究内容和应用范围十分广泛，涉及政治学、社会学、伦理学、经济学、生物学、军事学等诸多领域，在经济学中的应用尤为突出。

3. 研究方法的独特性

作为一种重要的方法论体系，博弈论有其独特的研究方法，表现在如下几个方面：

一是运用数学方法来描述所研究的问题，在基本概念的定义、均衡的存在性与唯一性的证明、解的稳定性的讨论及许多定理的证明等方面，博弈论从一开始就应用了集合论、泛函分析、实变函数、微分方程等许多现代数学知识和分析工具，具有明显的数学公理化的方法特征，从而使博弈论的分析更为精确。

二是研究方法具有抽象化的特征。博弈论把现实世界中人们之间各种复杂的行为关系进行高度抽象，概括为行为主体间的利益一致与冲突，进而研究人们的策略选择问题，从而抓住了问题的关键和本质。而且，由于博弈论的分析大量使用了现代数学，使它所描述和分析的过程及所揭示的结论都带有抽象、一般化的特点。

三是博弈论分析方法体现了模式化特征。博弈论方法有三个基本要素：局中人、行动策略、收益函数。任何一种博弈论分析都离不开这几个要素，这意味着博弈论为人们研究互动决策提供了一个统一的分析框架或基本范式，在这种分析框架中可以构建经济行为模型，并能在该模型中考虑各种情形中的信息特征和动态特征。从而使博弈论能够分析和处理其他数学工具难以处理的复杂行为（如非均衡和动态问题），成为对行为主体间复杂过程进行建模的最适合的工具。

四是博弈论方法所涉及的学科具有综合性。在博弈论分析中，不仅要应用现代数学的大量知识，还涉及经济学、管理学、心理学和行为科学等学科。

4. 方法论的实证性

从方法论角度看，博弈论研究的是在一定信息结构下什么是博弈可能发生的均衡结果（这里的均衡是指对弈双方都采取自认为的最佳策略时所形成的一种局势）。博弈论中的最佳策略是经济学意义上的最优化，它只回答什么导致博弈均衡、均衡的结果是什么，所遵循的基本原则是科学结论的客观性和普遍性。从这个意义上说，博弈论方法具有实证的特征。

5. 研究结论的真实性

博弈论分析的最根本特征是强调当事人之间行为的相互作用和影响（即个人的收益或效用函数不仅取决于自己的选择，而且还依赖于对手的选择），同时把信息的不完全性作为基本前提之一。这就使它所研究的问题及所提示的结论与现实非常接近，具有真实性。

综上所述，博弈论是预测理性的局中人怎样进行博弈、或对怎样与理性的竞争对手进行博弈给出一些建议的一个重要的、独到的分析框架。

由于博弈论所研究的问题大多是在各决策主体之间存在策略对抗、竞争或面对某种局面时的对策选择，因此，博弈论在我国也被称为“对策论”。

内容提要

博弈论是专门研究在互动局势下人们的策略行为的学问。博弈论的研究有两个基本假设：一是强调博弈参与者的个人理性，二是博弈参与者要最大化自己的目标函数。博弈论与经济学有密切的关系，博弈论几乎应用于经济学的所有领域，成功地更新了原有的研究方法。

囚徒困境模型表明，利己使人们即使在合作符合他们的共同利益时也无法维持合作。囚徒困境的逻辑适用于许多情况，其既可正用也可反用。

每个研究领域都有自己的语言和思考方式。博弈论把现实世界中人们之间各种复杂的行为关系进行高度抽象，概括为行为主体间的利益一致与冲突，进而研究人们的策略选择问题，从而抓住了问题的关键和本质。博弈论运用数学方法来描述所研究的问题，它主要采用三种表述方式：标准式、扩展式和特征函数式。利用这三种表述形式，可以研究形形色色的博弈问题。

关键概念

囚徒困境　　博弈　　理性行为　　局中人　　策略与策略集　　支付与支付函数

收益与收益函数　　均衡

复习题

1. 什么是囚徒困境？
2. 举出一个博弈的例子，并指出该博弈中的局中人及局中人各自的策略集和收益。
3. 如何区别合作博弈与非合作博弈？

问题与应用 1

1. **是否交换红包**

小张和小李在一家私企工作。到了年底，老板发给每人一个红包，两人都看到自己的红包里装的是 1 000 元，但不知对方的红包里装多少钱。这时老板告诉他们：你们红包里的金额可能是 1 000 元或 2 000 元。如果你们愿意和对方交换红包，可以由我来公证，不过你们要交给我 100 元公证费。小张认为：小李红包里是 1 000 元或 2 000 元的可能性各为 50%，如果我与小李交换红包，假若他的红包里是 1 000 元，我将亏损 100 元公证费，假若他的红包里是 2 000 元，我将净赚 1 900 元，我的平均收益是 $50\%\times(-100)+50\%\times 1\,900=900$ 元，因此，交换红包是划算的。小李的想法与小张相同，于是两人都表示愿意交换。老板又问，你们真的愿意交换？两人再次表示愿意。结果，两人各亏损了 100 元。

问：在这个互动的决策行为中，小张和小李的推理错在哪个环节？

2. **手势博弈**

甲、乙两个小朋友正在玩石头剪刀布的游戏，两人同时选择石头、剪刀或布。输赢的规则是：布包石头，布赢得 1 分；石头砸碎剪刀，石头赢得 1 分；剪刀剪碎布，剪刀赢得 1 分；如果两人选择同样的手势，两人的收益为 0。试用标准式表示该博弈。

3. **取硬币游戏**

游戏背景：第一行有一枚硬币，第二行有两枚硬币。

游戏规则：两位选手参与游戏，轮流取硬币，每一轮次每个选手至少拿走一枚硬币，不允许在两行中挑选，取走最后一枚硬币的选手为获胜者。

假定取硬币游戏的参与者是甲和乙，甲开始第一轮次。

回答以下问题：

对任何一位选手来说，最好的结果是什么？存在最优策略吗？我们能够确定某位选手获胜吗？

4. **取硬币游戏（续）**

如果将取硬币游戏的背景改为：第一行有一枚硬币，第二行有两枚硬币，第三行有一或二或三枚硬币；参与者和游戏规则不变。回答以下问题：

（1）第三行的硬币数量对游戏结果有影响吗？

（2）在第三行硬币数量的每种可能情况下，谁将获胜？

5. **价格博弈**

由于降价可以吸引新顾客，所以企业会利用降价来提高收益。不过，竞争对手也会采用同样的手段吸引新顾客。在表 1—4 所示的价格博弈中，两家公司都有两个策略可以选择：低价或高价。试对此博弈进行分析。

表 1—4　　　　价格博弈的标准式

		乙公司	
		低价	高价
甲公司	低价	2 000，2 000	13 000，0
	高价	0，13 000	10 000，10 000

6. **三枪博弈**

假设有甲、乙、丙 3 个决斗的枪手，每人一支枪，枪里只有一发子弹，每人的命中率为 100%，而每人的目标是尽量使活着的人数最少且自己也活着。

（1）如果他们同时开枪，每个人的最优决斗策略是什么？

（2）如果给某人先开枪的机会，该人可以瞄准其他二人中的任何一人，也可以对空开枪，该人的最优决斗策略是什么？

附录 1　博弈论发展简史

博弈是世界上冲突的反映，这是一个古老的概念。在我国，博弈论的思想源远流长，古代人很早就认识了博弈问题，虽然没有形成一套完整的理论体系和方法，但博弈论的思想和实践活动，可以追溯到 2 000 多年前。最早的博弈论思想产生于中国，早在 2 500 多年前的春秋时期，《孙子兵法》（见图 1—4 和图 1—5）中论述的军事思想和治国战略，就反映出其系统的博弈论思想。

图 1—4　孙武（出自明万历《三才图绘》刻本）

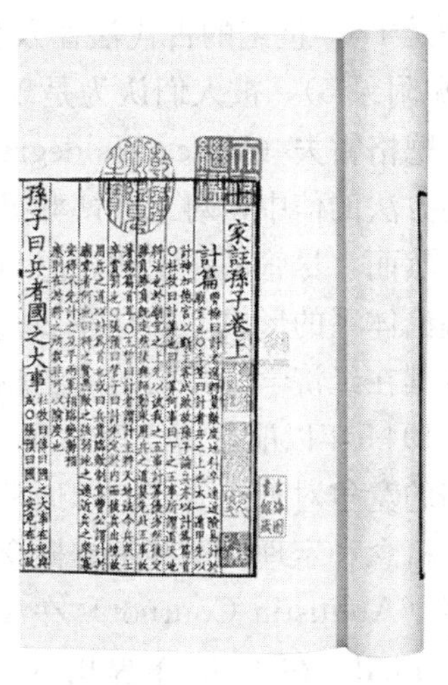

十一家註孫子卷上

計篇

孫子曰兵者國之大事

图 1—5　《孙子兵法》

100 年后孙武的后代孙膑，演绎孙子兵法，用于齐国大将田忌与齐威王的赛马，可以说是最早的博弈论案例之一。田忌所进行的是“在给定齐王策略不变的情况下如何取胜”这一策略选择，实际上就是现代博弈论中的完全信息条件下的两人博弈问题。孙膑潜心军事理论研究，终于写成了流传千古的军事名著——《孙膑兵法》。1972 年，银雀山汉墓竹简出土，这部古兵法始重见天日，见图 1—6。《孙膑兵法》具有不可忽视的重要价值，它是战国时期一部不可多得的重要军事理论著作。

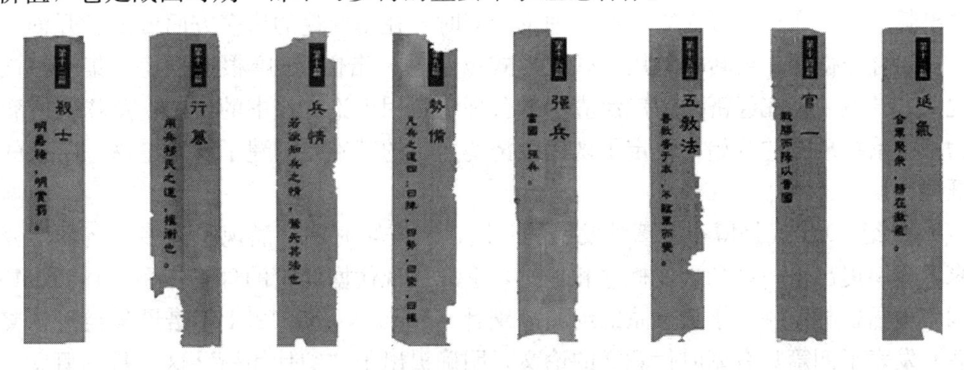

图 1—6　《孙膑兵法》木牍

后人在研读《孙子兵法》过程中总结出来的《三十六计》，集“韬略”、“诡道”之大成，可以称作是一部活生生的军事博弈论教科书。

《孙子兵法》、《孙膑兵法》和《三十六计》这几部兵书所揭示的各种情形下的谋略与策略，不仅对中国军事、政治的研究和发展产生了重要的作用和深远的影响，而且已广泛传播到国外。其中《孙子兵法》早在公元735年就已经传到日本，除此之外，《孙子兵法》还有法文、英文、韩文、越南文、泰国文、缅甸文、马来西亚文、希伯来文、阿拉伯文、法文、德文、意大利文、捷克文、荷兰文、希腊文等20多种不同语种的译本。

在国外，博弈论的思想与实践活动也有较长的历史。巴比伦王国的犹太法典，记载了公元1—5世纪的古代法律及传统。犹太法典中讨论了一个所谓的“婚姻合同问题”（详见附录5），被人们认为是现代合作博弈理论的最早应用。1713年11月，詹姆斯·瓦尔德格雷夫（James Waldegrave）在给朋友蒙特茅特（Montmort）关于两人玩扑克牌的方法的信中，对二人博弈提出了第一个著名的最小最大混合策略解。

然而，尽管博弈论的思想与实践在中外都有着悠久的历史，但现代博弈论的建立及其理论体系的形成，却是在20世纪40年代中期到50年代初期，而博弈论的发展、完善及其在经济学等方面的广泛应用，则是近二三十年的事。

1944年以前，博弈论并没有形成完整的思想体系和方法论体系，人们主要集中于严格的竞争对策的研究，即通常所说的二人零和博弈。但这一阶段却提出了一些重要的基本概念和定理，这些基本概念和定理成为现代博弈论发展的基础。法国经济学家A.古诺（Augustin Cournot）在1838年提出的关于产量决策的“古诺模型”和伯特兰（Bertrand）在1883年提出的关于价格决策的“伯特兰模型”成为博弈论中的经典模型。

1921—1927年间，E.波莱尔（Emile Borel）第一次给出了一个混合策略的现代形式，并找到了有3个或多个可能策略的二人博弈的最小最大解。1928年，美国普林斯顿大学的著名数学家冯·诺伊曼证明了最小最大定理，该定理被认为是博弈论的精华，博弈论中的许多概念都与该定理相联系。这一阶段博弈论的早期思想和基本概念已经形成。

1944年，冯·诺伊曼和经济学家奥斯卡·摩根斯顿合著的《博弈论与经济行为》一书出版。该书在详述二人零和博弈理论的同时，在博弈论的诸多方面做出了开创性的研究，如合作博弈、可转移效用、联盟形式以及冯·诺伊曼-摩根斯顿稳定集等。该书还说明了导致后来在经济学中广泛应用的公理化效用理论。该书的出版，意味着博弈论作为一种系统理论的开始，奠定了现代经济博弈论的基础，构建了博弈论这一学科的理论框架。

20世纪50年代是博弈论蓬勃发展的时期，在这段时期，涌现了许多著名的博弈理论家，他们提出了一系列重要概念和理论，形成了现代博弈论的理论体系。1950—1953年间，美国普林斯顿大学数学系的约翰·纳什（John Nash，1994年诺贝尔经济学奖获得者）发表了四篇具有划时代意义的论文，明确提出了“纳什均衡”这一基本概念。纳什证明了非合作博弈均衡——纳什均衡的存在性，并提出了“纳什方案”，该方案建议对合作博弈的研究可通过简化为非合作博弈的形式进行；纳什还创立了公理化讨价还价理论，证明了纳什讨价还价解的存在性，并首次提出了纳什方案的实施。纳什为非合作的一般理论和合作的讨价还价理论奠定了基础。1950 年，A. W. 塔克在斯坦福大学的一次演讲中形象生动地揭示了“囚徒困境”。1953 年，库恩（H. W. Kuhn）提出了扩展型博弈及其形成；同年，L. S. 夏普利（Lloyd S. Shapley，2012 年诺贝尔经济学奖获得者）定义了联盟博弈解的概念，即著名的“夏普利值”。1959 年，罗伯特·奥曼（Robert Aumann，2005 年诺贝尔经济学奖获得者）引进了强均衡的概念。以纳什非合作博弈理论为核心的现代博弈论体系，在 20 世纪 50 年代已经形成。M. 舒比克（Martin Shubik）出版了《策略与市场结构：竞争、垄断与博弈论》（1959）一书，标志着博弈论在经济学中应用的开始。

进入 20 世纪 60 年代，博弈论的研究取得了重大突破和发展。1965 年，R. 泽尔腾（Reinhard Selten，1994 年诺贝尔经济学奖获得者）将纳什均衡的概念引入到动态分析，提出了“子博弈完美纳什均衡”的概念。奥曼和 B. 皮莱格（B. Peleg）（1960）、M. 马希勒（M. Maschler）（1965）、夏普利（1969）等人系统研究了非转移效用的联盟博弈问题。1966 年，约翰·海萨尼（John Harsanyi，1994 年诺贝尔经济学奖获得者）对合作博弈与非合作博弈的不同，给出了现在使用最普遍的定义。海萨尼在《管理科学》杂志上分三部分发表了其著名论文《由贝叶斯对弈者进行的不完全信息博弈》（1967—1968），从而建立了不完全信息博弈论体系，为信息经济学的发展打下了理论基础。然而，尽管博弈论在这段时期得到了长足的发展，但仍然主要是纯理论意义上的，在经济学中的应用还很少。

1970—1989 年间，博弈论取得了空前的发展。一方面，博弈理论本身在几乎所有领域内都取得了重大突破，如重复博弈、随机博弈、策略均衡、谈判理论、信誉模型、多人博弈等，完善了博弈理论体系，也为博弈论的广泛应用奠定了理论基础。另一方面，博弈论已广泛应用到经济学、生物学、计算机科学、哲学等学科中，在实践中得到广泛传播，并为人们尤其是经济学家所普遍接受。

1972 年，奥斯卡·摩根斯顿创立了《国际博弈论杂志》，为博弈论的推广和应用做出了不可磨灭的贡献。同年，在美国康奈尔大学召开了博弈论国际讲座第四届年会，各主要的经济学杂志刊登有关博弈论的论文篇幅越来越大，博弈论已渗透到经济学研究的各个领域。1974 年，奥曼提出了相互关联均衡的概念。1975 年，R. 泽尔腾引入了“颤抖手完美均衡”（trembling hand perfect equilibrium）的概念，此概念是对子博弈完美纳什均衡的改进。他们的工作使博弈论在策略均衡概念的研究方面进一步深化和改进。这一时期在不完全信息博弈和重复博弈方面的研究，丰富了博弈论的研究内容及理论体系，并使博弈论研究更接近实际。1981 年，奥曼发表了名为《重复博弈的一个考察》的论文，研究了有约束的对弈者的相互作用行为。1982 年，D. M. 克里普斯（David M. Kreps）和 R. 威尔逊（Robert Wilson）把子博弈完美均衡的思想推广到了扩展形式的子博弈中，称为“序贯均衡”（sequential equilibria）。A. 内曼（A. Neyman）（1985）和 A. 鲁宾斯坦（A. Rubinstern）（1986）则系统阐述了重复博弈中的有限理性的思想，研究并讨论了重复的囚徒困境问题。

这期间，一大批关于博弈论及其在经济中应用的著作问世，使博弈论在经济学的应用研究方面得到了极大的发展。至 20 世纪 80 年代末，博弈论已形成了完整的科学体系，同时博弈论在经济学领域得到了非常广泛的应用。自20世纪90年代以来，博弈论已和现代经济学融为一体，成为主流经济学的一部分，并对经济学产生了革命性影响。短短十几年时间，就出版了大量有关博弈论及其在经济学中应用的专著，各主要经济学和经济理论杂志中所刊登的有关博弈方面的文章随处可见。经济学家们已把博弈论当作最为合适的分析工具，人们谈论经济学时，自然会谈到和涉及博弈论，研究博弈论及其应用或者用博弈论方法分析经济问题在20世纪90年代成为一种潮流。

1994年，约翰·纳什、约翰·海萨尼、R. 泽尔腾三位博弈论专家和经济学家（见图1—7）被授予了诺贝尔经济学奖，他们在非合作博弈的均衡分析理论方面做出了开创性的贡献，对博弈论和经济学产生了重大影响。

John Nash
约翰·纳什

John Harsany
约翰·海萨尼

Reinhard Selten
R. 泽尔腾

图1—7

1996年，詹姆斯·莫里斯和威廉·维克瑞获得了诺贝尔经济学奖（见图1—8），莫里斯在信息经济学理论领域做出了重大贡献，尤其是对不对称信息条件下的经济激励理论的论述；维克瑞在信息经济学、激励理论、博弈论等方面都做出了重大贡献。

J. A. Mirrlees
詹姆斯·莫里斯

W. Vickrey
威廉·维克瑞

图1—8

2001年，诺贝尔经济学奖被授予了乔治·阿克尔洛夫、迈克尔·斯宾塞和约瑟夫·斯蒂格利茨（见图1—9），以表彰他们应用博弈论在不对称信息市场分析方面所做出的开创性研究。

George A. Akerlof
乔治·阿克尔洛夫

A. Michael Spence
迈克尔·斯宾塞

Joseph E. Stiglitz
约瑟夫·斯蒂格利茨

图 1—9

2005 年，诺贝尔经济学奖被授予了托马斯·谢林、罗伯特·奥曼（见图 1—10），以表彰他们通过博弈论分析在促进人们对冲突与合作的理解方面所作出的贡献。

Robert Aumann
罗伯特·奥曼

Thomas Schelling
托马斯·谢林

图 1—10

2007 年，诺贝尔经济学奖被授予了埃里克·马斯金、罗杰·迈尔森和利奥尼德·赫尔维茨（见图 1—11），以表彰他们在应用博弈论创立和发展机制设计理论方面的突出贡献。

Eric S. Maskin
埃里克·马斯金

Roger B. Myerson
罗杰·迈尔森

Leonid Hurwicz
利奥尼德·赫尔维茨

图 1—11

2012年诺贝尔经济学奖被授予了埃尔文·罗斯及L. S. 夏普利（见图1—12）。他们得奖的原因是“在稳定配置理论及市场设计实践上所作出的贡献”。罗斯在博弈论、市场设计和实验经济学领域曾做出杰出贡献。夏普利对数理经济学、特别是博弈论理论作出过杰出贡献，被很多专家认为是博弈论的具体化身。

Alvin E. Roth
埃尔文·罗斯

Lloyd S. Shapley
L. S. 夏普利

图1—12

从1994年普林斯顿大学博弈论专家约翰·纳什被授予诺贝尔经济学奖开始，至今共有6届诺贝尔经济学奖与博弈论的研究有关，这说明博弈论在经济学界备受青睐。近些年来，为什么博弈论的研究如此火热？主要还在于经济实践发展和与之相适应的经济理论发展的需要。近些年来的经济形势发生了深刻的变化，生产规模扩大，垄断势力增强，人们要谈判、合作、讨价还价，但所有这一切都建立在个人理性的基础之上，建立在竞争的基础之上。随着这种竞争的日益加剧，各种策略和利益的对抗、依存和制约，使博弈论主要是非合作博弈达到了全盛时期，它的概念、内容、思想和方法已经并将继续几乎全面地改写经济学，也并将得到更加广泛的应用。

第二章

非合作博弈

非合作博弈是指一种参与者不可能达成具有约束力的协议的博弈类型。非合作博弈关心的是人们在利益相互影响的局势中如何使自己的收益最大化的策略选择问题。非合作博弈强调的是个体理性，强调个体决策最优，其结果可能是无效率的，也可能是有效率的。非合作博弈要回答的是：当参与者之间无法达成有约束力的合作协议时，如何通过理性行为的相互作用达成合作的目的。本章将介绍占优策略均衡、纳什均衡、二人零和博弈与非零和博弈以及三人博弈的概念和求解方法。

2.1 占优策略均衡

1. 占优策略

博弈中存在大量这样的问题：虽然博弈的双方都根据对手的策略理性地选择了使自身利益最大化的决策，但从他们的整体利益来看，双方选择的结果不一定是最好的结果。

例 2.1 垃圾处理博弈

甲、乙二人在风景优美的郊区各有一座别墅，两座别墅相邻。该地区不提供垃圾日常处理服务。他们可以雇用一辆卡车处理垃圾，费用是每人每年支付 5 000 元。此外，他们还有另外一个选择，甲可以将垃圾倒在乙的别墅旁边属于自己的一块空地上，乙可以将垃圾倒在甲的别墅旁边属于自己的一块空地上，如图 2—1 所示。

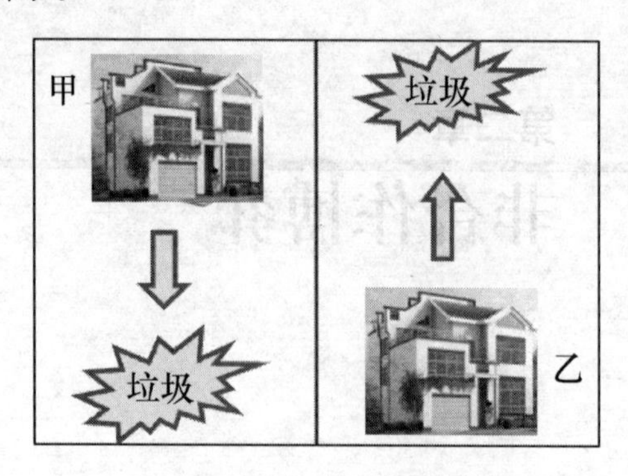

图 2—1　垃圾处理博弈

显然，甲、乙二人都面临两个策略选择：花钱雇卡车处理垃圾；将垃圾倒在邻居房屋旁边属于自己的一块空地上。他们要同时决策，且每个人事先都不知道对方选择的策略。这是甲、乙两人关于垃圾处理的博弈。

别墅带给主人的收益是他们的主观享受。要想将收益与处理垃圾的成本进行比较，需要将他们的主观享受换算为货币形式，比如，房主可以自己不住，而是将别墅出租。他们能够接受的最低出租价格就是别墅带给他们的主观享受的货币价值。最低出租价格与其他人是否在别墅附近倒垃圾有关。如果别人不在别墅附近倒垃圾，别墅带给每位房主的年收益为 50 000 元；如果别人在别墅附近倒垃圾，别墅带给每位房主的年收益则为 40 000 元。利用上述信息，我们可以得到该博弈的标准式，见表 2—1。其中每个格中左边的数字是甲的收益，右边的数字是乙的收益。

表 2—1　　垃圾处理博弈的标准式

		乙	
		倾倒	雇卡车
甲	倾倒	40 000，40 000	50 000，35 000
	雇卡车	35 000，50 000	45 000，45 000

博弈论研究的是理性行为，这意味着每个局中人都会根据对手的策略选择自己的最优反应。首先，我们来看对于甲的策略，乙的最优反应是什么：如果甲选择“倾倒”，乙的最优反应是“倾倒”；如果甲选择“雇卡车”，乙的最优反应仍然是“倾倒”。其次，我们来看对于乙的策略，甲的最优反应是什么：同样的分析可知，甲的最优反应与乙的相同。这表明：对博弈中的参与者甲、乙二人来说，不管对方选择什么策略，“倾倒”策略都是他们的**占优策略**（dominant strategy）。相对应的“雇卡车”策略称为**劣策略**（dominated strategy）。

一般来说，在一个二人博弈中，考察一个局中人的两个策略 A、B，如果不论对方采取何种策略，该局中人的策略 A 的收益总是严格大于策略 B 的收益，我们就称策略 B 被策略 A 严格占优，或称策略 A 为**严格占优策略**，称策略 B 为**严格劣策略**；如果不论对方采取何种策略，该局中人的策略 A 的收益总是大于或等于（至少有一个大于）策略 B 的收益，我们就称策略 B 被策略 A 占优，或称策略 A 为**占优策略**，策略 B 为**劣策略**。

2. 占优策略均衡与合作解

当一个博弈中的每一位参与者都选择了各自的占优策略时，相应的博弈结果就是**占优策略均衡**（dominant strategy equilibrium）。垃圾处理博弈的占优策略均衡记为（倾倒，倾倒），即甲选择"倾倒"，乙也选择"倾倒"。

注意到在垃圾处理博弈中，若从甲和乙的整体利益来看，甲和乙都应更喜欢双方均雇卡车这样一个结果，而不是以个体理性为基础选择的占优策略均衡。由于两人都雇卡车会提高大家的收益，所以我们就把（雇卡车，雇卡车）称作是垃圾处理**博弈的合作解**（cooperative solution）。显然，这个博弈的占优策略均衡与合作解相悖。一般而言，占优策略均衡形成的解都是非合作解。称这类博弈为**社会两难**（social dilemma）**博弈**。

在上述垃圾处理博弈中，假如甲和乙签订一个合约，合约要求二人均雇用卡车，不再乱倒垃圾。合约生效后，他们都必须履行雇卡车的义务，否则将接受法律制裁。于是，合约就为解决社会两难博弈提供了一个出路。很多社区都用契约来杜绝乱倒垃圾的现象；当然，在很多非合作的场合，法规也能达到同样的目的。不论通过协议还是其他手段，只要使参与者们都能履行协调后的策略，他们所选的策略及其收益就是一个博弈的合作解。

占优策略均衡是一种非合作解。通俗地说，在占优策略均衡中，不论所有其他参与者选择什么策略，一个参与者的占优策略都是他的最优策略。显然，这一策略一定是所有其他参与者选择某一特定策略时，该参与者的占优策略。

占优策略的存在以及它与合作解相悖的事实是导致社会两难现象的根本原因。社会两难博弈是一类非常重要的博弈。除了客观存在的社会两难博弈，实际中还存在大量的非社会两难博弈，即有些博弈的占优策略均衡就是合作解；还有些博弈可能通过第三方的介入，使原本的社会两难博弈得到合作解。

例 2.2　新技术合作研发博弈

A 公司与 B 公司正在考虑一个新技术研发的合作项目。每家公司都有两种策略可以选择：为项目投入足够的资源，或者留一手，只投入最少量的资源。实际存在的困难是谁都无法监督对方投入的努力和资源，或强制对方做任何事情。假定要研发的新技术是一种实用型技术，即便合作失败，两家公司也能应用各自掌握的技术获得其相应的利润。该博弈的支付矩阵见表 2—2（单位：千万元）。

表 2—2　　新技术研发合作的收益矩阵

		B 公司	
		投入	留一手
A 公司	投入	5，5	2，3
	留一手	3，2	1，1

由表 2—2 不难看出，*A* 公司和 *B* 公司的占优策略都是“投入”，因此，该博弈有占优策略均衡（投入，投入），它恰好是两家公司都想要的结果。如果两家公司进行合作，它们必然选择这一策略组合。（投入，投入）不仅是该博弈的占优策略均衡，也是其合作解。

例 2.3　国际贸易博弈

“打贸易战”策略指大规模地采取高关税及不合理的非关税壁垒等行为，阻止别国产品进入本国市场。“不打贸易战”策略指遵循世界贸易组织规定的各项基本原则，进行公平、自由的对外贸易。*A*、*B* 两国在国际贸易博弈中的策略选择及其相应的收益见表 2—3（单位：亿元）。

表 2—3　　国际贸易博弈的收益矩阵

		B 国	
		打贸易战	不打贸易战
A 国	打贸易战	−100，−100	50，−50
	不打贸易战	−50，50	100，100

由表 2—3 不难看出，*A* 国和 *B* 国的占优策略都是“不打贸易战”，因此，该博弈有占优策略均衡（不打贸易战，不打贸易战），它恰好是两国都想要的结果。如果两国进行合作，它们必然选择这一策略组合。（不打贸易战，不打贸易战）不仅是占优策略均衡，也是合作解。在国际贸易中，如果双方选择打贸易战，则双方利益都受到损害，如果一方选择打贸易战，另一方选择不打贸易战，则一方获利一方受损，但不能获得最大利益；如果双方都选择不打贸易战，则双方利益最大化。

公平自由的国际贸易是经济全球化的客观要求，它符合市场经济开放性的要求，可以突破国内市场狭小的界限，让国内企业参与国际竞争，同其他国家互通有无，优势互补，促进本国经济的发展，实现资源在世界范围内的优化配置；公平自由的国际贸易中平等互利的基本原则，可以使双方都能获得各自的利益，推动良好世界经济秩序的形成。

应该指出的是，这种占优策略均衡与合作解重合的博弈，在博弈论的文献中并不多见。原因在于博弈论是一门注重实用的研究，占优策略均衡与合作解重合的博弈对个人和社会都不构成问题，从而不作为博弈论的研究重点。

在博弈论的许多重要应用中，合作解与非合作解的占优策略均衡是不同的。合作博弈的参与者在决定是否合作时，也要进行非合作博弈。因此，与合作的情形相比，非合作解与非合作均衡更为基本和重要。

例如，在前面的垃圾处理博弈中，解决乱倒垃圾问题的一个方法就是两位房主签订一份雇卡车的合约，将垃圾运走。合约一旦起草完毕，每个房主就必须考虑是否接受该合约。如果他们都接受，就会得到合作解的收益，每人每年得到 45 000 元；如果其中有一人拒绝，他们就会回到社会两难博弈的均衡状态，每人每年得到 40 000 元的收益。此时，两位房主正在进行着一个新的博弈，即合约接受博弈。合约接受博弈的标准式见表 2—4。（接受，接受）是该博弈的合作解，结果与原博弈的合作解相同。签订合约的建议已经把社会两难的垃圾处理博弈，转变成合作占优博弈。

表 2—4　　合约接受博弈的标准式

		乙	
		接受	拒绝
甲	接受	45 000，45 000	40 000，40 000
	拒绝	40 000，40 000	40 000，40 000

例 2.4　烟草广告博弈中政府干预的积极作用

1971 年，美国国会通过了禁止在电视上做烟草广告的法律。欧盟委员会 2005 年 7 月 27 日宣布，从 2005 年 7 月 31 日起，欧盟将全面禁止在广播、互联网及平面媒体等新闻媒体上做香烟广告，并同时禁止欧盟国家间的文化和体育活动接受烟草商的赞助。1996 年 12 月 30 日，中华人民共和国国家工商行政管理局发布《烟草广告管理暂行办法》修改意见，禁止利用广播、电影、电视、报纸、期刊发布烟草广告。2005 年，我国还加入了世界卫生组织《烟草控制框架公约》，该公约已于 2006 年 1 月在我国正式生效。2008 年 1 月 10 日俄罗斯政府通过了《关于加入世界卫生组织〈烟草控制框架公约〉》的联邦法案，决定全面禁止香烟广告。令许多人奇怪的是，财大气粗的各大烟草公司反应相当平静，并没有动用其庞大的社会资源和影响力阻止这些法律的通过，这究竟是何原因呢?

我们用博弈论思想来分析这种现象。

假定两家烟草公司 A 与 B 面临着“做广告”和“不做广告”的策略选择。如果两家公司都不做广告，它们将平分市场份额，并由于不支付广告费用而分享相同的高利润；如果两家公司都做广告，它们也将平分市场份额，并由于支付广告费用而降低利润；如果一家公司做广告，另一家公司不做，则做广告的公司将获得较大的市场份额和更高的利润。该博弈的标准式见表 2—5。

表 2—5　　广告博弈的标准式

		B 公司	
		做广告	不做广告
A 公司	做广告	40，40	100，20
	不做广告	20，100	80，80

不难分析得出，烟草广告博弈的占优策略均衡为（做广告，做广告）。该博弈与囚徒的困境问题、垃圾处理博弈类似，属于社会两难博弈。与囚徒身处不同审讯室一样，互相竞争的两家公司很难相信对手会采取对双方都有利的策略。而选择追求自身利益最大化的理性行为，导致了双方都不愿看到的效果。此时第三方的介入，即政府关于广告的禁令，使博弈的双方在政府的强制之下都不做广告，让两家烟草公司都获得较高的利润。实际上得到的结果正是博弈的合作解（不做广告，不做广告）。

政府管制最终的结果是，尽管烟草广告因受到限制而减少，可是烟草公司的利润却提高了。实际上，政府禁令不仅没有打击烟草公司，反而是把陷入白热化广告战的各大烟草集团从“囚徒困境”中解放了出来。这说明，完全的自由竞争并不是最有效的经济体系，适当的政府管制可以有效地提高社会的经济和政治效益。

为进一步研究占优策略与合作解之间的关系，我们看下面的例子。

例 2.5 在现实生活中，常常需要两个人一齐合作完成一项工作。在这种情况下，两个合作者分别都有两种策略选择，即努力或偷懒。相应的博弈矩阵如表 2—6 所示。

表 2—6　　博弈的标准式

<table>
<tr><td></td><td></td><td colspan="2">乙</td></tr>
<tr><td></td><td></td><td>努力</td><td>偷懒</td></tr>
<tr><td rowspan="2">甲</td><td>努力</td><td>10，10</td><td>2，15</td></tr>
<tr><td>偷懒</td><td>15，2</td><td>5，5</td></tr>
</table>

对表 2—6 所示的博弈矩阵进行分析，其占优策略均衡显然应该是（偷懒，偷懒），即双方都选择“偷懒”，收益为（5，5）。这一博弈结果就解释了为什么在群体工作中常常会出现有些人选择“磨洋工”的现象。

要改变合作困境，即改变博弈的均衡，可采取奖勤罚懒的措施。表 2—7 表示合作困境博弈的奖赏矩阵，表 2—8 表示合作困境博弈的惩罚矩阵。

表 2—7　　合作困境博弈的奖赏矩阵

<table>
<tr><td></td><td></td><td colspan="2">乙</td></tr>
<tr><td></td><td></td><td>努力</td><td>偷懒</td></tr>
<tr><td rowspan="2">甲</td><td>努力</td><td>8，8</td><td>8，0</td></tr>
<tr><td>偷懒</td><td>0，8</td><td>0，0</td></tr>
</table>

表 2—8　　合作困境博弈的惩罚矩阵

<table>
<tr><td></td><td></td><td colspan="2">乙</td></tr>
<tr><td></td><td></td><td>努力</td><td>偷懒</td></tr>
<tr><td rowspan="2">甲</td><td>努力</td><td>0，0</td><td>0，−8</td></tr>
<tr><td>偷懒</td><td>−8，0</td><td>−8，−8</td></tr>
</table>

在原博弈矩阵表 2—6 上加上奖赏矩阵表 2—7 得到表 2—9，在原博弈矩阵表 2—6 上加上惩罚矩阵表 2—8 得到表 2—10。

表 2—9　　加上奖赏矩阵后的合作困境博弈矩阵

<table>
<tr><td></td><td></td><td colspan="2">乙</td></tr>
<tr><td></td><td></td><td>努力</td><td>偷懒</td></tr>
<tr><td rowspan="2">甲</td><td>努力</td><td>18，18</td><td>10，15</td></tr>
<tr><td>偷懒</td><td>15，10</td><td>5，5</td></tr>
</table>

表 2—10　　加上惩罚矩阵后的合作困境博弈矩阵

		乙	
		努力	偷懒
甲	努力	10，10	2，7
	偷懒	7，2	−3，−3

不难判断，表 2—9 和表 2—10 所示的博弈矩阵的占优策略均衡（努力，努力）与合作解是一致的。

那么，奖惩在什么范围内才能使博弈的占优策略均衡与合作解一致呢？不妨设两个博弈参与者选择相同策略时，如（努力，努力）、（偷懒，偷懒）的最大收益和最小收益分别为 a 和 b（$a>b$），两个博弈参与者选择不同策略时所得到的不同收益分别为 c 和 d，则可得到如表 2—11 所示的合作博弈矩阵。

表 2—11　　合作困境博弈的一般形式

		乙	
		努力	偷懒
甲	努力	a，a	d，c
	偷懒	c，d	b，b

显然，只要 $a>c>d>b$，占优策略均衡与合作解（努力，努力）就一定是一致的；否则，就一定是不一致的。

这个分析的结果非常重要，它告诫奖惩必须达到一定的力度，即我们必须使得博弈参与者选择不同策略时所得到的不同收益能够控制在博弈参与者都选择相同策略时所得到的最大收益和最小收益之间，才能使博弈的占优策略均衡与合作解一致。否则，必然会发生社会两难现象。

2.2　纳什均衡

有些博弈存在占优策略和占优策略均衡，还有些博弈不存在占优策略均衡，如何分析这类博弈？首先，我们需要引入一个不同的均衡概念：**纳什均衡**（Nash equilibrium）。这个概念是以对博弈论做出重要贡献而获得 1994 年诺贝尔经济学奖的科学家约翰·纳什的名字命名的。

1. 什么叫纳什均衡

例 2.6　考虑如下二人博弈问题，甲乙各有 3 个策略，其标准式表示见表 2—12。如果乙选择策略 B_1，则甲选择策略 A_2；如果乙选择策略 B_2，则甲选择策略 A_3；如果乙选择策略 B_3，则甲选择策略 A_3。这表明局中人甲不存在占优策略。同样的分析可知，局中人乙也不存在占优策略。因此，该博弈不存在占优策略均衡（即双方都没有“不论对方采取什么策略我总是采取这个策略好”的这样一种选择）。但仔细观察策略组合（A_3，B_3），可以发现一个有趣的特征：甲、乙每个人的策略都是对对手策略的最优反应。我们称策略组合（A_3，B_3）为该博弈的**纳什均衡**。

表 2—12　　　　博弈的标准式

		乙		
		B_1	B_2	B_3
甲	A_1	450，450	150，500	200，400
	A_2	500，150	400，400	150，450
	A_3	400，200	450，150	350，350

纳什均衡的一般定义：如果有两个策略（或者更一般地有多个策略，每个策略对应一个参与者），每个策略都是另一策略（或其他参与者的策略）的最优反应，我们就称这一策略组合为纳什均衡策略组合。如果一个博弈存在纳什均衡策略组合，参与者也选择了这组策略，我们就得到了这个博弈的一个**纳什均衡**。

例如，在例 2.6 中，策略组合（A_3，B_3）为该博弈的纳什均衡，我们也称（A_3，B_3）为该博弈的**纳什均衡点**。

纳什均衡指的是由所有参与者的最优策略组成的策略组合。即在纳什均衡点上，每一个理性的参与者都不会有单独改变策略的冲动，因为局中的每一个博弈者都不可能因为单方面改变自己的策略而增加获益。再简单一点说，在纳什均衡点上，所有的参与者面临这样一种情况：当其他人不改变策略时，他此时的策略是最好的。也就是说，此时如果他改变策略，他的收益将会降低。这种平衡在外界环境没有变化的情况下，倘若有关各方坚持原有的利益最大化原则并理性面对现实，那么这种平衡状况就能够长期保持稳定。与之相反，任何固定的纳什均衡以外的策略组合如果出现，都意味着至少有一个局中人犯了错误。

纳什均衡，从实质上说，是非合作博弈的一种平衡局势。

上述博弈的纳什均衡为（A_3，B_3），但它并不是占优策略均衡。纳什均衡与占优策略均衡同属非合作均衡的范畴。与占优策略均衡相比，纳什均衡的概念更加广泛。“社会两难”是一种特殊的占优策略均衡；占优策略均衡是一种特殊的纳什均衡；纳什均衡又是一种特殊的非合作均衡。这几个概念之间的关系见图 2—2。

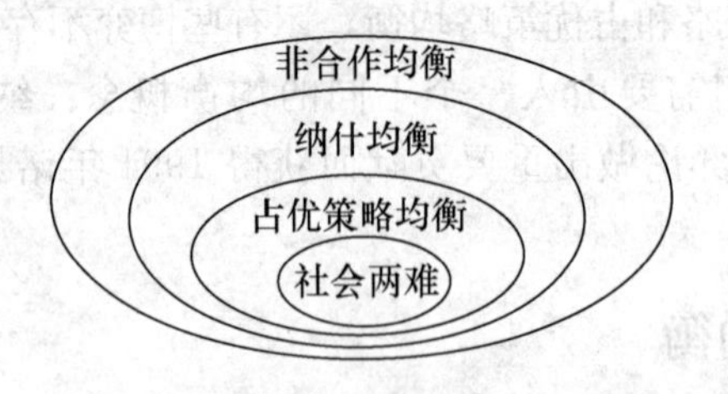

图 2—2　非合作均衡概念之间的关系

2. 寻找纳什均衡的方法——划线法

寻找纳什均衡的关键是确定最优反应策略。确定最优反应策略的一个简单实用的方

法是，将收益矩阵中与每一策略的最优反应策略相对应的收益数字标注下划线，如果一个方框中的两个数字都被标注下划线，这个方框对应的策略组合就是该博弈的一个纳什均衡。

我们以表 2—12 表述的博弈为例来说明。由划线法，我们可以轻松找到此博弈的纳什均衡为（A_3，B_3），见表 2—13。

表 2—13 标注下划线

		乙		
		B_1	B_2	B_3
甲	A_1	450，450	150，**500**	200，400
	A_2	**500**，150	400，400	150，**450**
	A_3	400，200	**450**，150	**350**，**350**

例 2.7　商场选址博弈

两家百货公司都要在一个新建城市中选择地址建百货商场。备选地址有：市郊，市中心，城市北部，城市南部。甲公司的商品定位偏重时尚，适合居住在城市北部的富裕人群；乙公司的商品定位偏重实惠，适合居住在城市南部的中产阶级人群。市中心的顾客主要是来自其他地区的顾客，市场潜力最大。两家百货公司的收益矩阵见表 2—14。

表 2—14 选址博弈的收益矩阵

		乙公司			
		市郊	市中心	城北	城南
甲公司	市郊	30，40	50，95	55，95	55，120
	市中心	115，40	100，100	130，85	120，95
	城北	125，45	95，65	60，40	115，120
	城南	105，50	75，75	95，95	35，55

不难发现，该博弈不存在占优策略均衡，于是，我们采用划线法得到表 2—15。

表 2—15 划线后的选址博弈的收益矩阵

		乙公司			
		市郊	市中心	城北	城南
甲公司	市郊	30，40	50，95	55，95	55，**120**
	市中心	115，40	**100**，**100**	**130**，85	**120**，95
	城北	**125**，45	95，65	60，40	115，**120**
	城南	105，50	75，75	95，**95**	35，55

该选址博弈有唯一的纳什均衡（市中心，市中心），即双方都将百货商场建在市中心。可能的原因是只有市中心才能吸引四个地区的所有顾客。

例 2.8　芯片制造商的双头垄断模型

芯片制造商Ⅰ和芯片制造商Ⅱ能够选择生产某种数量的芯片，比如，高（H）、中（M）、低（L）或完全不生产（N）。价格随着产量增加而下降，收益矩阵见表 2—16，单位为百万元。

表 2—16　　芯片制造商博弈的收益矩阵

		制造商Ⅱ			
		H	M	L	N
制造商Ⅰ	H	0，0	12，8	18，9	36，0
	M	8，12	16，16	20，15	32，0
	L	9，18	15，20	18，18	27，0
	N	0，36	0，32	0，27	0，0

用划线法得到表 2—17。

表 2—17　　划线后的芯片制造商博弈的收益矩阵

		制造商Ⅱ			
		H	M	L	N
制造商Ⅰ	H	0，0	12，8	18，**9**	**36**，0
	M	8，12	**16**，**16**	**20**，15	32，0
	L	**9**，18	15，**20**	18，18	27，0
	N	0，**36**	0，32	0，27	0，0

这个博弈的纳什均衡是（M，M）。

注意到，理性的局中人是不会采取对自己明显不利的严格劣策略的，因此，在分析策略集元素较多的博弈可能出现的结局时，可以先删除局中人的严格劣策略以简化划线求解过程。

由上面几个例子我们看到，不存在占优策略的博弈，可能存在纳什均衡。进一步的问题是：如何分析存在多重纳什均衡和不存在纳什均衡的博弈问题。

3. 多重纳什均衡

例 2.9　电视频道性别战博弈

有一对夫妻，丈夫喜欢看足球赛节目，妻子喜欢看肥皂剧节目，但是家里只有一台电视，于是就产生了争夺频道的矛盾。每个人都有两个选择：看足球赛节目；看肥皂剧节目。如果双方同意看足球赛节目，丈夫收益为 2，妻子收益为 1；如果双方同意看肥皂剧节目，丈夫收益为 1，妻子收益为 2；如果双方意见不一致，各自收益为 0。该博弈收益矩阵如表 2—18 所示。

表 2—18 电视频道的性别战的收益矩阵

		妻子	
		足球赛	肥皂剧
丈夫	足球赛	**2**，**1**	0，0
	肥皂剧	0，0	**1**，**2**

使用划线法可知该博弈有两个纳什均衡（足球赛，足球赛）与（肥皂剧，肥皂剧）。这个博弈的一个典型特征是：有两个纳什均衡，博弈双方各自偏好一个均衡。究竟哪一个均衡出现呢？如果夫妻俩以往没有进行过性别之争博弈，就很难了解正确的预测应该是什么。如果这个家庭是丈夫说了算，则很可能出现丈夫偏爱的均衡；否则，很可能出现妻子偏爱的均衡；或者出现轮流做主的情况。

例 2.10 懦夫博弈

两个决斗者约定，每人各驾驶一辆小车在某个公众场合相向对开，在即将相撞之前，每个人都有两个选择：转向一边而避免相撞；继续向前。如果一个人选择转向，另一个人选择向前，则选择转向的人被视为“懦夫”，而选择向前的人被视为“勇士”；如果两人都选择向前，就会出现车毁人亡的局面。

我们为他们在各种情况下的收益赋予一定的数值，见表 2—19。

表 2—19 懦夫博弈的收益矩阵

		决斗者 B	
		转向	向前
决斗者 A	转向	0，0	**−10**，**10**
	向前	**10**，**−10**	−100，−100

使用划线法可知，该博弈有两个纳什均衡：（向前，转向）与（转向，向前），即一个人向前，另一个人转向避让。

这一模型常常被用来解释冷战时期的美苏对峙。美苏两个超级军事大国，长期处于敌对状态。但从历史事实来看，两国很少出现公开的直接冲突。通常的情况是一方强硬时，对方就采取暂时回避政策，因为它们都不想出现两败俱伤的局面。例如 20 世纪 60 年代美苏在古巴导弹危机（详见本章的问题与应用中的第 6 题）中的表现就是如此。

例 2.11 协调博弈

一个正在考虑选择新的内部电邮系统的客户，以及一个正在考虑开发研制新系统的供应商，他们的选择是：建立技术先进的系统，或者仍然使用一个功能简单但系统安全有保证的一般系统。假定更先进的系统能够提供更多的功能，但系统安全性保证还需经过实践不断完善。两个参与者的收益矩阵如表 2—20 所示。

表 2—20 协调博弈的收益矩阵

		客户	
		先进	一般
供应商	先进	**20**，**20**	0，0
	一般	0，0	**5**，**5**

这是一个协调博弈的例子，只有协调彼此的策略选择，两个局中人才能得到最优的结果。

为了能够合作成功，供应商和客户必须选择一个相容的标准，因此他们选择的策略必须相互吻合。通过划线法可以得到两个纳什均衡：(先进，先进)，(一般，一般)。那么究竟哪一个会发生呢？如果他们可以协商合作并且比较关注收益，那么我们相信（先进，先进）将是比（一般，一般）更容易出现的纳什均衡。我们称（先进，先进）这个纳什均衡具有**帕累托优势**或称它为**帕累托最优**。而如果双方试图规避系统安全风险，就有可能出现（一般，一般）的纳什均衡。因为这个均衡风险最小，所以被称为**风险占优纳什均衡**。

帕累托最优（Pareto optimality），也称为帕累托效率（Pareto efficiency），是由法国出生的意大利经济学家帕累托（Vilfredo Pareto，1848—1923 年）提出的，是博弈论中的重要概念，并且在经济学、工程学和社会科学中有着广泛的应用。帕累托最优是指资源分配的一种理想状态，即假定固有的一群人和可分配的资源，从一种分配状态到另一种状态的变化中，在没有使任何人境况变坏的前提下，也不可能再使某些人的处境变好。换句话说，就是不可能再改善某些人的境况，而不使任何其他人受损。如果还可以在不损害别人利益的情况下改善某些人的利益，就不能说资源配置已经达到帕累托效率。博弈论创立之初，冯·诺伊曼和摩根斯顿认为合作博弈的资源配置必须是有效率的(有无效率可以用帕累托标准来判断)。这也是现代经济学主要关注的问题。

4. 谢林点

对于存在多重均衡的博弈问题，预测究竟哪一个均衡会出现是一个复杂的问题。博弈论专家托马斯·谢林认为，在现实生活中博弈的参与者可以从各方的文化和经验中或其他各方面因素中找到线索，进而判断出一个均衡发生的概率大于其他均衡发生的概率，并称这个均衡为**聚点均衡**。为了纪念托马斯·谢林，人们将这种聚点均衡称为**谢林点**（Schelling point)。在例 2.11 协调博弈中收益最大这个特征能够使收益占优均衡（先进，先进）成为博弈的谢林点；而风险最小特征能够使风险占优均衡（一般，一般）成为博弈的谢林点。对于例 2.9 和例 2.10，如果可以从历史或习惯中得到某些线索，就可以帮助我们判断出哪一个均衡发生的概率大，从而选择出博弈的谢林点。

为了更好地理解谢林点的概念，我们再来看一个有多个纳什均衡的博弈问题。

在中国许多农村地区，每周都有一天为集市日，不同的城镇在不同的日期组织集市。每个城镇都恪守所选的日期而不轻易改变。对某件农具，村民甲为卖方，乙为买方。每个人都可以在周一至周六的任何一天去赶集（假如在他们周边有六个城镇的集市，集市日分别在周一至周六)。所以，他们每个人都有六个策略。如果他们在同一天去赶集，他们就可以交易，双方都可以获利，收益各为 3 个单位；如果他们不在同一天去赶集，由于不能交易，双方都获利为-1。收益矩阵见表 2—21。

用划线法可知这个博弈有六个纳什均衡。两个村民为了达成交易会猜测对方选择哪个纳什均衡。如果村民甲和乙住在其中一个城镇附近，而该城镇的集市日是周四，他们就会选择（周四，周四）这个谢林点。同理也适用于其他城镇。

表 2—21　　　　赶集日博弈的收益矩阵

		村民乙（买方）					
		周一	周二	周三	周四	周五	周六
村民甲（卖方）	周一	**3，3**	−1，−1	−1，−1	−1，−1	−1，−1	−1，−1
	周二	−1，−1	**3，3**	−1，−1	−1，−1	−1，−1	−1，−1
	周三	−1，−1	−1，−1	**3，3**	−1，−1	−1，−1	−1，−1
	周四	−1，−1	−1，−1	−1，−1	**3，3**	−1，−1	−1，−1
	周五	−1，−1	−1，−1	−1，−1	−1，−1	**3，3**	−1，−1
	周六	−1，−1	−1，−1	−1，−1	−1，−1	−1，−1	**3，3**

这个例子告诉我们两个重要结论：

（1）在特定情况下，惯例和传统能够提供博弈的多重纳什均衡中的哪个更可能出现；

（2）协调博弈中的纳什均衡可以解释：为什么习俗和惯例看似很随意，实际却很稳定，因为它们都是纳什均衡，能够自我强化。

博弈中出现多个纳什均衡，就有多种可能的结果。实际博弈结果究竟会是哪一个呢？我们可以根据实际问题按照帕累托标准、风险占优等聚点均衡的分析方法来确定。

5. 颤抖手完美均衡

1994 年的诺贝尔经济学奖得主泽尔腾，利用人类行为包含非理性因素（局中人会犯错误）这一特点，于 1975 年提出了“颤抖手完美均衡”的概念。这是泽尔腾对纳什均衡的一个改进。我们将看到，颤抖手完美均衡怎样非正式地帮助我们选择一个纳什均衡。

颤抖手完美均衡的基本思想是：在任何一个博弈中每个局中人按纳什均衡点进行策略选择时难免会犯错误，即偶尔偏离均衡策略（形象地说，类似一个人用手抓东西时，由于手的颤抖，他抓不住他想抓的东西）。这就是所谓的“颤抖手”。此时一个博弈者的均衡策略是在考虑到其对手可能“颤抖”（偶尔出错）的情况下对其对手策略选择所做的最好的策略回应。

一个策略组合是一个颤抖手完美均衡时，它必须具有如下性质：各局中人要采用的策略，不仅在其他局中人不犯错误时是最优的，而且在其他局中人偶尔犯错误（概率很小，但大于 0）时还是最优的。因此，颤抖手完美均衡是一种较稳定的均衡。我们首先看一个例子。

例 2.12　设某个博弈的收益矩阵如表 2—22 所示。

表 2—22　　　　博弈的收益矩阵

		乙		
		B_1	B_2	B_3
甲	A_1	**3，0**	−1，−1	**6**，−1
	A_2	−1，−1	**0，3**	−1，−2
	A_3	−1，**6**	−2，−1	4，4

用划线法，发现此博弈有两个纳什均衡：(A_1，B_1) 和 (A_2，B_2)。但是，这种局面使局中人很难选择。也许你会发现，策略 A_3 和 B_3 似乎应该更吸引两个局中人，因为当两个局中人选择策略组合（A_3，B_3）时，每个局中人都将获得 4 单位的效用。

然而，比较策略 A_1 与 A_3 的收益可知：策略 A_3 是局中人甲的严格劣策略；比较策略 B_1 与 B_3 的收益可知：策略 B_3 是局中人乙的严格劣策略。这样，就没有一个局中人想单独选择第三个策略。因此，甲的严格劣策略 A_3 和乙的严格劣策略 B_3 应该被剔除。

现在我们设想局中人知道自己想选择或想避免哪个策略，但是在最后时刻，做选择的手颤抖了并且意外地选择了其他策略。这时，对表 2—22 所示博弈的分析是不同的。

当有颤抖时，局中人甲有理由相信局中人乙以一定的概率选择策略 B_3。当这种情况发生时，如果局中人甲选择策略 A_1，甲将获得 6 单位；如果局中人甲选择策略 A_2，甲将获得 -1 单位。类似的，当局中人乙预期局中人甲的手可能颤抖而选择了 A_3，那么，它的最优反应是选择 B_1。

因此，两局中人的选择结果为（A_1，B_1）。这样，可能的颤抖帮助两局中人从两个纳什均衡中选择了一个。这样的均衡我们称为**颤抖手完美均衡**。

为进一步分析在博弈中颤抖（犯错误）所产生的影响，我们从局中人甲的角度，首先考虑不允许颤抖的情况。局中人甲预期局中人乙不会选择 B_3，因为 B_3 是局中人乙的严格劣策略。然而，他预期局中人乙将以某个概率选择 B_1 或 B_2。

令 q（$0<q<1$）表示局中人甲预期局中人乙选择 B_1 的概率。这时，局中人甲的预期是：局中人乙以概率 q 选择 B_1，以概率 $1-q$ 选择 B_2，见表 2—23。

表 2—23　　局中人甲的预期

		乙		
		B_1	B_2	B_3
甲	A_1	$\underline{3}$，$\underline{0}$	-1，-1	$\underline{6}$，-1
	A_2	-1，-1	$\underline{0}$，$\underline{3}$	-1，-2
	A_3	-1，$\underline{6}$	-2，-1	4，4
概率		q	$1-q$	0

那么，局中人甲又将做什么呢？如果他选择策略 A_1，那么他将以概率 q 获得 3 单位效用，以概率 $1-q$ 获得 -1 单位效用。这样，他选择 A_1 获得的预期收益为 $E_{A_1}=3q-(1-q)=4q-1$；类似地，如果他选择 A_2，则获得的预期收益为 $E_{A_2}=-q$。

这样，当 $E_{A_1}>E_{A_2}$ 时，即当 $q>\frac{1}{5}$ 时，局中人甲将选择策略 A_1。换句话说，假设局中人甲预期局中人乙将以小于 $\frac{4}{5}$ 的概率试图获得结果（A_2，B_2），则局中人甲将选择策略 A_1 去获得结果（A_1，B_1）。

在允许颤抖时，两个局中人也许在选择时犯错误，无意识地选择了第三个策略。令

这个误差的概率为 ε $(0<\varepsilon<1)$。从局中人甲的角度看，局中人乙错误地选择 B_3 的概率为 ε，不犯这样错误的概率为 $1-\varepsilon$。在不犯错误的情况下，乙以概率 q 选择 B_1，以概率 $1-q$ 选择 B_2。

因此，局中人乙在可能犯错误的情况下，选择 B_1 的概率为 $q(1-\varepsilon)$，选择 B_2 的概率为 $(1-q)(1-\varepsilon)$，选择 B_3 的概率为 ε，见表 2—24。

表 2—24　　局中人乙在可能犯错误的情况下的选择

		乙		
		B_1	B_2	B_3
甲	A_1	$\underline{3}$，$\underline{0}$	-1，-1	$\underline{6}$，-1
	A_2	-1，-1	$\underline{0}$，$\underline{3}$	-1，-2
	A_3	-1，$\underline{6}$	-2，-1	4，4
概率		$q(1-\varepsilon)$	$(1-q)(1-\varepsilon)$	ε

局中人甲的预期效用则调整为

$$E_{A_1}=3q(1-\varepsilon)-(1-q)(1-\varepsilon)+6\varepsilon$$
$$E_{A_2}=-q(1-\varepsilon)-\varepsilon$$

假如局中人甲预期局中人乙将以概率 $q=\frac{1}{5}$ 选择策略 B_1，从上面的式子可知：

（1）在没有颤抖的情况下（当 $\varepsilon=0$ 时），$q=\frac{1}{5}$ 使得 $E_{A_1}=E_{A_2}$，这意味着局中人甲选择策略 A_1 和 A_2 是无差异的。

（2）当颤抖变得可能时（当 $\varepsilon>0$ 时），很容易看到，原来预期的效用平衡已经被打破：因为对任意 $0<\varepsilon<1$，当 $q=\frac{1}{5}$ 时，都有 $E_{A_1}>E_{A_2}$。这样，局中人甲将选择策略 A_1 而不是策略 A_2。

对于表 2—22 所示博弈，一般地，当局中人甲预期局中人乙以概率 ε 颤抖地选择 B_3 时，局中人甲选择 A_1 的条件是当且仅当 $E_{A_1}>E_{A_2}$，即

$$3(1-\varepsilon)q-(1-\varepsilon)(1-q)+6\varepsilon>-q(1-\varepsilon)-\varepsilon\text{，即 } q>\frac{1-8\varepsilon}{5(1-\varepsilon)}$$

对局中人乙，我们可以做类似的分析。

为进一步阐明颤抖手的作用，不妨假设局中人甲预期局中人乙将以概率 $q=0.1$ 选择策略 B_1，以概率 $q=0.9$ 选择策略 B_2，局中人甲在没有颤抖时，应该选择 A_2。然而，如果局中人甲同时预期局中人乙将以 $\varepsilon>\frac{1}{11}$ 的概率错误地选择策略 B_3，那么，就有 $E_{A_1}>E_{A_2}$。

这是因为 $q=0.1$，要使 $E_{A_1}>E_{A_2}$，只要

$$3(1-\varepsilon)\times 0.1-(1-\varepsilon)(1-0.1)+6\varepsilon>-0.1\times(1-\varepsilon)-\varepsilon\text{，即 } \varepsilon>\frac{1}{15}\text{，}$$

而现在的 $\varepsilon > \frac{1}{11}$，故 $E_{A_1} > E_{A_2}$。

在这种可能发生颤抖的博弈中，局中人甲将选择 A_1。

纳什均衡的多重性问题至今仍是困扰博弈论学者的一个难题。为了攻克这一难题，博弈论专家们提出了一系列均衡概念，如聚点均衡、相关均衡、子博弈完美均衡、颤抖手完美均衡等。这一系列均衡概念都是在纳什均衡的基础上发展起来的，其基本思路都是通过逐步剔除不合理均衡而得到更为精确和合理的均衡。在颤抖手完美均衡概念中，泽尔腾利用人类行为包含非理性因素（局中人会犯错）这一特点，形成对理性概念的一种新理解，这种方法无疑是博弈理论的一个重大突破。

以上，我们通过实例分析了标准式博弈的占优策略均衡和纳什均衡问题。不可忽视的是，有些存在纳什均衡的博弈不能用标准式描述，还有些标准式博弈不存在纳什均衡，对这些问题的分析我们将分别在下两节详述。

2.3　古诺模型

古诺模型是一个关于产量决策的模型，是由法国经济学家古诺（Augustin Cournot）于 1838 年提出的。这是有关博弈论思想的第一个较为成熟的模型。虽然模型提出较早，但至今仍被广泛应用。该模型最早用于分析双寡头市场结构，后来被应用于分析任意数量厂商的市场均衡。对该模型的研究是产业组织理论的重要基础。

要讨论的问题：假设在某个市场有 n 个厂商销售完全相同的商品，由于市场容量有限，在一定的价格水平上该市场只能销出有限数量的该种商品。如果向市场投放超出前述数量的该种商品，则必须要降价才能将它们全部销售出去，即商品总量越大，“市场出清价格”就越低。因此，能够将商品全部销售出去的“市场出清价格”是投放到该市场的该种商品总量的减函数，而商品的总量就是这 n 个厂商各自产量的总和。

另假设这 n 个厂商的产量决策是各自独立且不受任何限制的，并且他们同时决定各自的产量（所谓同时主要表明各厂商在决定自己生产多少时无法知道其他厂商的决定）。在这种情况下，这 n 个厂商该如何进行产量决策？

分析思路：对生产厂商来说，收益就是生产利润（销售收入减去成本后的余额）。设第 i 个厂商的产量为 q_i，$i=1, 2, \cdots, n$，则 n 个厂商的总产量就是 $Q=\sum_{i=1}^{n} q_i$。又已知“市场出清价格”是投放到该市场的该种商品总量的减函数，即 $P(Q)=P(\sum_{i=1}^{n} q_i)$。再假设第 i 个厂商生产每单位产量的成本为固定的 C（假定不变成本为 0），则第 i 个厂商的收益就是 $q_i \times P(\sum_{i=1}^{n} q_i)-C\times q_i$。从该式很容易知道，第 i 个厂商生产 q_i 数量的收益不仅取决于他自己既定的单位成本 C 和自己的产量决策，还通过价格取决于其他厂商的产量决策。因此，他在决策时必须考虑其他厂商的决策方式和对自己决策的可能影响。

下面我们通过一个具体的两寡头例子作仔细的分析。

例 2.13 现假设寡头市场上只有两个厂商生产完全相同的产品，两厂商同时决定各自的产量。

设厂商 1 的产量为 q_1，厂商 2 的产量为 q_2，则总产量为 $Q=q_1+q_2$。市场出清价格是总产量的函数：$P(Q)=8-Q$。没有固定成本，边际成本相等，即 $c_1=c_2=2$。从而两厂商的利润收益函数分别为：

$$\begin{aligned}u_1(q_1,q_2)&=q_1P(Q)-c_1q_1\\&=q_1[8-(q_1+q_2)]-2q_1\\&=6q_1-q_1q_2-q_1^2\\u_2(q_1,q_2)&=q_2P(Q)-c_2q_2\\&=q_2[8-(q_1+q_2)]-2q_2\\&=6q_2-q_1q_2-q_2^2\end{aligned}$$

在本博弈中，厂商 1 的策略集是 $[0, q_1]$，厂商 2 的策略集是 $[0, q_2]$，显然这是一个无限博弈。寻找均衡策略的充分必要条件是求出 q_1 和 q_2 的最大值，即

$$\begin{cases}\max\limits_{q_1}(6q_1-q_1q_2-q_1^2)\\\max\limits_{q_2}(6q_2-q_1q_2-q_2^2)\end{cases}$$

这时，我们可以把 u_1 看成是 q_1 的一元二次函数，利用求极值的方法，可求得使 u_1 实现最大值的产量 q_1，即

$$q_1=\frac{1}{2}(6-q_2)=3-\frac{q_2}{2} \tag{1}$$

同样，可以把 u_2 看成是 q_2 的一元二次函数，利用求极值的方法，可求得使 u_2 实现最大值的产量 q_2，即

$$q_2=\frac{1}{2}(6-q_1)=3-\frac{q_1}{2} \tag{2}$$

将式（1）与式（2）联立求解得 $q_1^*=q_2^*=2$。于是市场总商品量为 $Q=2+2=4$。双方的收益（利润）均为 $2\times(8-4)-2\times2=4$，即 $u_1^*=u_2^*=4$，两厂商的利润和为 $4+4=8$。

上面是两厂商独立同时做产量决策，根据实现自身利益最大化的原则而得到的结果。那么，这个结果有没有真正实现自身的最大利益？从社会整体的角度来看效益又如何呢？

其实，市场的总收益应该是 $U=Q\times P(Q)-C\times Q=Q(8-Q)-2Q=6Q-Q^2$ 的最大值，容易求得使总收益最大的总产量 $Q^*=3$，最大总收益 $U^*=9$。显然，若从总体最优的目标出发，既节省了资源，又取得了更优的效益。

实质上，古诺模型是“囚徒困境”博弈的一个变种。这一模型在现实中最好的例子是石油输出国组织（organization of the petroleum exporting countries，OPEC）规定的生产限额和生产限额的不断被突破。虽然成立了石油输出国组织，但为各自获取更大的

市场和更多的利润，仍有些国家的实际产量大于限产计划，从而导致石油价格下跌，直至各石油生产国都得到最不能令人满意的纳什均衡。

2.4 零和博弈

1. 零和博弈的纳什均衡

例 2.14 俾斯麦海之战

1943年2月，第二次世界大战中的日本，在太平洋战区已处于明显的劣势。为扭转战局，日军海军上将木村受命运送陆军由集结地——南太平洋新不列颠群岛的拉包尔出发，穿过俾斯麦海，开往新几内亚岛的莱城，支援困守在那里的日军（见图2—3）。

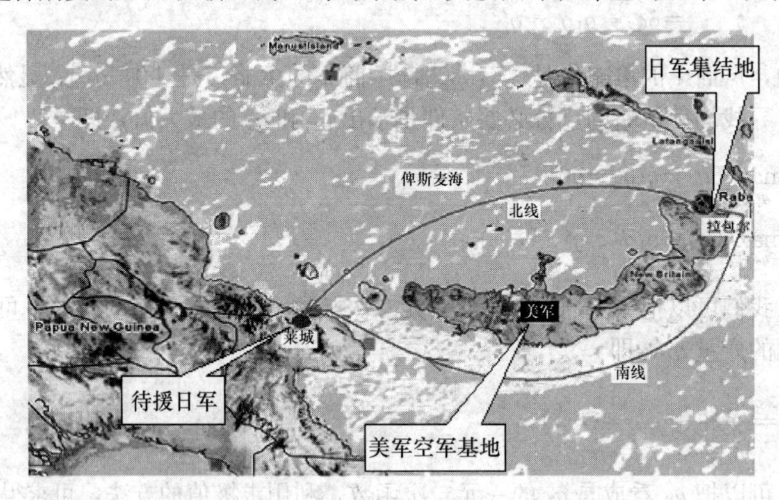

图2—3 俾斯麦海之战的海空对抗示意图

木村知道在日本舰队穿过俾斯麦海的3天航程中，不可能躲开盟军的袭击，他要谋划的是尽可能减少损失。当盟军统帅麦克阿瑟获悉此情报后，立即命令他麾下的太平洋战区空军司令肯尼将军组织空中打击。交战双方的指挥官都进行了冷静与全面的谋划。自然条件对于双方来说是已知的。

基本情况是：从拉包尔到莱城的海上航线有南线和北线两条，通过时间均为3天。气象预报表明，未来3天中，北线阴雨，能见度差；而南线则天气晴好，能见度佳。

估计会出现以下局势：

局势1：盟军侦察机重点搜索北线，日本舰队恰好走北线。由于气候恶劣，能见度低以及轰炸机群在南线，因而盟军只能实施两天有效的轰炸。

局势2：盟军侦察机重点搜索北线，而日本舰队走南线。由于发现晚，尽管盟军轰炸机群在南线，但有效轰炸也只有两天。

局势3：盟军侦察机重点搜索南线，而日本舰队走北线。由于发现晚，盟军轰炸机群在南线，以及北线天气恶劣，故有效轰炸只能实施1天。

局势 4：盟军侦察机重点搜索南线，日本舰队也恰好走南线。此时，日军舰队被迅速发现，盟军轰炸机群所需航程很短，加之天气晴好，这将使盟军空军在 3 天中皆可实施有效轰炸。

综合以上分析，俾斯麦海之战盟军和日军收益矩阵见表 2—25。其中每个格子中左边的正数表示盟军飞机轰炸日军的天数，右边的负数的绝对值表示日军被盟军飞机轰炸的天数。

表 2—25　　　　俾斯麦海之战盟军和日军的收益矩阵

		日军	
		北线	南线
盟军	北线	2，－2	2，－2
	南线	1，－1	3，－3

观察表 2—25 可知，盟军和日军都没有严格占优策略。与前两节中介绍的博弈不同之处在于：在每种局势下，双方收益之和为零，这是一个**二人零和博弈**。所谓二人零和博弈是指：博弈中一方的赢得正好是另一方的损失。由于这个特点，该模型可以简化。见表 2—26。

表 2—26　　　　俾斯麦海之战盟军的收益矩阵

		日军	
		北线	南线
盟军	北线	2	2
	南线	1	3

盟军希望赢得（轰炸天数）尽可能多，但他们也深知日军必然想方设法使自己的付出（被轰炸天数）尽可能少。因此，盟军肯尼将军在作选择时，首先要考虑选择每个策略时至少能赢得多少，然后从中选取最有利的策略。

具体来说：先对收益矩阵的各行求最小值（至少赢得），然后，再对矩阵各行最小值组成的集合中的元素取最大值（争取最佳）。于是有

$$\max_i \min_j \{a_{ij}\} = \max\{2,1\} = 2$$

同理，日军首先考虑在对方每个策略中最多损失多少，在此前提下争取损失最小。具体来说：对同一个收益矩阵的各列求最大值（最多损失），然后，对矩阵各列最大值组成的集合中的元素取最小值（争取最佳）。于是有

$$\min_j \max_i \{a_{ij}\} = \min\{2,3\} = 2$$

上述求解思想可概括为：“从最坏处去着想，争取最好的结果。”这是理性思考的表现。此例中，恰有

$$\max_i \min_j \{a_{ij}\} = \min_j \max_i \{a_{ij}\} = 2$$

这正是历史上实际对局的结果，即局势1成为事实：肯尼将军选择盟军侦察机重点搜索北线；木村选择日本舰队取道北线航行。盟军飞机在1天后发现日本舰队，基地在南线的盟军轰炸机群远程飞行，在恶劣天气中，实施了2天有效轰炸，重创了日本舰队，但未能全歼。

由于二人零和博弈的收益函数可以用表格中的有序数据来表示，因此二人零和博弈亦称为矩阵博弈。下面给出矩阵博弈概念和求解方法的一般描述。

定义 用Ⅰ、Ⅱ分别表示两个局中人，设局中人Ⅰ有 m 个策略 α_1，α_2，…，α_m；局中人Ⅱ有 n 个策略 β_1，β_2，…，β_n；其策略集分别表示为

$$S_1=\{\alpha_1,\alpha_2,\cdots,\alpha_m\},\quad S_2=\{\beta_1,\beta_2,\cdots,\beta_n\}$$

局中人Ⅰ从策略集 S_1 中选一个策略 α_i，同时局中人Ⅱ从策略集 S_2 中选一个策略 β_j，这样就构成一个**局势**（α_i，β_j）。对应于策略集 S_1 和 S_2，一共有 $m\times n$ 个局势。在局势（α_i，β_j）下局中人Ⅰ的收益记为 a_{ij}，则局中人Ⅰ的收益矩阵为

$$\mathbf{A}=(a_{ij})_{m\times n}=\begin{pmatrix} a_{11} & a_{12} & \cdots & a_{1n} \\ a_{21} & a_{22} & \cdots & a_{2n} \\ \vdots & \vdots & \ddots & \vdots \\ a_{m1} & a_{m2} & \cdots & a_{mn} \end{pmatrix}$$

记这个博弈为 $G=\{S_1,S_2;\mathbf{A}\}$。称具有这种形式的博弈为二人有限零和博弈或**矩阵博弈**。

我们关心的问题是：在矩阵博弈中，各局中人应该如何选择自己的策略，使自己在博弈中获得最好的结果。

分析问题的一般方法是：

（1）在收益矩阵的每行取最小值，对得到的 m 个最小值再取最大值，得到

$$\max_{1\leqslant i\leqslant m}\min_{1\leqslant j\leqslant n} a_{ij}$$

（2）在收益矩阵的每列取最大值，对得到的 n 个最大值再取最小值，得到

$$\min_{1\leqslant j\leqslant n}\max_{1\leqslant i\leqslant m} a_{ij}$$

（3）如果等式

$$\max_{1\leqslant i\leqslant m}\min_{1\leqslant j\leqslant n} a_{ij}=\min_{1\leqslant j\leqslant n}\max_{1\leqslant i\leqslant m} a_{ij}=a_{i^*j^*}$$

成立，则策略 α_{i^*}，β_{j^*} 分别称为局中人Ⅰ、Ⅱ的**最优纯策略**，对应的策略组合即局势（α_{i^*}，β_{j^*}）称为博弈 $G=\{S_1,S_2;\mathbf{A}\}$ **在纯策略意义下的纳什均衡**，数值 $V_G=a_{i^*j^*}$ 称为博弈 $G=\{S_1,S_2;A\}$ 的**值**。

例 2.15 设矩阵博弈 $G=\{S_1,S_2;\mathbf{A}\}$，其中

$$S_1=\{\alpha_1,\alpha_2,\alpha_3\},\quad S_2=\{\beta_1,\beta_2,\beta_3\},\quad \mathbf{A}=\begin{pmatrix} 8 & 1 & 2 \\ 5 & 3 & 4 \\ -1 & 2 & 1 \end{pmatrix}$$

局中人Ⅰ，Ⅱ应如何选择自己的策略，才能保证自己在博弈中取得有利的地位？

解：对矩阵 $\mathbf{A}$ 的每行元素取最小值：

$$\min\{8,1,2\}=1;\quad \min\{5,3,4\}=3;\quad \min\{-1,2,1\}=-1$$

再从这些最小值中取最大值：$\max\{1,3,-1\}=3$，则有

$$\max_{1\leqslant i\leqslant 3}\min_{1\leqslant j\leqslant 3} a_{ij}=a_{22}=3$$

对矩阵 $\mathbf{A}$ 的每一列元素取最大值：

$$\max\{8,5,-1\}=8;\quad \max\{1,3,2\}=3;\quad \max\{2,4,1\}=4$$

再从这些最大值中取最小值：$\min\{8,3,4\}=3$，则有

$$\min_{1\leqslant j\leqslant 3}\max_{1\leqslant i\leqslant 3} a_{ij}=a_{22}=3$$

由于$\max\limits_{1\leqslant i\leqslant 3}\min\limits_{1\leqslant j\leqslant 3} a_{ij}=\min\limits_{1\leqslant j\leqslant 3}\max\limits_{1\leqslant i\leqslant 3} a_{ij}=a_{22}=3$，故局中人Ⅰ、Ⅱ只有分别采取 α_2、β_2 时才是他们的最优纯策略，而局势（α_2，β_2）为博弈 $G=\{S_1, S_2; \mathbf{A}\}$ 在纯策略意义下的纳什均衡。博弈 $G=\{S_1, S_2; \mathbf{A}\}$ 的值 $V_G=a_{22}=3$。

可以看出：元素 a_{22} 为所在的第 2 行中的最小值，又为所在的第 2 列中的最大值，即 a_{22} 满足不等式

$$a_{i2}\leqslant a_{22}\leqslant a_{2j},\quad i=1,2,3;j=1,2,3$$

我们称 a_{22} 为矩阵 $\mathbf{A}$ 的**鞍点元素**，与 a_{22} 对应的局势（α_2，β_2）称为博弈 $G=\{S_1, S_2; \mathbf{A}\}$ 的**鞍点**。

将这个结论推广，我们不加证明地给出如下定理。

定理 2.1（最小最大定理） 矩阵博弈 $G=\{S_1, S_2; \mathbf{A}\}$ 在纯策略意义下有纳什均衡的充分必要条件是：存在策略组合（α_{i^*}，β_{j^*}），使得

$$\max_{1\leqslant i\leqslant m}\min_{1\leqslant j\leqslant n} a_{ij}=\min_{1\leqslant j\leqslant n}\max_{1\leqslant i\leqslant m} a_{ij}=a_{i^*j^*}$$

或

$$a_{ij^*}\leqslant a_{i^*j^*}\leqslant a_{i^*j},\quad i=1,2,\cdots,m;\quad j=1,2,\cdots,n$$

[注] 定理 2.1 由冯·诺伊曼在 1928 年提出并证明，是博弈论的一个基本原理。

最小最大定理告诉我们，在两个利益完全相反的人之间出现的冲突，在一定条件下（$\max\limits_{1\leqslant i\leqslant m}\min\limits_{1\leqslant j\leqslant n} a_{ij}=\min\limits_{1\leqslant j\leqslant n}\max\limits_{1\leqslant i\leqslant m} a_{ij}=a_{i^*j^*}$）存在一种理性的解。所谓理性的解，就是在给定冲突性质的前提下，双方都确信他们不可能期望有更好的结果了。

例 2.16 设矩阵博弈 $G=\{S_1, S_2; \mathbf{A}\}$，其中

$$S_1=\{\alpha_1,\alpha_2,\alpha_3,\alpha_4\},\quad S_2=\{\beta_1,\beta_2,\beta_3,\beta_4\},\quad \mathbf{A}=\begin{pmatrix} 8 & 5 & 9 & 5\\ 2 & 3 & 4 & -3\\ 10 & 5 & 7 & 5\\ -4 & 2 & 8 & 2\end{pmatrix}$$

求博弈 $G=\{S_1, S_2; \mathbf{A}\}$ 在纯策略意义下的纳什均衡和博弈的值。

解：对矩阵 **A** 的每行求最小值，得到{5，−3，5，−4}，再求其最大值得到 5，即 $\max\limits_{1\leqslant i\leqslant 4}\min\limits_{1\leqslant j\leqslant 4} a_{ij}=5$。

对矩阵 **A** 的每列求最大值，得到{10，5，9，5}，再求其最小值得到 5，即 $\min\limits_{1\leqslant j\leqslant 4}\max\limits_{1\leqslant i\leqslant 4} a_{ij}=5$。从而

$$\max_{1\leqslant i\leqslant 4}\min_{1\leqslant j\leqslant 4} a_{ij}=\min_{1\leqslant j\leqslant 4}\max_{1\leqslant i\leqslant 4} a_{ij}=a_{i^*j^*}=5,\quad i^*=1,3; j^*=2,4$$

所以，局势 (α_1, β_2)，(α_1, β_4)，(α_3, β_2)，(α_3, β_4) 都是博弈 $G=\{S_1, S_2; \mathbf{A}\}$ 在纯策略意义下的纳什均衡，博弈值 $V_G=5$。

可以看出，博弈在纯策略意义下的纳什均衡可以不唯一，但博弈的值是唯一的。

例 2.17　以弱敌强博弈

在战争史上，不乏以弱胜强的例子，下面将这种情形模型化。假设红军准备进攻一座城市，它有兵力两个师；守城的蓝军有三个师。通往城市有甲、乙两条道路或方向。假设两军相遇时，人数居多的一方取胜；当双方人数相等时，守方获胜，并假定军队只能整师调动。

红军攻击策略：

A_1：两个师集中沿甲方向进攻；

A_2：兵分两路，一个师沿甲方向进攻，另一个师沿乙方向进攻；

A_3：两个师集中沿乙方向进攻。

蓝军防守策略：

B_1：三个师集中守甲方向；

B_2：两个师守甲方向，一个师守乙方向；

B_3：一个师守甲方向，两个师守乙方向；

B_4：三个师集中守乙方向。

用 1 和 −1 分别表示胜和败，攻、守双方布阵的所有可能结果见表 2—27。

表 2—27　以弱敌强博弈的收益矩阵

		蓝军			
		B_1	B_2	B_3	B_4
红军	A_1	−1，1	−1，1	1，−1	1，−1
	A_2	1，−1	−1，1	−1，1	1，−1
	A_3	1，−1	1，−1	−1，1	−1，1

由表 2—27 可知，这是一个二人零和博弈。因此，该模型可以简化成表 2—28。

使用上例的方法分析，由表 2—28 可知红军在作选择时，首先要考虑选择每个策略时至少能赢得多少，然后从中选取最有利的策略。具体来说：先对收益矩阵的各行求最小值（至少赢得），然后，再对矩阵各行最小值组成的集合中的元素取最大值（争取最佳）。于是有

表 2—28　　以弱敌强博弈中红军的收益矩阵

		蓝军			
		B_1	B_2	B_3	B_4
红军	A_1	−1	−1	1	1
	A_2	1	−1	−1	1
	A_3	1	1	−1	−1

$$\max_i \min_j a_{ij}=\max\{-1,-1,-1\}=-1$$

蓝军在作选择时，首先考虑在对方每个策略中自己最多损失多少，在此前提下争取损失最小。具体来说：对同一收益矩阵的各列求最大值（最多损失），然后，对矩阵各列最大值组成的集合中的元素取最小值（争取损失最小）。于是有 $\min_j \max_i a_{ij}=\min\{1,\ 1,\ 1,\ 1\}=1$。

与前两个例子不同的是：$\max_i \min_j a_{ij}\neq\min_j \max_i a_{ij}$。

进一步观察表 2—28 可知：红军没有劣策略，而蓝军有劣策略 B_1，B_4，因此蓝军不会采用策略 B_1，B_4。剔除劣策略 B_1，B_4 后的博弈如表 2—29 所示。

表 2—29　　以弱敌强博弈中剔除劣策略后红军的收益矩阵

		蓝军	
		B_2	B_3
红军	A_1	−1	1
	A_2	−1	−1
	A_3	1	−1

红军知道蓝军不会采用策略 B_1，B_4，此时红军就有一个劣策略 A_2。剔除劣策略 A_2 后得到新的博弈收益矩阵，如表 2—30 所示。

表 2—30　　以弱敌强博弈中剔除劣策略后红军的收益矩阵

		蓝军	
		B_2	B_3
红军	A_1	−1	1
	A_3	1	−1

分析结果表明：红军只能采用集中优势兵力的攻击策略，即选择 A_1 或 A_3；蓝军只能选择分兵把守的防御策略，即选择 B_2 或 B_3。两方的形势是相同的，即红军尽管开始在军力上弱于蓝军，但实际上其获胜的可能与守方是相同的。这就给军事谋略的运用留下了发挥的空间，在古今中外的军事史上产生了不少以少胜多的光辉战例。

2. 混合策略意义下的纳什均衡

例 2.18　诺曼底登陆博弈

诺曼底登陆战役发生在 1944 年，是世界历史上规模最大的两栖登陆战役，为第二次世界大战开辟欧洲的第二战场奠定了基础，对加速法西斯德国的崩溃以及战后欧洲局势迅速有利的发展，都起了重要作用。

当时，由于双方兵力有限，盟军的登陆地点只能选择诺曼底或加莱中的一个；德军重点防御地点也只能选择诺曼底或加莱中的一个。如果盟军的登陆地点与德军重点防御地点相同，则盟军登陆失败；否则，盟军登陆成功。双方的收益矩阵见表 2—31。

表 2—31　　诺曼底登陆博弈的收益矩阵

		德军	
		加莱	诺曼底
盟军	加莱	−1	1
	诺曼底	1	−1

盟军登陆成功的主要原因之一就是成功地进行伪装与欺骗，诱使德军对登陆方向判断错误，重点防守加莱地区，而盟军在德军防守薄弱的诺曼底成功登陆。

进一步需要探讨的问题是：在这个博弈中，由于

$$\max_{1\leqslant i\leqslant 2}\min_{1\leqslant j\leqslant 2}a_{ij}=-1,\ \min_{1\leqslant j\leqslant 2}\max_{1\leqslant i\leqslant 2}a_{ij}=1$$

$$\max_{1\leqslant i\leqslant 2}\min_{1\leqslant j\leqslant 2}a_{ij}\neq\min_{1\leqslant j\leqslant 2}\max_{1\leqslant i\leqslant 2}a_{ij}$$

由定理 2.1，该博弈在纯策略意义下没有纳什均衡。对于这类博弈问题，局中人如何选择纯策略来参加博弈呢？我们先举例说明。

例 2.19　设矩阵博弈 $G=\{S_1,\ S_2;\ \boldsymbol{A}\}$，其中

$$S_1=\{\alpha_1,\alpha_2\},\quad S_2=\{\beta_1,\beta_2\},\quad \boldsymbol{A}=\begin{pmatrix}1 & 5\\ 7 & 3\end{pmatrix}$$

解：由于

$$\max_{1\leqslant i\leqslant 2}\min_{1\leqslant j\leqslant 2}a_{ij}=\max\{1,3\}=3,\quad \min_{1\leqslant j\leqslant 2}\max_{1\leqslant i\leqslant 2}a_{ij}=\min\{7,5\}=5$$

故此博弈不存在鞍点，从而双方都没有最优纯策略。

此时，我们可以设想局中人随机地选取纯策略来进行博弈。例如，局中人Ⅰ以概率 x 选取纯策略 α_1，以概率 $1-x$ 选取纯策略 α_2；局中人Ⅱ以概率 y 选取纯策略 β_1，以概率 $1-y$ 选取纯策略 β_2。于是，对局中人Ⅰ来说，他的赢得可用期望值 $E(x,\ y)$ 来描述：

$$\begin{aligned}E(x,y)&=xy+5x(1-y)+7(1-x)y+3(1-x)(1-y)\\&=-8xy+2x+4y+3\\&=-8\left(xy-\frac{1}{4}x-\frac{1}{2}y\right)+3\\&=-8\left[\left(x-\frac{1}{2}\right)\left(y-\frac{1}{4}\right)-\frac{1}{8}\right]+3\\&=-8\left(x-\frac{1}{2}\right)\left(y-\frac{1}{4}\right)+4\end{aligned}$$

由上式可以看出，当 $x=\frac{1}{2}$ 时，即局中人Ⅰ以概率 $\frac{1}{2}$ 选取纯策略 α_1 时，其期望值至少是 4，但不能保证期望值超过 4，这是因为局中人Ⅱ取 $y=\frac{1}{4}$ 时，即以概率 $\frac{1}{4}$ 选取纯策略 β_1 时，可以控制局中人Ⅰ的赢得不会超过 4。

从上述分析可以看出，每个局中人决策时，不是决定用哪一个纯策略，而是决定用多大概率选择每一个纯策略。由此，我们引出混合策略的概念。

一般地，设矩阵博弈 $G=\{S_1, S_2; \boldsymbol{A}\}$，其中

$$S_1=\{\alpha_1,\alpha_2,\cdots,\alpha_m\},\quad S_2=\{\beta_1,\beta_2,\cdots,\beta_n\},\quad \boldsymbol{A}=(a_{ij})_{m\times n}$$

假设局中人Ⅰ以概率 x_1，x_2，…，x_m 分别选取策略 α_1，α_2，…，α_m，局中人Ⅱ以概率 y_1，y_2，…，y_n 分别选取策略 β_1，β_2，…，β_n，则将纯策略集合对应的概率向量

$$\boldsymbol{X}=(x_1,x_2,\cdots,x_m),\quad x_i\geqslant 0, i=1,2,\cdots,m;\quad \sum_{i=1}^{m}x_i=1$$

$$\boldsymbol{Y}=(y_1,y_2,\cdots,y_n),\quad y_j\geqslant 0, j=1,2,\cdots,n;\quad \sum_{j=1}^{n}y_j=1$$

分别称为局中人Ⅰ与Ⅱ的**混合策略**，而（$\boldsymbol{X}$，$\boldsymbol{Y}$）称为**混合局势**。（显然，纯策略可以看成是混合策略的一种特殊情况。）又称**数学期望**

$$E(\boldsymbol{X},\boldsymbol{Y})=\sum_{i=1}^{m}\sum_{j=1}^{n}a_{ij}x_iy_j$$

为局中人Ⅰ的期望收益，$-E(\boldsymbol{X}, \boldsymbol{Y})$ 为局中人Ⅱ的期望收益。

上述期望收益的概念是很容易理解的：因为在混合策略条件下，每次双方会选择哪一个纯策略完全是一个随机事件，而任何一个纯局势的出现，都是两个相应的纯策略共同出现的结果。根据概率知识，交事件的概率就等于相应事件概率之积。同时，在混合策略条件下，每次可能出现的博弈值也完全是一个随机变量。根据数学期望的定义，随机变量的期望就等于每一随机变量与其相应的概率之积的代数和。

对给定博弈 $G=\{S_1, S_2; \boldsymbol{A}\}$，称 $G^*=\{S_1^*, S_2^*; E\}$ 为博弈 G 的**混合扩充**，其中 $S_1^*=\{\boldsymbol{X}\}$ 为局中人Ⅰ的所有混合策略构成的集合，$S_2^*=\{\boldsymbol{Y}\}$ 为局中人Ⅱ的所有混合策略构成的集合。

在混合扩充博弈中，局中人Ⅰ选取某种混合策略时，必定要想到局中人Ⅱ会针对性地选取一种策略，使局中人Ⅰ的期望收益最小。于是，局中人Ⅰ的目标就是寻求一种以概率选取的策略，使局中人Ⅱ不论采取何种策略时，都能使自己的期望收益中的最小值尽可能大。换言之，局中人Ⅰ想找到一个最大的数 V_{S_1}，使其在以概率 $\boldsymbol{X}^*$ 选取策略时，对局中人Ⅱ的每种混合策略 $\boldsymbol{Y}$ 都有

$$E(\boldsymbol{X}^*,\boldsymbol{Y})\geqslant V_{S_1},\quad \forall \boldsymbol{Y}\in S_2^* \tag{1}$$

我们称 $\boldsymbol{X}^*$ 为局中人Ⅰ的**最优混合策略，**简称**最优策略**。

同理，局中人Ⅱ也想以概率 $\boldsymbol{Y}^*$ 作为最优策略，使局中人Ⅰ不论采取何种策略，都

能使自己的期望损失中的最大值尽可能小。换言之，局中人Ⅱ想找到一个最小的数 V_{S_2}，使其在以概率 $\boldsymbol{Y}^*$ 选取策略时，对局中人Ⅰ的每种混合策略 X 都有

$$E(\boldsymbol{X},\boldsymbol{Y}^*)\leqslant V_{S_2}, \quad \forall \boldsymbol{X}\in S_1^* \tag{2}$$

我们称 $\boldsymbol{Y}^*$ 为局中人Ⅱ的最优策略。

可以证明，在任何一个给定的二人零和博弈中，对局中人Ⅰ和Ⅱ分别存在最优策略 $\boldsymbol{X}^*$ 和 $\boldsymbol{Y}^*$ 以及 V_{S_1} 和 V_{S_2}，使得式（1）和式（2）成立，且 $V_{S_1}=V_{S_2}=V_G$，我们称 V_G 为**博弈 G 的值**，而混合局势（$\boldsymbol{X}^*$，$\boldsymbol{Y}^*$）称为 G **在混合策略意义下的一个纳什均衡**。这个结论可归结为如下定理。

定理 2.2 任何一个给定的二人零和博弈 G 一定存在混合策略意义下的纳什均衡。

对混合策略的一个合理的解释是：一个局中人选择混合策略的目的是要给其他局中人造成不确定性。这样，尽管其他人知道他选择某个策略的概率是多大，却不能猜透他实际上会选择哪个策略。所以，混合策略是一个局中人对其他局中人行为的不确定性的反应。

混合策略告诉了我们局中人决策的具体方式以及平均意义上的收益（期望收益或称为预期收益）。

求解矩阵博弈的纳什均衡，通常采用代数法或线性规划法，计算量较大。为回避复杂的计算，我们采取一个“最优策略”，即使用 WinQSB 软件求解各种各样的矩阵博弈。

3. 应用 WinQSB 软件求解矩阵博弈

WinQSB 软件（说明及操作简介参见附录 7）适用于求解矩阵博弈。

例 2.20 我们以例 2.19 中的矩阵博弈为例，介绍具体使用方法。

这里，$S_1=\{\alpha_1, \alpha_2\}$，$S_2=\{\beta_1, \beta_2\}$，$\boldsymbol{A}=\begin{pmatrix}1 & 5\\ 7 & 3\end{pmatrix}$

解：第 1 步：打开 WinQSB 软件，调用子程序“Decision Analysis”。点击“开始”→“程序”→“WinQSB”→“Decision Analysis”，得到图 2—4。在图 2—4 中选择“Two-player，Zero-sum Game”。

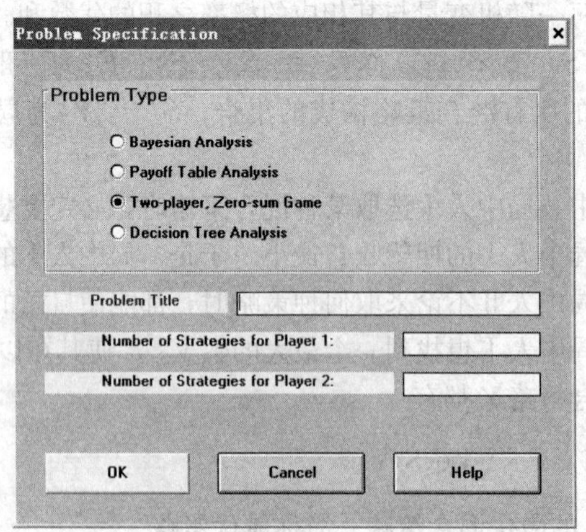

图 2—4 二人零和博弈求解的软件界面

第 2 步：在空格处填写相关信息。在“Problem Title”后的空格中填写题目名称；在“Number of the States of Nature:”后的空格中填写局中人Ⅰ的策略个数；在“Number of Survey Outcomes (Indicators):”后的空格中填写局中人Ⅱ的策略个数，如图 2—5 所示。

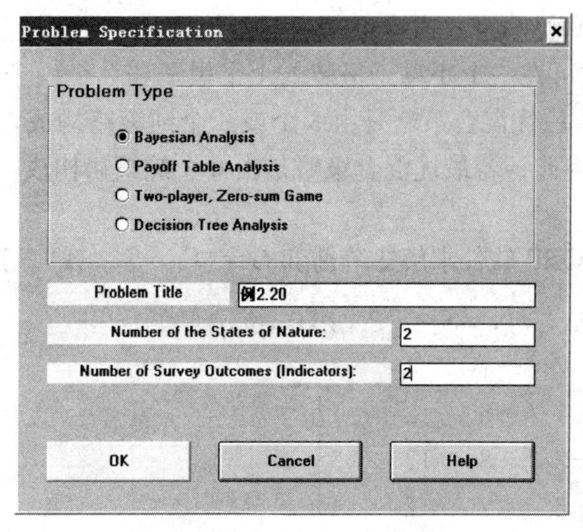

图 2—5　例 2. 20 的相关信息

点击“OK”，得到数据输入界面，见图 2—6。

Player1 \ Player2	Strategy2-1	Strategy2-2
Strategy1-1		
Strategy1-2		

图 2—6　数据输入界面

第 3 步：在空格处输入矩阵 **A** 中的元素，见图 2—7。

Player1 \ Player2	Strategy2-1	Strategy2-2
Strategy1-1	1	5
Strategy1-2	7	3

图 2—7　例 2. 20 的数据

第 4 步：依次点击菜单“Solve and Analyze”→“Solve the Problem”，得到计算结果，见图 2—8。

08-01-2011	Player	Strategy	Dominance	Elimination Sequence
1	1	Strategy1-1	Not Dominated	
2	1	Strategy1-2	Not Dominated	
3	2	Strategy2-1	Not Dominated	
4	2	Strategy2-2	Not Dominated	
	Player	Strategy	Optimal Probability	
1	1	Strategy1-1	0.50	
2	1	Strategy1-2	0.50	
1	2	Strategy2-1	0.25	
2	2	Strategy2-2	0.75	
	Expected	Payoff	for Player 1 =	4.00

图 2—8　例 2. 20 的求解结果

可知局中人Ⅰ和Ⅱ分别存在最优混合策略 $\boldsymbol{X}^*=(0.5, 0.5)$ 和 $\boldsymbol{Y}^*=(0.25, 0.75)$。博弈值 $V_G=4$。

这里需要讲一下最优混合策略的实现问题。由于混合策略具有随机性，因此，局中人在采用最优混合策略进行博弈时，通常需要借助于一个随机装置。假如混合策略是(0.5，0.5)，可通过掷硬币的方式，正面朝上出策略 1，反面朝上出策略 2；若混合策略是（1/4，3/4），则可在一个小罐子里装上 1 个黑子和 3 个白子，摸出黑子出策略 1，摸出白子出策略 2；若最优混合策略是由 3 个或 4 个纯策略构成，则随机装置可以采用不同花色的扑克牌来构造；若最优混合策略是由 6 个纯策略构成，则可以采用掷骰子等方法。

例 2.21 用 WinQSB 软件求解矩阵博弈 $G=\{S_1, S_2; \boldsymbol{A}\}$，其中

$$S_1=\{\alpha_1,\alpha_2,\alpha_3,\alpha_4\}, \quad S_2=\{\beta_1,\beta_2,\beta_3,\beta_4,\beta_5\}$$

$$\boldsymbol{A}=\begin{pmatrix} 3 & 2 & -1 & 4 & 3 \\ 6 & -1 & 5 & -2 & -1 \\ 1 & -3 & -8 & 12 & -9 \\ -5 & 6 & 7 & -2 & 4 \end{pmatrix}$$

解：在图 2—9 所示的界面中先输入局中人Ⅰ的策略数 4，局中人Ⅱ的策略数 5。

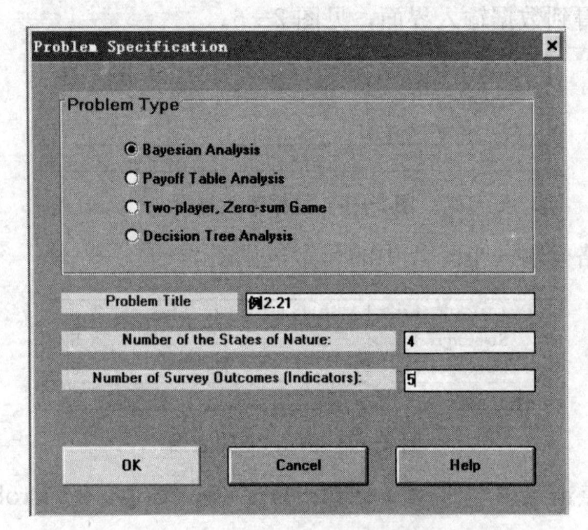

图 2—9 例 2.21 的相关信息

再输入矩阵 **A** 的数据，如图 2—10 所示。

Player1 \ Player2	Strategy2-1	Strategy2-2	Strategy2-3	Strategy2-4	Strategy2-5
Strategy1-1	3	2	-1	4	3
Strategy1-2	6	-1	5	-2	-1
Strategy1-3	1	-3	-8	12	-9
Strategy1-4	-5	6	7	-2	4

图 2—10 例 2.21 的数据

求解结果见图 2—11。

08-01-2011	Player	Strategy	Dominance	Elimination Sequence
1	1	Strategy1-1	Not Dominated	
2	1	Strategy1-2	Not Dominated	
3	1	Strategy1-3	Not Dominated	
4	1	Strategy1-4	Not Dominated	
5	2	Strategy2-1	Not Dominated	
6	2	Strategy2-2	Not Dominated	
7	2	Strategy2-3	Not Dominated	
8	2	Strategy2-4	Not Dominated	
9	2	Strategy2-5	Not Dominated	
	Player	Strategy	Optimal Probability	
1	1	Strategy1-1	0.51	
2	1	Strategy1-2	0.22	
3	1	Strategy1-3	0.05	
4	1	Strategy1-4	0.23	
1	2	Strategy2-1	0.09	
2	2	Strategy2-2	0	
3	2	Strategy2-3	0.42	
4	2	Strategy2-4	0.45	
5	2	Strategy2-5	0.04	
	Expected	Payoff	for Player 1 =	1.75

图 2—11 例 2.21 的求解结果

可知局中人Ⅰ和Ⅱ分别存在最优混合策略

$$\boldsymbol{X}^*=(0.51,0.22,0.05,0.23),\quad \boldsymbol{Y}^*=(0.09,0,0.42,0.45,0.04)$$

博弈值 $V_G=1.75$。

类似的，可以求得诺曼底登陆博弈中盟军和德军的最优混合策略分别为

$$\boldsymbol{X}^*=(0.5,0.5),\quad \boldsymbol{Y}^*=(0.5,0.5)$$

博弈值 $V_G=0$。

在博弈论发展的初期，有关零和博弈的研究十分重要。零和博弈是研究其他类型博弈的基础，它为复杂博弈的深入研究奠定了基石。然而在现实生活中，利己并不一定非得损人。尤其是在商业中，只有合作才可以得到双赢的结果，不但你得到好处，你的对手也得到好处。这种情况称为非零和博弈。在非零和博弈中，一个局中人的所得并不一定意味着其他局中人要遭受同样数量的损失。其中隐含的一个意思是，参与者之间可能存在某种共同的利益，“双赢”或者“多赢”是博弈论中非常重要的理念。

2.5 非零和博弈

1. 非零和博弈的混合策略纳什均衡

通过对二人零和博弈的研究，我们知道其混合策略是以一定的概率在两个或多个纯策略中进行选择的方法，并且知道任何一个给定的二人零和博弈 G 一定存在混合策略下的纳什均衡的结论。在 2.2 节中我们提到有些标准式博弈不存在纳什均衡，现在的问题

是：上述结论可否推广到二人非零和博弈？如果可以推广，如何求出非零和博弈的混合策略纳什均衡？

对于第一个问题，约翰·纳什已经证明了：**任何一个给定的二人博弈 G（不管是否是零和的）一定存在混合策略纳什均衡。**对于第二个问题，我们结合下面的例子介绍求解方法。

例 2.22　现价折扣促销博弈

现价折扣，即在现行价格基础上打折销售，这是一种最常见且行之有效的促销手段。这种促销手段可以让顾客现场获得看得见的利益并激发购买的欲望，同时销售商也会因销量的迅速提升获得满意的目标利润。很多现价折扣促销活动是随机安排的，消费者事先不知道哪个销售商何时做促销活动。销售商为什么要随机安排呢？如果消费者知道什么时候打折销售，他就会专等打折销售的那几天进行购买。消费者可能也希望自己的购买活动是不可预测的，因为一旦销售商知道消费者什么时候购买，可能就不会在那个时间进行打折优惠了。

假设这是一个二人博弈，销售商和消费者分别是其中的一个参与者，销售商的选择是安排明天打折销售还是今天打折销售；消费者的选择是安排明天购买还是今天购买。两个参与者的收益矩阵见表 2—32。

表 2—32　　现价折扣促销博弈的收益矩阵

		消费者	
		明天购买	今天购买
销售商	明天打折	4，8	10，5
	今天打折	8，4	5，10

用划线法得知，该博弈没有纯策略纳什均衡。因此，这是一个求解双矩阵形式的二人非零和博弈的混合策略问题。

为了能借助二人零和博弈的处理方式解决二人非零和博弈问题，需要做出如下规定：对于用双矩阵形式表示的二人非零和博弈，规定 $\boldsymbol{A}=(a_{ij})_{m\times n}$ 为局中人Ⅰ的收益矩阵，其元素由博弈矩阵中每个数对的第一个元素构成；$\boldsymbol{B}=(b_{ij})_{m\times n}$ 为局中人Ⅱ的收益矩阵，其元素由博弈矩阵中每个数对的第二个元素构成。

因此，在混合策略（$\boldsymbol{X}$，$\boldsymbol{Y}$）下，其中

$$\boldsymbol{X}=(x_1,x_2,\cdots,x_m),\quad x_i\geqslant 0,i=1,2,\cdots,m,\quad \sum_{i=1}^{m}x_i=1$$

$$\boldsymbol{Y}=(y_1,y_2,\cdots,y_n),\quad y_j\geqslant 0,j=1,2,\cdots,n,\quad \sum_{j=1}^{n}y_j=1$$

局中人Ⅰ的期望收益为：

$$E_1(\boldsymbol{X},\boldsymbol{Y})=\sum_{i=1}^{m}\sum_{j=1}^{n}a_{ij}x_iy_j$$

局中人Ⅱ的期望收益为：

$$E_2(\boldsymbol{X},\boldsymbol{Y}) = \sum_{i=1}^{m}\sum_{j=1}^{n} b_{ij}x_i y_j$$

在例 2.22 中，销售商（局中人Ⅰ）的收益矩阵为 $\boldsymbol{A}=\begin{pmatrix}4 & 10\\8 & 5\end{pmatrix}$，消费者（局中人Ⅱ）的收益矩阵为 $\boldsymbol{B}=\begin{pmatrix}8 & 5\\4 & 10\end{pmatrix}$。

参照二人零和博弈的处理方式，博弈的双方应该随机地选择自己的策略，即按照一定的概率随机地选择自己策略集合中的任一策略。那么，博弈双方如何确定以什么样的概率选择自己的每一个策略呢?

一个**合理性原则**应该是：所选的这一组概率应该能够使得对方对他的每一个纯策略的选择持无所谓的态度，也就是使对方的每一个纯策略的期望收益相等。

假设销售商选择策略“明天打折”的概率为 x，选择策略“今天打折”的概率为 $1-x$；消费者选择策略“明天购买”的概率为 y，选择策略“今天购买”的概率为 $1-y$。销售商和消费者各自对每一个纯策略的期望收益见表 2—33。

表 2—33　　销售商和消费者各自对每一个纯策略的期望收益

销售商		消费者	
明天打折的期望收益	$4y+10(1-y)$	明天购买的期望收益	$8x+4(1-x)$
今天打折的期望收益	$8y+5(1-y)$	今天购买的期望收益	$5x+10(1-x)$

根据上述的合理性原则，销售商选择“明天打折”和“今天打折”的概率 x 和 $1-x$ 一定要使消费者选择“明天购买”和“今天购买”的期望收益相等，即 x 的选择应满足关系式：

$$8x+4(1-x)=5x+10(1-x)\text{，解之得 } x=2/3\text{，从而 } 1-x=1/3\text{。}$$

同理，消费者选择“明天购买”和“今天购买”的概率 y 和 $1-y$ 一定要使销售商选择“明天打折”和“今天打折”的期望收益相等，即 y 的选择应满足关系式：

$$4y+10(1-y)=8y+5(1-y)\text{，解之得 } y=5/9\text{，从而 } 1-y=4/9\text{。}$$

因此，销售商以混合策略 $\boldsymbol{X}^*=(x_1^*,\ x_2^*)=(2/3,\ 1/3)$ 的概率选择策略“明天打折”和“今天打折”；消费者以混合策略 $\boldsymbol{Y}^*=(y_1^*,\ y_2^*)=(5/9,\ 4/9)$ 的概率选择策略“明天购买”和“今天购买”。

在混合策略（$\boldsymbol{X}^*$，$\boldsymbol{Y}^*$）下，由 $\boldsymbol{A}=\begin{pmatrix}4 & 10\\8 & 5\end{pmatrix}$，$\boldsymbol{B}=\begin{pmatrix}8 & 5\\4 & 10\end{pmatrix}$，销售商的期望收益为

$$\begin{aligned}E_1(\boldsymbol{X}^*,\boldsymbol{Y}^*) &= \sum_{i=1}^{2}\sum_{j=1}^{2} a_{ij}x_i^* y_j^* = 4x_1^* y_1^* + 10x_1^* y_2^* + 8x_2^* y_1^* + 5x_2^* y_2^* \\ &= 4\times\frac{2}{3}\times\frac{5}{9}+10\times\frac{2}{3}\times\frac{4}{9}+8\times\frac{1}{3}\times\frac{5}{9}+5\times\frac{1}{3}\times\frac{4}{9} \\ &= \frac{20}{3}\end{aligned}$$

消费者的期望收益为

$$\begin{aligned} E_2(\boldsymbol{X}^*,\boldsymbol{Y}^*) &= \sum_{i=1}^{2}\sum_{j=1}^{2} b_{ij}x_i^* y_j^* = 8x_1^* y_1^* + 5x_1^* y_2^* + 4x_2^* y_1^* + 10x_2^* y_2^* \\ &= 8\times\frac{2}{3}\times\frac{5}{9} + 5\times\frac{2}{3}\times\frac{4}{9} + 4\times\frac{1}{3}\times\frac{5}{9} + 10\times\frac{1}{3}\times\frac{4}{9} \\ &= \frac{20}{3} \end{aligned}$$

由于这时谁也无法通过改变自己的混合策略（概率分布）而改善自己的收益（期望收益），因此这样的混合策略组合是稳定的。故该博弈的混合策略纳什均衡为（$\boldsymbol{X}^*$，$\boldsymbol{Y}^*$）。

2. 奇数定理

威尔逊（Wilson）在1971年指出：**几乎所有有限策略的博弈都有奇数个纳什均衡，包括纯策略纳什均衡和混合策略纳什均衡**。这就是著名的**奇数定理**（oddness theorem）。按照这个定理，一般来说，如果一个博弈有两个纯策略纳什均衡，就一定有第三个混合策略纳什均衡。

如果在有多个纳什均衡或没有纳什均衡的情况下，需要考虑预期收益，就可以按照奇数定理，去寻找问题的混合策略纳什均衡。在混合策略纳什均衡中，没有人通过单方面偏离能获得更好的预期收益。

在前面的懦夫博弈中，双方的收益矩阵见表2—34。

表2—34　　懦夫博弈的收益矩阵

		决斗者 B	
		转向	向前
决斗者 A	转向	0，0	−10，10
	向前	10，−10	−100，−100

该博弈有两个纳什均衡：（向前，转向）与（转向，向前）。从收益情况看，决斗者 A 更喜欢前一个均衡，而决斗者 B 更喜欢后一个均衡。这类博弈虽然存在纯策略均衡，但我们仍然会认为混合策略均衡是最优的，这是因为参与博弈的双方分别存在一个（10，−10）和（−10，10）的诱惑，即他们都存在单独偏离的动机。根据奇数定理，它很可能有一个混合策略纳什均衡。类似例2.22的求解过程，可以计算出：决斗者 A 的混合策略为 $\boldsymbol{X}^*=(9/10,\ 1/10)$，即以0.9的概率选择"转向"策略，以0.1的概率选择"向前"策略；决斗者 B 的混合策略为 $\boldsymbol{Y}^*=(9/10,\ 1/10)$，即以0.9的概率选择"转向"策略，以0.1的概率选择"向前"策略。该博弈的混合策略纳什均衡为（$\boldsymbol{X}^*$，$\boldsymbol{Y}^*$）。

在混合策略（$\boldsymbol{X}^*$，$\boldsymbol{Y}^*$）下，由 $\boldsymbol{A}=\begin{pmatrix} 0 & -10 \\ 10 & -100 \end{pmatrix}$，$\boldsymbol{B}=\begin{pmatrix} 0 & 10 \\ -10 & -100 \end{pmatrix}$，得到决斗者 A 的期望收益为：

$$E_1(\boldsymbol{X}^*,\boldsymbol{Y}^*) = \sum_{i=1}^{2}\sum_{j=1}^{2} a_{ij}x_i^* y_j^* = 0x_1^* y_1^* - 10x_1^* y_2^* + 10x_2^* y_1^* - 100x_2^* y_2^*$$

$$=0\times\frac{9}{10}\times\frac{9}{10}-10\times\frac{9}{10}\times\frac{1}{10}+10\times\frac{1}{10}\times\frac{9}{10}-100\times\frac{1}{10}\times\frac{1}{10}$$
$$=-1$$

决斗者 B 的期望收益为：

$$E_2(\boldsymbol{X}^*,\boldsymbol{Y}^*)=\sum_{i=1}^{2}\sum_{j=1}^{2}b_{ij}x_i^*y_j^*=0x_1^*y_1^*+10x_1^*y_2^*-10x_2^*y_1^*-100x_2^*y_2^*$$
$$=0\times\frac{9}{10}\times\frac{9}{10}+10\times\frac{9}{10}\times\frac{1}{10}-10\times\frac{1}{10}\times\frac{9}{10}-100\times\frac{1}{10}\times\frac{1}{10}$$
$$=-1$$

在混合策略纳什均衡（$\boldsymbol{X}^*$，$\boldsymbol{Y}^*$）下，没有人通过单方面偏离能获得更好的期望收益。

可以发现，在懦夫博弈中，真正出现车毁人伤的概率很小，仅为1%。

掌握了求解混合策略纳什均衡的基本思想和方法，就可以通过选择混合策略而非纯策略来有效地解决不确定性问题。对于比较复杂的二人非零和博弈，借助 Excel 软件可以容易地求解混合策略纳什均衡（$\boldsymbol{X}^*$，$\boldsymbol{Y}^*$），请参考本章 2.7 节。

2.6 三人博弈

在博弈论中，三人博弈或多人博弈的应用也是十分广泛的。我们希望通过对三人博弈的研究，拓展到多人博弈的研究。

1. 不结盟博弈与结盟博弈

二人博弈与三人博弈最大的区别是：在三人博弈中，其中的两个参与者有可能结成**联盟**对抗第三方，这在二人博弈中是不可能发生的。这里谈到的结盟指的是协调策略的参与者。

由本书附录 7 中数学预备知识可知：由三个元素 A、B、C 构成的集合 $S=\{A, B, C\}$，如果不计空集$\varnothing$，则集合 S 的所有子集有 7 个，它们为：

$$\{A\},\{B\},\{C\},\{A,B\},\{A,C\},\{B,C\},\{A,B,C\}$$

例 2.23　三人选数博弈

有 A、B、C 三个人玩“选数游戏”。游戏规则要求每人从三个数字 1、2、3 中任意选一个数，每个人的收益为：用 4 乘以三人所选数字的最小者，再减去自己所选中的数字。比如，A 选择 2，B 选择 3，C 选择 2，则 A 的收益为 $4\times2-2=6$，B 的收益为 $4\times2-3=5$，C 的收益为 $4\times2-2=6$。由此可知，三人选数博弈的收益矩阵如表 2—35 所示。每个单元格中的三个数字，依次是 A、B、C 三个人的收益。例如，A、B、C 三个人依次选择（2，3，2），则 A、B、C 三个人的收益依次是（6，5，6）。

表 2—35　三人选数博弈的收益矩阵

		局中人 C								
		1			2			3		
		局中人 B			局中人 B			局中人 B		
		1	2	3	1	2	3	1	2	3
局中人 A	1	3，3，3	3，2，3	3，1，3	3，3，2	3，2，2	3，1，2	3，3，1	3，2，1	3，1，1
	2	2，3，3	2，2，3	2，1，3	2，3，2	6，6，6	6，5，6	2，3，1	6，6，5	6，5，5
	3	1，3，3	1，2，3	1，1，3	1，3，2	5，6，6	5，5，6	1，3，1	5，6，5	9，9，9

对于三人博弈，两个参与者有可能结成联盟对抗第三方。为此，我们将所有参与者构成的集合 $S=\{A, B, C\}$ 的所有可能的联盟全部列出，称为**联盟结构**：

$$\{A\},\{B\},\{C\},\{A,B\},\{A,C\},\{B,C\},\{A,B,C\}$$

我们要解决如下三类问题的求解：

第一类：求不结盟情况 $\{A\}$，$\{B\}$，$\{C\}$ 下的纳什均衡；

第二类：求大联盟情况 $\{A, B, C\}$ 下的纳什均衡；

第三类：求两两联盟对付第三者情况 $\{A, B\}$，$\{C\}$；$\{A, C\}$，$\{B\}$；$\{B, C\}$，$\{A\}$ 下的纳什均衡。

对第一类问题的求解思路：把表 2—35 所示的收益矩阵从左至右分为三个子矩阵，在每个子矩阵中，由于参与者 C 的策略不变，因此可以看作是在参与者 C 选定策略的条件下，参与者 A 与 B 的博弈。由此得到**三人博弈求解方法**：

第 1 步：对每个子矩阵用划线法对参与者 A 与 B 的博弈求解；

第 2 步：将参与者 C 在三个子矩阵相同位置的单元格中的收益进行比较，在最大的收益下面划线；

第 3 步：找出 3 个收益数字下面都有划线的单元格，与之对应的策略组合就是一个纳什均衡。

按照该算法，表 2—35 所示的收益矩阵划线的结果见表 2—36。可知该博弈有三个单元格中的每个数字都被划线：(3，3，3)，(6，6，6)，(9，9，9)。对应地，有三个纳什均衡：(1，1，1)，(2，2，2)，(3，3，3)。

表 2—36　三人选数博弈的收益矩阵的划线结果

		局中人 C								
		1			2			3		
		局中人 B			局中人 B			局中人 B		
		1	2	3	1	2	3	1	2	3
局中人 A	1	**3**，**3**，**3**	**3**，2，**3**	**3**，1，3	**3**，**3**，2	3，2，2	3，1，2	**3**，**3**，1	3，2，1	3，1，1
	2	2，**3**，**3**	2，2，3	2，1，3	2，3，2	**6**，**6**，**6**	**6**，5，**6**	2，3，1	**6**，**6**，5	6，5，5
	3	1，**3**，**3**	1，2，3	1，1，3	1，3，2	5，**6**，**6**	5，5，6	1，3，1	5，6，5	**9**，**9**，**9**

对第二类问题的求解思路：把表2—36所示的收益矩阵中所有单元格中的数字进行比较，找到三个数字之和最大的单元格，对应的策略组合就是一个纳什均衡。在本例中，三个数字之和最大的单元格是（9，9，9），对应的策略组合就是博弈的纳什均衡（3，3，3）。没有一个参与者愿意改变其策略，它是一个稳定的纳什均衡。但是在许多情况下，由于在非合作博弈条件下，不存在具有约束力的制约机制迫使每个参与者按照约定选择其策略，约定的策略组合可能不会被不折不扣地执行，所以其纳什均衡有可能是不稳定的。

我们结合下面的例子介绍对第三类问题的求解方法。

2. 国际联盟博弈

例2.24 海湾控制博弈

在一个海湾附近，有甲、乙、丙三个国家，它们都想控制这个海湾。但要想控制整个海湾，至少需要两个国家联合起来。如果两个国家联合起来形成战略伙伴关系，即形成联盟，就会以牺牲第三国的利益为代价。现在假设甲国可以选择在海湾的北面或南面部署军队，乙国可以选择在海湾的西面或东面部署军队，丙国控制了该海湾的一个岛屿，它可以选择在该岛屿的陆地上或近海处部署军队。各自收益构成的收益矩阵见表2—37。矩阵中各单元格都有3个数据，依次是甲、乙、丙三个国家的收益。

表2—37 国际联盟博弈的收益矩阵

		丙国			
		陆地		近海	
		乙国		乙国	
		西	东	西	东
甲国	北	6，6，6	7，7，1	7，1，7	0，0，0
	南	0，0，0	4，4，4	4，4，4	1，7，7

该三方博弈的联盟共有7个，分为3组联盟结构：

（1）{甲}，{乙}，{丙}；

（2）{甲，乙，丙}；

（3）{甲，乙}，{丙}；{甲，丙}，{乙}；{乙，丙}，{甲}。

要想控制整个海湾，至少需要两个国家联合起来，联盟结构（1）不可能实现。

考察联盟结构（2），如果实现三国大联盟，约定选择（北，西，陆地）策略组合，每个国家均可获得6个单位的收益，这时总收益最大。由于在非合作博弈条件下，不存在具有约束力的国际制约机制迫使每个参与者按照约定选择其策略，所以该策略组合并不是一个纳什均衡。所以，三国大联盟不可能实现。因此，两国联盟就显得非常重要。

考察联盟结构（3），应用三人博弈求解方法，用划线法得到表2—38。

表 2—38　　国际联盟博弈的收益矩阵

		丙国			
		陆地		近海	
		乙国		乙国	
		西	东	西	东
甲国	北	**6**，6，6	**7**，**7**，**1**	**7**，**1**，**7**	0，0，0
	南	0，0，0	4，**4**，4	4，4，**4**	**1**，**7**，**7**

不难看出，有 3 个纳什均衡：

(北，东，陆地)，对应着联盟结构｛甲，乙｝，｛丙｝；

(北，西，近海)，对应着联盟结构｛甲，丙｝，｛乙｝；

(南，东，近海)，对应着联盟结构｛乙，丙｝，｛甲｝。

这 3 个纳什均衡中，纳什均衡的产生都不需要外在强制力，形成联盟的两个国家不会改变自己的策略。在这里，究竟哪个纳什均衡出现，要看哪两个国家会形成联盟。每两个国家的联盟都对应一个谢林点，即两个国家之间形成联盟，有助于谢林点的形成。至于哪两个国家之间最有可能形成联盟，还要从地缘政治、国家间历史上的关系以及当前国家间的利益来寻找线索。

通过该博弈我们看到：在三方博弈中，任何两方都可以通过联盟使得联盟的双方增加收益，使第三方的利益受损。

如果参与博弈的局中人多于两个，就有可能会发生部分局中人联合起来追求小团体利益的共谋行为，从而导致均衡情况的变化。对共谋偏离现象的分析，需要用抗共谋均衡的思想和概念。

3. 抗共谋纳什均衡

所谓抗共谋纳什均衡是指满足这样条件的策略组合：它不仅要求局中人在这个策略组合下没有单独偏离的激励，而且也要求他们没有合伙偏离的激励。

例 2.25　群体博弈

某地甲、乙、丙三个企业正在对是否投资某一项目进行选择。不投资的企业收益为 0；如果三个企业都投资，就会出现供大于求的现象，每个企业的收益是－1；若只有两个企业投资，则这两个企业的收益各为 2；若只有一个企业投资，则它比不投资还差，其收益为－1。表 2—39 给出该博弈的收益矩阵。

表 2—39　　群体博弈的收益矩阵

		丙			
		投资		不投资	
		乙		乙	
		投资	不投资	投资	不投资
甲	投资	－1，－1，－1	2，0，2	2，2，0	－1，0，0
	不投资	0，2，2	0，0，－1	0，－1，0	0，0，0

按照三人博弈求解方法，该博弈有 4 个纳什均衡：(不投资，投资，投资)，(投资，不投资，投资)，(投资，投资，不投资)，(不投资，不投资，不投资)。

若三个企业中发生两个企业串谋的行为，这两个企业选择“投资”，而其余的那个企业选择“不投资”就能达到均衡，而且在这种均衡情况下，两个选择“投资”的企业和选择“不投资”的企业都不会有改变自己选择的冲动，我们称这种均衡是**抗共谋纳什均衡**。上述四个纳什均衡中的前三个都是抗共谋纳什均衡。

第四个均衡是三个企业都选择“不投资”。这种情况会发生吗？事实上，在策略组合（不投资，不投资，不投资）下，如果没有其他信息条件，不投资比自己单独投资收益要高，这种策略组合是一个纳什均衡，但由于存在两个企业共谋选择“投资”的激励（因为这样两企业的收益就会增加，而且没有局中人会减少收益），因此它不是抗共谋纳什均衡。

抗共谋纳什均衡与一般纳什均衡的区别是：在没有单独偏离的激励的基础上，进一步引入了没有集体偏离的激励要求。

例 2.25 是一个群体博弈，在这个博弈中，很有可能出现两个局中人事先沟通，结成联盟选择“投资”，留下第三个局中人使其只能选择“不投资”的情况，这与现实生活中的派系形成是类似的。

2.7 应用 Excel 软件求解二人非零和博弈

计算混合策略纳什均衡需要应用适当的算法且计算量较大，尤其对于高阶的混合策略博弈问题（矩阵阶数大于 3）的求解更是繁杂。然而，根据下述重要定理，我们可以借助 Office 办公系统中的 Excel 轻松地求解这类问题。

首先，我们需要对问题作预处理：先剔除严格劣策略。这是因为在“局中人是理性的”假设前提下，博弈中如果某个局中人的策略集合中存在严格劣策略，理性的他永远不会选择严格劣策略，这就相当于采取相应严格劣策略的概率为 0。所以在求混合策略均衡时，我们必须先对这样的严格劣策略赋予 0 概率，或者剔除掉该严格劣策略。

其次，要用 Excel 中规划求解工具求解二人非零和博弈问题，需要了解如下约定。

用双矩阵形式表示的二人非零和静态博弈，见表 2—40。

表 2—40　　用双矩阵形式表示的二人非零和静态博弈

		局中人Ⅱ			
		B_1	B_2	…	B_n
局中人Ⅰ	A_1	(a_{11}, b_{11})	(a_{12}, b_{12})	…	(a_{1n}, b_{1n})
	A_2	(a_{21}, b_{21})	(a_{22}, b_{22})	…	(a_{2n}, b_{2n})
	⋮	⋮	⋮	⋮	⋮
	A_m	(a_{m1}, b_{m1})	(a_{m2}, b_{m2})	…	(a_{mn}, b_{mn})

设 $\mathbf{A}=(a_{ij})_{m\times n}$ 为局中人Ⅰ的收益矩阵，其元素由双矩阵中每个数据对中的第一个

元素组成；$\boldsymbol{B}=(b_{ij})_{m\times n}$为局中人Ⅱ的收益矩阵，其元素由双矩阵中每个数据对的第二个元素组成：

$$\boldsymbol{A}=(a_{ij})_{m\times n}=\begin{bmatrix} a_{11} & a_{12} & \cdots & a_{1n} \\ a_{21} & a_{22} & \cdots & a_{2n} \\ \vdots & \vdots & \ddots & \vdots \\ a_{m1} & a_{m2} & \cdots & a_{mn} \end{bmatrix},\quad \boldsymbol{B}=(b_{ij})_{m\times n}=\begin{bmatrix} b_{11} & b_{12} & \cdots & b_{1n} \\ b_{21} & b_{22} & \cdots & b_{2n} \\ \vdots & \vdots & \ddots & \vdots \\ b_{m1} & b_{m2} & \cdots & b_{mn} \end{bmatrix}$$

记$\boldsymbol{X}=(x_1,\ x_2,\ \cdots,\ x_m)$，$\boldsymbol{Y}=(y_1,\ y_2,\ \cdots,\ y_n)$分别为局中人Ⅰ和局中人Ⅱ的混合策略，$\boldsymbol{E}_m=(\underbrace{1,\ 1,\ \cdots,\ 1}_{m个1})$，$\boldsymbol{E}_n=(\underbrace{1,\ 1,\ \cdots,\ 1}_{n个1})$，$\boldsymbol{Y}^{\mathrm{T}}$表示$\boldsymbol{Y}$的转置，$\boldsymbol{E}_m^{\mathrm{T}}$表示$\boldsymbol{E}_m$的转置。

根据上述约定，我们给出下述定理。这是用 Excel 中规划求解工具求解二人非零和博弈问题的重要理论依据。

定理 2.3 $(\boldsymbol{X}^*,\boldsymbol{Y}^*)$是双矩阵博弈的纳什均衡的充分必要条件是，存在两个数v_1^*，v_2^*，使得$\boldsymbol{X}^*$，$\boldsymbol{Y}^*$和v_1^*，v_2^*同为下述规划问题的解：

$$\max Z=\boldsymbol{XAY}^{\mathrm{T}}+\boldsymbol{XBY}^{\mathrm{T}}-v_1-v_2$$

$$\text{s. t.}\begin{cases}\boldsymbol{AY}^{\mathrm{T}}\leqslant v_1\boldsymbol{E}_m^{\mathrm{T}}\\ \boldsymbol{XB}\leqslant v_2\boldsymbol{E}_m\\ \boldsymbol{XE}_m^{\mathrm{T}}=\boldsymbol{E}_n\boldsymbol{Y}^{\mathrm{T}}=1\\ \boldsymbol{X}\geqslant\boldsymbol{0},\boldsymbol{Y}\geqslant\boldsymbol{0}\end{cases}$$

由最优化理论可知，该规划问题在$\boldsymbol{X}^*\boldsymbol{AY}^{*\mathrm{T}}=v_1^*$，$\boldsymbol{X}^*\boldsymbol{BY}^{*\mathrm{T}}=v_2^*$时有最大值：

$$Z=\boldsymbol{X}^*(\boldsymbol{A}+\boldsymbol{B})\boldsymbol{Y}^{*\mathrm{T}}-v_1^*-v_2^*=0$$

这里的v_1^*和v_2^*即分别为局中人Ⅰ和局中人Ⅱ的期望收益值。

说明：式中的 s. t. 为 subject to 的缩写，意即“受限于”其后的条件。关于矩阵、向量之间的运算，读者可参阅附录 6。

例 2.26 求解如表 2—41 所示的二人非零和博弈。

表 2—41　　二人非零和博弈的收益矩阵

		局中人Ⅱ	
		C	*D*
局中人Ⅰ	*A*	2，3	5，2
	B	3，1	1，5

这是一个不存在纯策略纳什均衡的二人非零和博弈问题。

局中人Ⅰ的收益矩阵为$\boldsymbol{A}=\begin{pmatrix}2 & 5\\ 3 & 1\end{pmatrix}$，局中人Ⅱ的收益矩阵为$\boldsymbol{B}=\begin{pmatrix}3 & 2\\ 1 & 5\end{pmatrix}$，因此$\boldsymbol{A}+\boldsymbol{B}=\begin{pmatrix}5 & 7\\ 4 & 6\end{pmatrix}$。设$\boldsymbol{X}=(x_1,\ x_2)$，$\boldsymbol{Y}=(y_1,\ y_2)$分别为局中人Ⅰ和局中人Ⅱ的混合策略，

v_1 和 v_2 分别为局中人Ⅰ和局中人Ⅱ的期望收益。

根据上述定理，求解例 2.26，实际就是求解下述规划问题：

$$\max Z=(x_1,x_2)\begin{pmatrix}5 & 7\\4 & 6\end{pmatrix}\begin{bmatrix}y_1\\y_2\end{bmatrix}-v_1-v_2$$

$$\text{s. t.}\begin{cases}\begin{pmatrix}2 & 5\\3 & 1\end{pmatrix}\begin{bmatrix}y_1\\y_2\end{bmatrix}\leqslant\begin{bmatrix}v_1\\v_1\end{bmatrix}\\(x_1,x_2)\begin{pmatrix}3 & 2\\1 & 5\end{pmatrix}\leqslant(v_2,v_2)\\x_1+x_2=1\\y_1+y_2=1\\0\leqslant x_1,x_2,y_1,y_2\leqslant 1\\v_1,v_2\geqslant 0\end{cases}$$

下面我们就结合例 2.26，详细介绍如何用 Excel 软件求解二人非零和博弈的基本操作过程。为使用 Excel 软件求解，首先需将矩阵、向量表示形式的规划问题展开整理成标量表示形式。

例 2.26 中规划问题标量表示形式为：

$$\max Z=5x_1y_1+7x_1y_2+4x_2y_1+6x_2y_2-v_1-v_2$$

$$\text{s. t.}\begin{cases}2y_1+5y_2\leqslant v_1\\3y_1+y_2\leqslant v_1\\3x_1+x_2\leqslant v_2\\2x_1+5x_2\leqslant v_2\\x_1+x_2-1=0\\y_1+y_2-1=0\\0\leqslant x_1,x_2,y_1,y_2\leqslant 1\\v_1,v_2\geqslant 0\end{cases}$$

第 1 步：先加载**规划求解**工具。

建立好规划模型后，即可使用 Excel 软件的规划求解工具求解。由于在默认情况下 Excel 不加载规划求解工具，所以要应用规划求解工具，且 Excel 软件的“工具”菜单中没有“规划求解”命令时，应先加载“规划求解”工具。其操作步骤如下：

(1) 单击“工具”菜单中的加载宏命令，这时出现“加载宏”对话框。

(2) 在“当前加载宏列表框”中选定“规划求解”的复选框，单击“确定”按钮。

此后的“工具”菜单中，将出现“规划求解”命令。当需要进行规划求解操作时，直接执行该命令即可，如果不再需要进行规划求解操作，可以按照类似的方法，通过“加载宏”命令取消“当前加载宏列表”中“规划求解”复选框，这样会把“规划求解”命令从“工具”菜单中移去。

第 2 步：建立工作表，如图 2—12 所示。

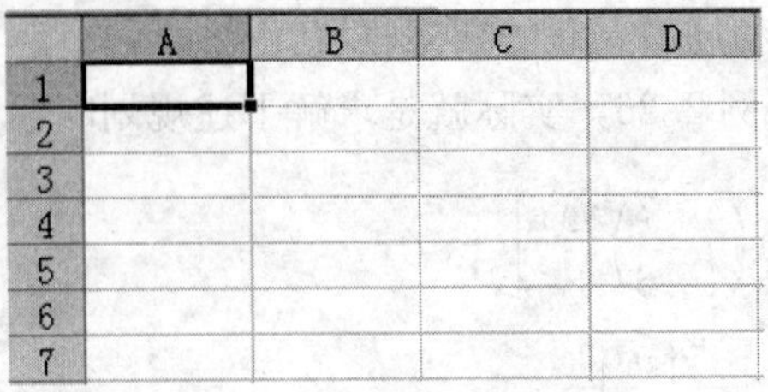

	A	B	C	D
1				
2				
3				
4				
5				
6				
7				

图 2—12　建立工作表

第 3 步：进行规划求解操作。

(1) 单击“工具”菜单中的“规划求解”命令，如图 2—13 所示，这时将出现“规划求解参数”对话框。

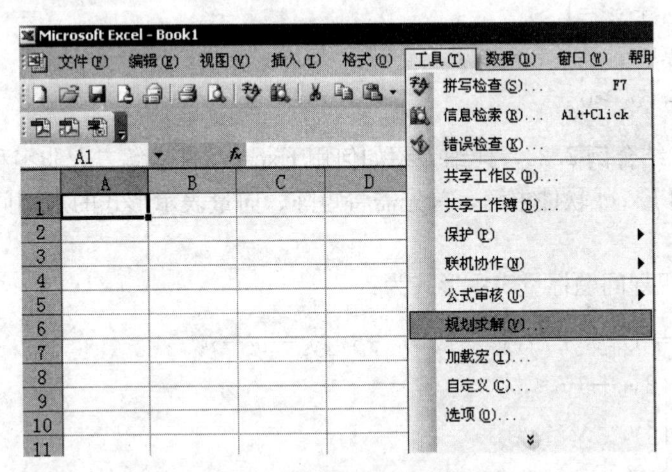

图 2—13　规划求解参数对话框

(2) 设置目标函数。指定“设置目标单元格”为目标函数所在的单元格。我们输入 \$D\$1，即准备用 D1 单元格初始存放目标函数表达式，最终存放目标函数值。然后选择求“最大值”，如图 2—14 所示。

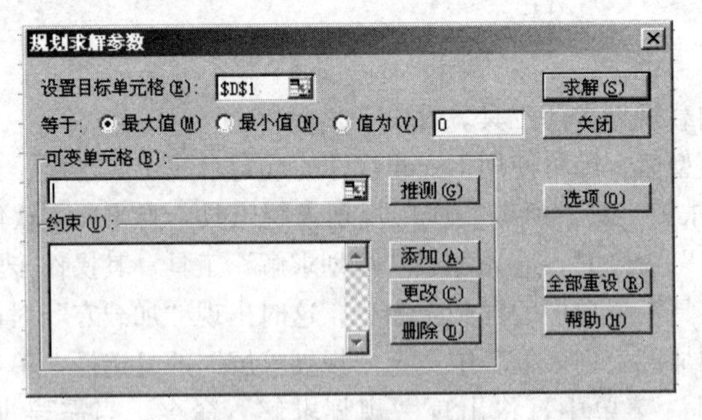

图 2—14　设置目标函数

(3) 设置决策变量。指定“可变单元格”为决策变量所在的单元格区域。我们输入 \$B\$2：\$B\$7，即准备用 B2：B7 单元格存放求解后输出变量的值。为使变量名和变量值的对应关系清晰，我们在工作表中的 A2：A7 单元格中输入各决策变量名，与准备存

放决策变量值的 B2：B7 单元格相对应，如图 2—15 所示。

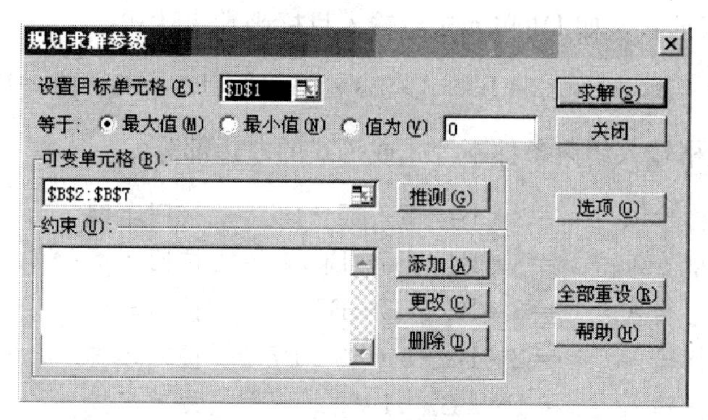

图 2—15 设置决策变量

（4）设置约束条件。单击“添加”按钮，这时将出现“添加约束”对话框，如图 2—16 所示。

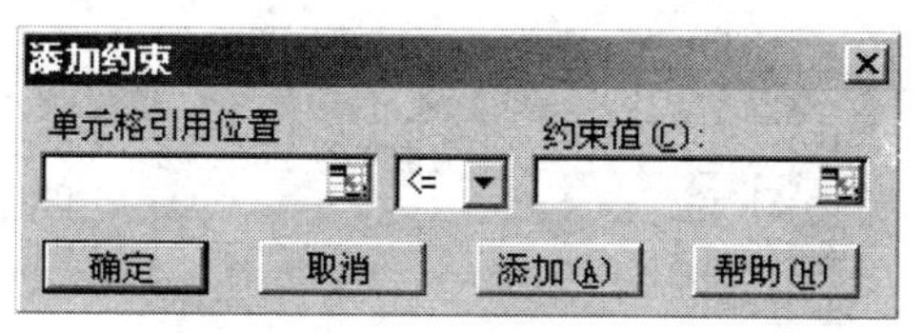

图 2—16 “添加约束”对话框

在“单元格引用位置”中指定约束不等式或等式（关系运算符的右边只能放常数）所在的单元格。我们输入＄D＄2，选择“＜＝”关系运算符，在“约束值”中输入 0，单击“添加”按钮，即添加了一个约束条件：＄D＄2＜＝0，如图 2—17 所示。

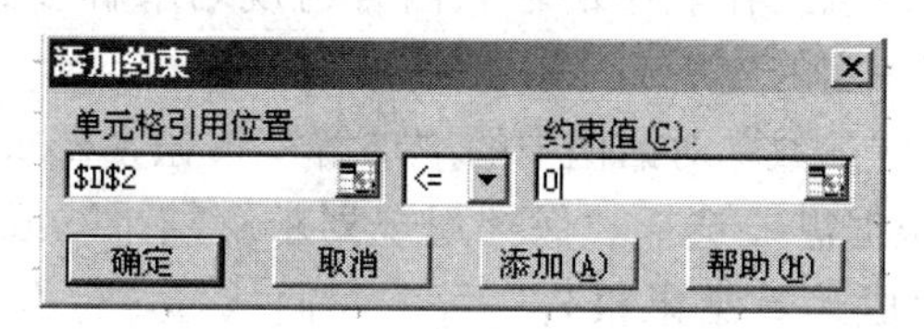

图 2—17 添加一个约束条件

（5）按照上述步骤逐个添加下表中的约束条件，添加完毕后，单击“确定”按钮，这时的“规划求解参数”对话框如图 2—18 所示。

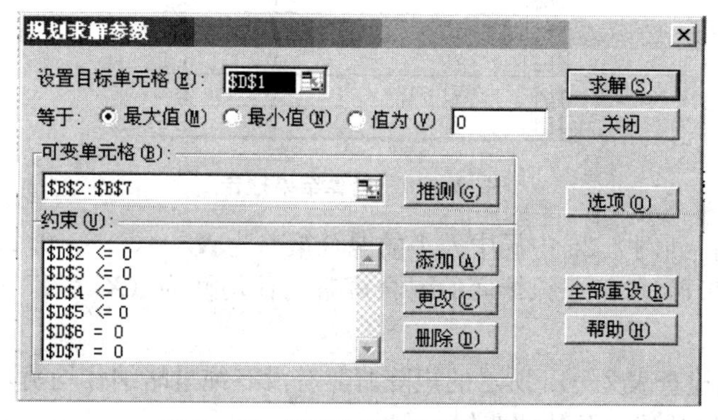

图 2—18 “规划求解参数”对话框

这时，工作表中应根据规划求解参数的设置输入相关的内容。**注意**：D1∶D7 单元格输入的应为公式形式，如 D1 单元格应输入目标函数表达式：

＝5＊B2＊B4＋7＊B2＊B5＋4＊B3＊B4＋6＊B3＊B5－B6－B7　按回车键

D2∶D7 单元格输入约束条件不等式或等式的左边部分：

D2 单元格输入　＝2＊B4＋5＊B5－B6　按回车键
D3 单元格输入　＝3＊B4＋B5－B6　按回车键
D4 单元格输入　＝3＊B2＋B3－B7　按回车键
D5 单元格输入　＝2＊B2＋5＊B3－B7　按回车键
D6 单元格输入　＝B2＋B3－1　按回车键
D7 单元格输入　＝B4＋B5－1　按回车键

得到规划求解参数设置，如图 2—19 所示。

D7　fx　=B4+B5-1

	A	B	C	D
1			maxZ	0
2	X1			0
3	X2			0
4	Y1			0
5	Y2			0
6	V1			-1
7	V2			-1

图 2—19　“规划求解参数”设置图

注意：操作中只需注意工作表中的输入内容与规划求解参数的设置正确的对应关系，这两部分操作没有一定的先后顺序，甚至可以交互进行。

（6）单击“规划求解参数”对话框中的“求解”按钮，Excel 开始计算，最后出现“规划求解”对话框，根据需要选择“保存现规划求解结果”或“恢复为原值”，是否“保存方案”，是否“生成运算结果报告”等。我们选择“保存现规划求解结果”，并“生成运算结果报告”，如图 2—20 所示。

单元格	名字	初值	终值
\$B\$2	X1	0	0.8
\$B\$3	X2	0	0.2
\$B\$4	Y1	0	0.8
\$B\$5	Y2	0	0.2
\$B\$6	V1	0	2.6
\$B\$7	V2	0	2.6

图 2—20　运算结果报告

至此，我们得到例 2.26 中局中人Ⅰ的混合策略为 $\boldsymbol{X}^*=(0.8,\ 0.2)$，局中人Ⅱ的混合策略为 $\boldsymbol{Y}^*=(0.8,\ 0.2)$。该博弈的混合策略纳什均衡为 $(\boldsymbol{X}^*,\ \boldsymbol{Y}^*)$，双方的期望博弈值均为 2.6。

例 2.27　先检查表 2—42 所示的矩阵博弈有没有纯策略纳什均衡，然后用 Excel 软件求其混合策略纳什均衡及其博弈值。

表 2—42　　　　博弈的收益矩阵

		局中人Ⅱ		
		L	*M*	*N*
局中人Ⅰ	*A*	0，0	4，5	5，4
	B	5，4	0，0	4，5
	C	4，5	5，4	0，0

解：易知**此博弈没有纯策略纳什均衡**，且双方均不存在劣策略。根据上述定理，要求解例 2.27，实际就是求解下述规划问题：

$$\max Z=(x_1,x_2,x_3)\begin{pmatrix}0&9&9\\9&0&9\\9&9&0\end{pmatrix}\begin{pmatrix}y_1\\y_2\\y_3\end{pmatrix}-v_1-v_2$$

$$\text{s. t.}\begin{cases}\begin{pmatrix}0&4&5\\5&0&4\\4&5&0\end{pmatrix}\begin{pmatrix}y_1\\y_2\\y_3\end{pmatrix}\leqslant\begin{pmatrix}v_1\\v_1\\v_1\end{pmatrix}\\(x_1,x_2,x_3)\begin{pmatrix}0&5&4\\4&0&5\\5&4&0\end{pmatrix}\leqslant(v_2,v_2,v_2)\\x_1+x_2+x_3=1\\y_1+y_2+y_3=1\\0\leqslant x_1,x_2,x_3,y_1,y_2,y_3\leqslant 1\\v_1,v_2\geqslant 0\end{cases}$$

建立工作表，输入数据，如图 2—21 所示。

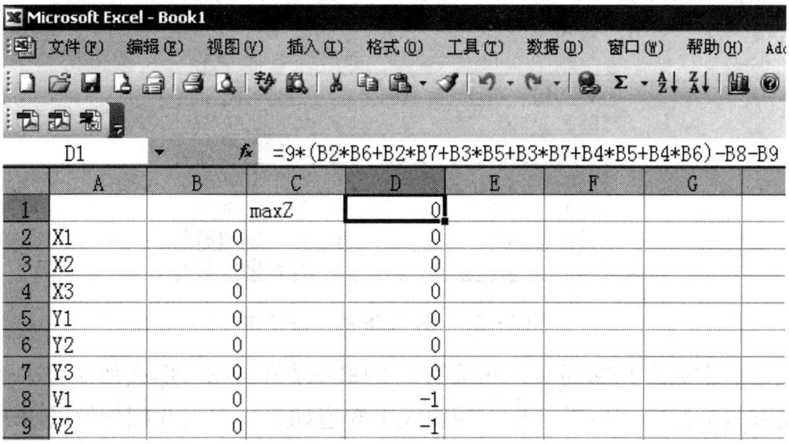

Microsoft Excel - Book1

文件(F)　编辑(E)　视图(V)　插入(I)　格式(O)　工具(T)　数据(D)　窗口(W)　帮助(H)　Ado

D1　　fx　=9*(B2*B6+B2*B7+B3*B5+B3*B7+B4*B5+B4*B6)-B8-B9

	A	B	C	D	E	F	G
1			maxZ	0			
2	X1	0		0			
3	X2	0		0			
4	X3	0		0			
5	Y1	0		0			
6	Y2	0		0			
7	Y3	0		0			
8	V1	0		-1			
9	V2	0		-1			

图 2—21　设置规划求解参数

设置规划求解参数后，运行规划求解程序，求得计算结果，如图 2—22 所示。

单元格	名字	初值	终值
B2	X1	0	0.333333667
B3	X2	0	0.333333667
B4	X3	0	0.333333667
B5	Y1	0	0.333333667
B6	Y2	0	0.333333667
B7	Y3	0	0.333333667
B8	V1	0	3.000003
B9	V2	0	3.000003

图 2—22　例 2.27 的计算结果

至此，我们得到局中人Ⅰ的混合策略为 $\boldsymbol{X}^*=(1/3, 1/3, 1/3)$，局中人Ⅱ的混合策略为 $\boldsymbol{Y}^*=(1/3, 1/3, 1/3)$。该博弈的混合策略纳什均衡为（$\boldsymbol{X}^*$，$\boldsymbol{Y}^*$），双方的期望博弈值均为 3。

例 2.28　现在考察如表 2—43 所示的博弈。

表 2—43　　博弈的收益矩阵

		局中人Ⅱ	
		C	D
局中人Ⅰ	A	9，9	0，8
	B	8，0	7，7

解：这一博弈有两个纯策略纳什均衡：（A，C）和（B，D），其收益分别为（9，9）和（7，7）。哪一个均衡是最合理的预测呢？

首先假设局中人在博弈前不进行交流，显然，在这种情况下，对局中人Ⅰ来说，采用 B 安全得多，原因是无论局中人Ⅱ如何行动，都能保证 7 的收益；同样，局中人Ⅱ也更可能采用 D。

通过求混合策略均衡，我们可以得到：局中人Ⅰ的混合策略为（7/8，1/8），局中人Ⅱ的混合策略为（7/8，1/8），见图 2—23。

单元格	名字	初值	终值
B1	X1	0	0.875000875
B2	X2	0	0.125000125
B3	Y1	0	0.875000875
B4	Y2	0	0.125000125
B5	V1	0	7.875007875
B6	V2	0	7.875007875

图 2—23　例 2.28 的求解结果

这时如果局中人Ⅰ判断局中人Ⅱ采用 D 的概率大于 1/8，那么他应该采用 B，这样（B，D）具有风险优势。更进一步，局中人Ⅰ知道如果局中人Ⅱ相信他采用 B 的概率大于 1/8，则会采用 D。在这种情况下，我们仍不能肯定会出现何种预测结果。

如果我们假设局中人在博弈前能够会面交流，则（A，C）是否更有说服力呢？奥曼（Aumann，1990）认为，答案为否。假设局中人会面并彼此保证自己会采用（A，

C)。局中人Ⅰ是否应该相信局中人Ⅱ的表面保证呢？如奥曼所观察的，无论局中人Ⅱ自己如何行动，如果局中人Ⅰ采用A，则局中人Ⅱ就会获益。因此，无论局中人Ⅱ计划如何行动，他都应告诉局中人Ⅰ自己意欲采用C，这样，就不清楚局中人是否应期望他们的保证会得到相信，这意味着（B，D）可能仍然是最终结果。因此，即便有预先交流，（A，C）也并不会是必然结果，尽管它比不交流时更有可能出现。

至此，我们得到本博弈中局中人Ⅰ的混合策略为$\boldsymbol{X}^*=(0.875, 0.125)$，局中人Ⅱ的混合策略为$\boldsymbol{Y}^*=(0.875, 0.125)$。该博弈的混合策略纳什均衡为（$\boldsymbol{X}^*$，$\boldsymbol{Y}^*$），双方的期望博弈值均为7.875。

例 2.29 现在考察如表2—44所示的博弈。

表 2—44　　博弈的收益矩阵

		局中人Ⅱ		
		U	M	D
局中人Ⅰ	A	1，1	6，0	0，0
	B	0，6	4，4	0，0
	C	0，0	0，0	3，3

解：用划线法可知，该博弈有两个纯策略纳什均衡（A，U）和（C，D），对应的收益分别为（1，1）和（3，3）。虽然（B，M）组合的收益（4，4）比两个均衡的收益都大，但并不构成纳什均衡，因为对于博弈的双方来说，分别存在着一个（6，0）和（0，6）的诱惑，即他们都存在着单独偏离（B，M）的冲动。需要考虑混合策略纳什均衡。

先剔除严格劣策略：即局中人Ⅰ取B的概率为0，局中人Ⅱ取M的概率为0，如表2—45所示。

表 2—45　　剔除严格劣策略后博弈的收益矩阵

		局中人Ⅱ	
		U	D
局中人Ⅰ	A	1，1	0，0
	C	0，0	3，3

然后用Excel求解：建立工作表，输入数据（如图2—24所示）。

设置规划求解参数后，运行规划求解程序求得计算结果（如图2—25所示）。

因此，得到原博弈问题的局中人Ⅰ的混合策略为$\boldsymbol{X}^*=(0.75, 0, 0.25)$，局中人Ⅱ的混合策略为$\boldsymbol{Y}^*=(0.75, 0, 0.25)$。该博弈的混合策略纳什均衡为（$\boldsymbol{X}^*$，$\boldsymbol{Y}^*$），双方的期望博弈值均为0.75。

注意：若输入时缺省了对决策变量的约束条件

$$0\leqslant x_1,x_2,\cdots,x_m\leqslant 1,\quad 0\leqslant y_1,y_2,\cdots,y_n\leqslant 1$$

有时就不能计算出正确的结果。这时只要把约束条件补充完整即可。

D9 | fx =B3

	A	B	C	D
1			maxZ	0
2	X1			0
3	X3			0
4	Y1			0
5	Y3			0
6	V1			0
7	V2			0
8				0
9				0
10				0
11				0

图 2—24 设置规划求解参数

单元格	名字	初值	终值
B2	X1	0	0.75
B3	X3	0	0.25
B4	Y1	0	0.75
B5	Y3	0	0.25
B6	V1	0	0.75
B7	V2	0	0.75

图 2—25 计算结果

例 2.30 求下列博弈问题的纯策略纳什均衡和混合策略纳什均衡。见表 2—46。

解：用划线法可得两个纯策略纳什均衡：（上，右）和（中，左），收益分别为（4，2）和（3，4）。求混合策略纳什均衡。

表 2—46　　　　博弈的收益矩阵

		局中人Ⅱ		
		左	中	右
局中人Ⅰ	上	2，1	2，1	**4，2**
	中	**3，4**	1，2	2，3
	下	1，3	0，2	3，0

先剔除严格劣策略：先剔除局中人Ⅰ的严格劣策略“下”，再剔除局中人Ⅱ的严格劣策略“中”。即局中人Ⅰ取“下”的概率为 0，局中人Ⅱ取“中”的概率为 0。见表 2—47。

表 2—47　　　　剔除严格劣策略后的收益矩阵

		局中人Ⅱ	
		左	右
局中人Ⅰ	上	2，1	4，2
	中	3，4	2，3

建立工作表，输入数据，如图 2—26 所示。

D1	fx =(3*B2+7*B3)*B4+(6*B2+5*B3)*B5-B6-B7					
	A	B	C	D	E	F
1			maxZ	0		
2	X1			0		
3	X2			0		
4	Y1			0		
5	Y3			0		
6	V1			0		
7	V2			0		
8				0		
9				0		
10				0		
11				0		

图 2—26　设置规划求解参数

设置规划求解参数，运行规划求解程序求得计算结果，如图 2—27 所示。

单元格	名字	初值	终值
B2	X1	0	0.5
B3	X2	0	0.5
B4	Y1	0	0.666667333
B5	Y3	0	0.333333667
B6	V1	0	2.666669333
B7	V2	0	2.5

图 2—27　计算结果

因此得到原博弈问题的局中人Ⅰ的混合策略为 $\boldsymbol{X}^*=(1/2,\ 1/2,\ 0)$，局中人Ⅱ的混合策略为 $\boldsymbol{Y}^*=(2/3,\ 0,\ 1/3)$。该博弈的混合策略纳什均衡为 $(\boldsymbol{X}^*,\ \boldsymbol{Y}^*)$。局中人Ⅰ的期望博弈值为 2.67；局中人Ⅱ的期望博弈值为 2.5。

内容提要

如果不论对方采取何种策略，该局中人的策略 A_1 的收益总是大于或等于（至少有一个大于）策略 A_2 的收益，我们就称策略 A_2 被策略 A_1 占优，或称策略 A_1 为占优策略，策略 A_2 为劣策略。当一个博弈中的每一位参与者都选择了各自的占优策略时，相应的博弈结果就是占优策略均衡。占优策略均衡是一个非合作均衡。如果博弈的参与者都能够履行协商后的策略，则他们选择的策略就构成了合作均衡。当博弈的占优策略均衡与合作均衡相悖时，我们称这类博弈为社会两难博弈。破解社会两难博弈可以通过第三方的介入，例如法律法规、强制性协议等。

纳什均衡指的是由所有参与者各自的最优策略组成的一种策略组合。在纳什均衡点上，所有参与者面临这样一种情况：当其他人不改变策略时，他此时的策略是最好的。也就是说，此时如果他改变策略，他的收益将会降低。

我们可以通过划线法寻找一个博弈的纳什均衡。有些博弈不存在占优策略均衡，但可能存在纳什均衡。对纳什均衡的多重性问题，我们需要知道哪个均衡最有可能出现。托马斯·谢林提出可以从博弈各方的文化和经验中找到线索，进而判断出一个均衡，它发生的概率大于其他均衡发生的概率。

关键概念

纳什均衡　严格占优策略　占优策略　占优策略均衡　合作均衡　社会两难　谢林点　颤抖手完美均衡　古诺模型　帕累托优势

复习题

1. 举出一个有严格占优策略的例子和一个没有严格占优策略的例子。

2. 举出一个占优策略均衡与合作均衡一致的例子和一个占优策略均衡与合作均衡不一致的例子。

3. 给出一个现实中的社会两难问题，并给出破解途径。

4. 什么是谢林点？确定谢林点有哪些方法？

问题与应用 2

1. **努力工作还是偷懒**

一个团队正在承担一项任务，该任务需要每个人都付出努力。每个人可供选择的策略是：努力工作或偷懒。如果一个人偷懒，其他人就要付出更多的努力。为使问题简化，假设员工甲、乙共同完成一项任务，他们的收益见表 2—48。

表 2—48　　博弈的收益矩阵

		员工乙	
		努力	偷懒
员工甲	努力	10，10	2，20
	偷懒	20，0	5，5

回答下列问题：

(1) 这个博弈存在占优策略吗？如果存在，是什么？

(2) 存在占优策略均衡吗？如果存在，是什么？

(3) 该博弈的合作解是什么？

(4) 这个博弈属于社会两难博弈吗？为什么？

2. 第一章问题与应用 1 中的手势博弈是否存在占优策略均衡？存在纳什均衡吗？

3. **旅行者困境**

哈佛大学巴罗教授在研究囚徒困境的过程中，曾提出一个“旅行者困境”的模型。

甲、乙两个旅行者从旅游的地方各买了一个花瓶，可是下飞机提取行李时，发现花瓶被摔坏了。于是，他们向航空公司索赔。航空公司知道花瓶的价格是在八九十美元上下，但是不知道两位旅客购买的确切价格。于是，航空公司请两位旅客自己写下花瓶的价格，价格范围是 0～100 美元以内的整数（包括 100 美元）。如果两人写的一样，航空公司将认为他们讲的是真话，并按照他们写的数额赔偿；如果两人写的不一样，航空公司就论定写的低的旅客讲的是真话，并且按这个低的价格赔偿，但是对讲真话的旅客奖励 2 美元，对讲假话的旅客罚款 2 美元。在甲、乙两人都是理性人的假设之下，这个博弈的纳什均衡是什么？

4. 用划线法求解以下博弈：

（1）

表 2—49　　（1）题博弈的收益矩阵

		局中人 2		
		B_1	B_2	B_3
局中人 1	A_1	1，1	5，0	0，0
	A_2	0，5	4，4	0，0
	A_3	0，0	0，0	3，3

（2）

表 2—50　　（2）题博弈的收益矩阵

		局中人 2		
		B_1	B_2	B_3
局中人 1	A_1	4，3	5，1	6，2
	A_2	2，1	8，4	3，4
	A_3	3，0	9，6	2，8

5. **狩猎博弈**

某一天有两个猎人围住了一头鹿，他们各卡住鹿可能逃跑的两个路口中的一个。只要他们齐心协力，鹿就会成为他们的猎物，不过仅凭一个人的力量是无法猎捕到鹿的。如果此时周围跑过一群兔子，两位猎人中的任何一个只要去抓兔子，就一定会获得成功，并且他会抓住 4 只兔子。从能够填饱肚子的角度来看，4 只兔子可以供一个人吃 4 天，1 只鹿如果被抓住将被两个猎人平分，可供每人吃 10 天。这里不妨假设两个猎人为甲和乙。两人博弈的收益见表 2—51。

表 2—51　　猎鹿博弈的收益矩阵

		猎人乙	
		抓兔	打鹿
猎人甲	抓兔	4，4	4，0
	打鹿	0，4	10，10

（1）求该博弈的纳什均衡；

（2）求该博弈的合作解。

6. 古巴导弹危机

冷战时期，美苏两个超级军事大国长期处于敌对状态。在1962年10月中旬开始的古巴导弹危机，苏联企图将带有核弹头的导弹布置在古巴。当美国总统肯尼迪确认了这些导弹的存在时，他有两个策略可以选择：海军封锁或空袭；苏共中央委员会第一书记赫鲁晓夫也有两个策略可以选择：拆除导弹或留下导弹。我们不妨假设双方的收益矩阵如表2—52所示。

表2—52　　古巴导弹危机博弈双方的收益矩阵

		赫鲁晓夫	
		拆除导弹	留下导弹
肯尼迪	封锁	1，1	−2，2
	空袭	2，−2	−4，−4

回答以下问题：

（1）该博弈与懦夫博弈一样吗？

（2）该博弈的纳什均衡是什么？

（3）该博弈的纳什均衡与历史事实（封锁，拆除导弹）为什么不符？

7. 鹰鸽博弈

在群体生物学中，假设一种动物每次遇到另一种动物都会为争夺某种资源展开争斗。鹰搏斗起来总是凶悍霸道，全力以赴，孤注一掷，除非身负重伤，否则绝不退却。而鸽是以风度高雅的惯常方式进行威胁恫吓，从不伤害对手，往往委曲求全。如果是鹰跟鹰进行搏斗，就会一直打到其中一只受重伤或者死亡才罢休；如果是鹰同鸽搏斗，鸽就会迅即逃跑。因此，鸽不会受到伤害；如果是鸽同鸽相遇，那就谁也不会受伤。一般说来，收益取决于获取资源所得到的效益和争斗付出的成本。我们假设鸟A与鸟B相遇，它们都有两个策略可以选择：鹰策略或鸽策略，博弈的收益情况见表2—53。

表2—53　　鹰鸽博弈双方的收益矩阵

		鸟B	
		鹰策略	鸽策略
鸟A	鹰策略	−25，−25	14，−9
	鸽策略	−9，14	5，5

回答以下问题：

（1）该博弈有几个纳什均衡，各是什么？

（2）可以确定该博弈的谢林点吗？

8. 双寡头市场

假设寡头市场上只有两个厂商生产完全相同的产品，两厂商同时决定各自的产量（所谓同时主要表明各厂商在决定自己生产多少时无法知道其他厂商的决定）。设厂商1

的产量为 q_1，厂商 2 的产量为 q_2，则总产量为 $Q=q_1+q_2$。市场出清价格是总产量的函数：$P(Q)=10-Q$。假定没有固定成本，边际成本相等，即 $c_1=c_2=4$。在这种情况下，这两个厂商该如何进行产量决策?

9. 判断下列矩阵博弈 $G=\{S_1, S_2; \boldsymbol{A}\}$ 是否有鞍点，如果有鞍点，试求出博弈的纳什均衡。

(1) $\boldsymbol{A}=\begin{pmatrix} 9 & -6 & -3 \\ 5 & 6 & 4 \\ 7 & 4 & 3 \end{pmatrix}$； (2) $\boldsymbol{A}=\begin{pmatrix} 0 & 4 & 1 & 3 \\ -1 & 3 & 0 & 2 \\ -1 & -1 & 4 & 1 \end{pmatrix}$；

(3) $\boldsymbol{A}=\begin{pmatrix} 6 & 5 & 6 & 5 \\ 1 & 4 & 2 & -1 \\ 8 & 5 & 7 & 5 \\ 0 & 2 & 6 & 2 \end{pmatrix}$； (4) $\boldsymbol{A}=\begin{pmatrix} 15 & -20 & -12 & 3 \\ 4 & 2 & -10 & -6 \\ 20 & -18 & -15 & -8 \\ -12 & 8 & -10 & 6 \\ 10 & 9 & -11 & 4 \end{pmatrix}$；

(5) $\boldsymbol{A}=\begin{pmatrix} 2 & 4 \\ 5 & 3 \end{pmatrix}$； (6) $\boldsymbol{A}=\begin{pmatrix} 2 & 3 & 6 \\ 2 & 4 & 4 \\ 5 & 3 & 5 \end{pmatrix}$。

10. 用 WinQSB 软件求解下列矩阵博弈 $G=\{S_1, S_2; \boldsymbol{A}\}$：

(1) $\boldsymbol{A}=\begin{pmatrix} -1 & 2 & 1 \\ 1 & -2 & 2 \\ 3 & 4 & -3 \end{pmatrix}$；(2) $\boldsymbol{A}=\begin{pmatrix} 3 & -2 & 4 \\ -1 & 4 & 2 \\ 2 & -1 & 6 \end{pmatrix}$；(3) $\boldsymbol{A}=\begin{pmatrix} 1 & 3 & 3 \\ 4 & 2 & 1 \\ 3 & 2 & 2 \end{pmatrix}$。

11. 一个二人非零和博弈的收益见表 2—54。先检查该博弈有无纯策略纳什均衡，若有，有几个？再用奇数定理判断该博弈有无混合策略纳什均衡，如果有，求出该博弈的混合策略纳什均衡。

表 2—54　　　　博弈双方的收益矩阵

		局中人 2	
		B_1	B_2
局中人 1	A_1	10，10	3，15
	A_2	15，3	0，0

12. **公共物品提供博弈**

公共物品是指公共使用或消费的物品。公共物品是可以供社会成员共同享用的物品，严格意义上的公共物品具有非竞争性和非排他性。所谓非竞争性，是指某人对公共物品的消费并不会影响别人同时消费该产品及其从中获得的效用。所谓非排他性，是指某人在消费一种公共物品时，不能排除其他人消费这一物品的可能性（不论他们是否付费），或者排除的成本很高。

考虑三人公共物品提供博弈：每个参与者可以选择提供或不提供 1 个单位的公共物品，提供 1 个单位的公共物品的成本为 1.5 个单位。如果参与者选择提供，其收益就是三人提供的公共物品的总量减去 1.5 个单位的成本；如果参与者选择不提供，其收益就是三人提供的公共物品的总量。收益状况见表 2—55。

试确定是否有纳什均衡？其中是否反映了社会两难现象？

表 2—55　　三人公共物品提供博弈的收益矩阵

		参与者 3			
		提供		不提供	
		参与者 2		参与者 2	
		提供	不提供	提供	不提供
参与者 1	提供	1.5，1.5，1.5	0.5，2，0.5	0.5，0.5，2	−0.5，1，1
	不提供	2，0.5，0.5	1，1，−0.5	1，−0.5，1	0，0，0

13. **青蛙择偶博弈**

每到春天，人们经常看到数百只青蛙浮出池塘水面，这些被春天“唤醒”的青蛙在池塘里蹦来蹦去，一些雄蛙伸展着“英俊”的身姿鼓囊鸣叫，引得雌蛙闻声而来。春天是青蛙的“恋爱季节”，凭着本能回到当年孵化它们的地方“择偶完婚”。我们讨论三只雄性青蛙的择偶博弈。它们求偶选择的策略是：鸣叫或观坐。鸣叫的青蛙有被吃掉的风险，而观坐的青蛙也有可能遇到被其他青蛙的叫声吸引过来的雌蛙。当大量青蛙鸣叫时雌蛙被吸引过来，观坐青蛙的收益就会提高。这三只青蛙的收益见表 2—56。

表 2—56　　青蛙博弈的收益矩阵

		青蛙 3			
		鸣叫		观坐	
		青蛙 2		青蛙 2	
		鸣叫	观坐	鸣叫	观坐
青蛙 1	鸣叫	5，5，5	4，6，4	4，4，6	7，2，2
	观坐	6，4，4	2，2，7	2，7，2	1，1，1

研究以下问题：

（1）找出所有的纳什均衡；

（2）如果允许出现联盟，会有什么不同？

附录2　约翰·纳什与电影《美丽心灵》

美国环球公司出品的电影《美丽心灵》（*A Beautiful Mind*）艺术地再现了博弈论大师、1994年诺贝尔经济学奖得主之一约翰·纳什传奇般的人生经历。影片本身与银幕背后的人物原型，都深深震撼了人们的心灵。该片一举囊括了第59届金球奖5项大奖，并荣获2002年第74届奥斯卡奖4项大奖。

1. 约翰·纳什

人们在观看影片的时候，不禁会想，约翰·纳什在博弈上的贡献主要是什么？为什么好莱坞会为这样一个充满传奇色彩的博弈论大师拍摄出这样纪实性的影片呢？这部片子为什么又能如此地震撼了全球亿万观众的心灵？可能很多人对博弈论的兴趣正是由《美丽心灵》这部传世之作所引发的。正是这个数学与经济学的双料天才——纳什，早年在博弈理论方面的巨大贡献一直改变着我们的生活。

众所周知，现代博弈理论由数学家冯·诺伊曼于20世纪20年代创立。1928年冯·诺伊曼证明了博弈论的基本原理，从而宣告了博弈论的正式诞生。1944年冯·诺伊曼和经济学家奥斯卡·摩根斯顿合著出版了《博弈论与经济行为》一书，成为博弈论的经典之作，标志着现代系统博弈理论的初步形成。对于非合作、纯竞争型博弈，诺伊曼所解决的只有二人零和博弈。在这里能否且如何找到对参与双方来说都最“合理”或者是最优的具体策略？怎样的策略才是“合理”的？诺伊曼从数学上证明，对于每一个二人零和博弈，都能够找到一个“最小最大解”。用通俗的话说，这个著名的最小最大定理所体现的基本思想是“从最坏处着想，去争取最好的结果”。

二人零和博弈的解决具有重大的理论意义，但它应用于实践的范围是极其有限的。二人零和博弈主要的局限性有两方面：一是在各种社会活动中，常常有多方参与而不是只有两方；二是参与各方相互作用的结果并不一定有人得利就有人失利，整个群体可能具有大于零或小于零的净获利。

1949年，21岁的纳什写下一篇著名的论文《多人博弈的均衡点》，提出了纳什均衡的概念和解法。这是整个现代非合作型博弈论中最重要的思想之一，也奠定了45年后他获得诺贝尔奖的基础。1950年纳什曾带着他的想法去会见当时名满天下的冯·诺伊曼，遭到断然否定，在此之前他还受到爱因斯坦的冷遇。但是在普林斯顿大学宽松的科学环境下，他的论文仍然得到发表并引起了轰动。

对于多人参与、非零和博弈问题，在纳什之前，无人知道如何求解，或者说怎样找到类似于最小最大解那样的“平衡”。而找不到解，下面的研究当然无法进行，更谈不上指导实践了。纳什对博弈论的巨大贡献，正在于他天才性地提出了“纳什均衡”的基本概念，为更加广泛的博弈问题找到了解。

1950年和1951年纳什的两篇关于非合作博弈论的重要论文，彻底改变了人们对竞争和市场的看法。他证明了非合作博弈及其均衡解，并证明了均衡解的存在性，即著名的纳什均衡。从而揭示了博弈均衡与经济均衡的内在联系。纳什的研究奠定了现代非合作博弈论的基石，后来的博弈论研究基本上都是沿着这条主线展开的。

纳什的好友、普林斯顿大学经济学教授迪克西特曾说："如果每次有人说起或写下纳什均衡这几个字，纳什都能拿到一块钱的话，那么他现在会是个大富翁了！"

诺伊曼在《博弈论与经济行为》一书中还建立了合作型博弈论的基本模型，但是对于其中的双向协商问题，也就是参与者如何"讨价还价"的问题，没有给出一个确定的解。纳什对这一领域同样做出了卓越贡献，他不仅提出了讨价还价问题的公理化解法，还在理论上利用这个解法良好的预测性进一步提出纳什方案：将合作型博弈中的协商转化为更广泛的非合作型博弈的一个步骤——协商的目的最终仍是最大化自己的利益。

此外，在测试博弈论的行为实验学上，纳什也是一名先驱。他曾展开讨价还价和联盟形成的实验，并曾敏锐地指出，在其他实验者的囚徒困境实验里，反复让一对参与者重复实验，实际上将单步策略问题转化成了一个大的多步策略问题。这一思想初次提示了在重复博弈理论中串谋的可能性，这一发现在经济和政治领域起到了重要的作用。

在《美丽心灵》中有这样的情节：1994 年美国政府向商家拍卖大部分电磁波谱。这一多回合拍卖由很多博弈论专家精心设计，设计的目的就是最大化政府收益和各商家利用率。这个设计取得极大的成功。政府获得超过 100 亿美元的收入，各频率的波谱也都找到了满意的归宿。

与此相对应的是，新西兰一个类似的拍卖会惨遭失败，因为它们没有通过博弈理论来设计拍卖规则。结果，政府只获得预计收入的 15%，而被拍卖的频率也未能物尽其用。譬如因为无人竞争，一个大学生只花 1 美元就买到了一个电视台许可证。

正是因为博弈论对现代经济生活具有如此重大的冲击和影响，1994 年瑞典皇家学院宣布该年全世界科学家的最高荣誉诺贝尔奖之经济学奖颁发给包括纳什在内的三位数学家，以表彰他们对非合作型博弈论的开拓性分析。

《美丽心灵》如实地反映了纳什喜悲交加的一生：纳什在数学领域工作，从早年开始就非常优异，1958 年他被美国《财富》（*Fortune*）杂志评为新一代天才数学家中最杰出的人物。就在纳什春风得意、事业将达到顶峰时，却突然遭受命运无情的重重一击，从云端坠入地狱：30 岁的纳什患上了严重的精神分裂症。不久后纳什父亲去世。父亲去世之后，纳什与麻省理工学院（MIT）年轻美丽的女学生爱莉西娅（Alicia）结婚，此后 40 多年患难与共的爱情和亲情中可以见证这是他的个人生活中最完美、最幸运的时光。

就在爱莉西娅身怀有孕、正待分娩的同年，纳什的精神状况却日益恶化。他的举止越来越古怪，正一步步走向心智狂乱。万般无奈之下，爱莉西娅于 1962 年和纳什离婚。但是她对他的忠诚爱情并没有就此消失。1970 年，纳什的母亲去世，而他的姐姐无法负担照料他的重担，就在纳什孤苦无依、即将流落街头的时候，善良的爱莉西娅接他来与自己同住。她不仅在起居上关心他，而且以女性特有的细心敏感照料着他的情感生活。她理解他不肯去医院封闭治疗的苦衷，把家搬到远离尘世喧嚣的普林斯顿，希望宁静熟悉的学术氛围有助于稳定纳什的情绪。爱莉西娅不能眼睁睁看着这个天才就这样消沉。作为妻子的爱莉西娅用爱去挽救丈夫，尽管这对幸福的人在恋爱时的卿卿我我此时已荡然无存。纳什被妻子的这种无可动摇的爱和坚定的信念所感染，决心同疾病抗争到底。在深爱他的妻子爱莉西娅的帮助下，在他自己的天才与狂乱中，纳什达到了一种狂热的智力上的极高的境界。

面对这个曾经击毁了许多人的疾病的挑战，纳什在深爱他的妻子爱莉西娅的相助下，毫不畏惧，顽强抗争。经过了几十年的艰难努力，他终于战胜了不幸，最终走出阴霾，理性为他带来了心灵的平和。终于在 1994 年纳什凭借他在现代博弈理论上的卓越贡献，获得科学界的最高荣誉——诺贝尔奖。与此同时，他在博弈论方面颇具前瞻性的工作成为 20 世纪最具影响力的理论。纳什和爱莉西娅也成了传奇故事中不仅拥有美好情感，而且具有美丽心灵的人。

也许正如罗素·克洛在领奖时对《美丽心灵》的评价一样，纳什与他的博弈论对我们而言，“能帮助我们敞开心灵，给予我们信念，生活中真的会有奇迹发生”。

2. 《美丽心灵》中约翰·纳什的问题

我们首先介绍来自影片《美丽心灵》的一个问题——金发女郎问题。

问题的背景如下：有两个或两个以上的男士；有多个魅力十足的女士，且女士至少比男士多一人；只有一个金发女郎；相对于其他女士，男士们更喜欢金发女郎，不过有女伴总比无人陪伴要好。

影片中，纳什发现：如果所有男士都去追求金发女郎，他们不仅会被拒绝，还将惹恼其他女士，结果男士们都没找到女伴。这是最坏的结果。当纳什观察这些竞争对手时，常常在他脑海里酝酿的想法突然变得清晰起来。他提出建议：所有男士都应忘掉金发女郎转而追求其他女士，这样男士们都不会空手而归。

为了简化这一例子，假设酒吧里只有约翰和雷哈德两位男性，我们将其看作标准式下的二人博弈，如附表 1 所示。

附表 1　　　　金发女郎的二人博弈

		约翰	
		追求金发女郎	追求其他女士
雷哈德	追求金发女郎	0，0	2，1
	追求其他女士	1，2	1，1

邀请到金发女郎给男士带来的收益是其他女士的两倍。电影中的解决方法是：两位男士都去追求其他女士，所得收益为（1，1）。这是该博弈的最小最大收益。最小最大策略是冯·诺伊曼提出的零和博弈的解决办法，也是零和博弈中的一类独立的最佳反应均衡。在非常数和博弈中，最小最大策略只适合于极度不确定或极度风险厌恶（或二者都有）的情况。在影片中，纳什在不清楚两位男士风险偏好的情况下，就建议他们采用冯·诺伊曼解是不太合理的。

由于采用冯·诺伊曼解意味着金发女郎没有收到邀请，男士们也没得到首选目标，双方对此都不满意。这并非双方的最优反应策略，因此策略组（追求其他女士，追求其他女士）是不稳定的。

然而，对风险厌恶者来说，如果在这个竞争博弈中，两位参与者都必须同时行动，并且他们不知道对方会采取什么策略，也许他们能得到（1，1）的收益。

不难发现，这个问题在纯策略意义下的纳什均衡为（追求其他女士，追求金发女郎）和（追求金发女郎，追求其他女士），即如果雷哈德邀请其他女士，约翰就应追求金发女郎，从而可得到收益 2；反之，若约翰邀请其他女士，雷哈德的最优反应也是追求金发女郎。然而，这里也存在两个问题：第一，均衡收益是不均等的，某个人必须接受较低的收益；第二，该博弈显然不存在谢林点，因为对于哪个均衡会发生，双方会有不同的见解。如果双方都认为对方的追求目标是其他女士，那么每个人就都会去追求金发女郎。于是策略组合收益又恢复到初始的（0，0）。

此博弈也有一个混合策略均衡，即每一位男士追求金发女郎的概率均为 1/2，混合策略的期望收益是 1，和策略（追求其他女士，追求其他女士）的收益（1，1）是一样的，因此，混合策略均衡也并不稳定。看起来，纳什均衡正是电影中的约翰·纳什试图回避的问题。

金发女郎问题有没有比最小最大解更好的结果呢？如果我们把金发女郎问题看作是一个协调博弈，为协调彼此的策略，假定两位男士结成一个大联盟，然后通过某种方法（例如抽签）从联盟中选择一名幸运儿，每个人被选中的概率相同。被选中的人可以自由接近金发女郎，其他人则可追求他们各自选择的其他女士。在这种情况下，他们的选择就相关了，并且没有人能够通过单方面改变策略以提高自己的收益，从而得到一组相关均衡解。这里，协定（例如抽签）是具有自我约束力的。这种相关均衡解是不存在风险的，并且明显地优于最小最大解。也许，这就是电影中约翰·纳什苦思冥想的那种解吧。不幸的是，相关均衡（它是这样一种均衡选择：局中人主动设计某种符合激励相容原则的策略选择机制，并形成制度，局中人按照这种形式的约定去做，才能最大化自身的利益）在数十年后的 20 世纪 80 年代才被人们发现。

第三章

合作博弈

在第一章中已经介绍过，博弈论可以分为合作博弈与非合作博弈。参与者无法协调相互之间的策略选择的博弈叫做**非合作博弈**；与之相反，参与者可以协调相互之间的策略选择的博弈叫做**合作博弈**。在社会活动中的若干实体，为了在日益激烈的竞争中争得一席之地，也为了获得更多的经济或社会效益，相互合作结成联盟或集团。这种合作通常是为了利益，是非对抗性的，确定合理分配这些效益的最佳方案是促成合作的前提。合作博弈的理论，特别是其公理化方法提供了讨论“公平”或合理的分配机制的一个理论框架。本章将介绍合作博弈的基本概念以及解决问题的思想方法和求解技术。

3.1　合作博弈的基本概念

1. 合作博弈与非合作博弈的区别

非合作博弈关心的是在利益相互影响的局势中如何选择策略使自己的收益最大。合作博弈使得博弈双方或多方的利益都有所增加，即实现“双赢”；或者至少使一方的利益增加，而另一方的利益不受损害，因而使整个社会的利益有所增加。这种合作关系被称为**有效率的**。合作博弈关心的是参与者可以用有约束力的承诺来得到的可行的结果，而不管是否符合个体理性。合作博弈研究的是当人们的行为相互作用时，参与者之间能否达成一个具有约束力的合作协议，以及如何分配合作所得到的收益。

合作博弈与非合作博弈强调的侧重点有较大差异。合作博弈强调的是集体理性，强调公平和效率，当公平和效率发生冲突时，不同的合作博弈解会强调公平或效率的不同侧面。而非合作博弈强调的是个体理性，强调个体决策最优，其结果可能是无效率的，即“损人不利己”；也可能是有效率的，即符合集体理性。简单地说，存在具有约束力的合作协议的博弈就是合作博弈，否则就是非合作博弈。

通过第二章的垃圾处理博弈的例子可以看到，在一定条件下合作可以提高效率，实现非合作博弈无法实现的均衡结果。但是博弈双方达成的合作协议必须具有约束力，否则，博弈的每个参与者都有背叛协议的动机。当不能达成具有约束力的合作协议时，非合作博弈要回答的是参与者之间如何通过理性行为的相互作用达成合作的目的。

2. 合作博弈的三种类型

在博弈论中，对于合作的不同情形可以分为三种类型：

(1) 如果事先达成有约束力的承诺或合约时，则使用合作博弈的方法。这种方法不考虑参与者之间的讨价还价的具体细节，而专注于合作的结果。

(2) 如果事先无法达成有约束力的承诺或合约，或者达成合约的成本过高，则使用实现合作结果的非合作方法。这类博弈专注于分析合作达成的具体过程。

(3) 无限次重复博弈，即参与者之间长期进行重复博弈。事实上，参与者进行无限次重复的非合作博弈，仍有可能达到合作的结果。讨价还价博弈和无限次重复博弈都是达到合作博弈解的非合作博弈方法。

3. 合作博弈形成的基本条件

合作博弈的形成有两个基本条件：一是对联盟来说，整体收益大于其每个参与者单独经营时的收益之和；二是对联盟内部而言，每个参与者都能获得比不加入联盟时多一些的收益。由此可知，能够使得合作存在、巩固和发展的一个关键因素是寻找某种分配原则，使得可以在联盟内部的参与者之间有效配置资源或分配利益，使其实现帕累托最优。如果联盟内部参与者之间允许用支付货币的方式弥补参与者放弃单人联盟（或其他联盟形式）的损失，此种货币支付称为**旁支付（或转移支付）**。以是否与货币联系在一起为标准，可以把合作博弈分为**允许旁支付**和**不允许旁支付**两类。如果允许旁支付，参与者的主观收益就与货币的多少联系在一起，可以通过货币转移调整参与者之间的收益。

4. 合作博弈的一般表示

在第二章中已介绍过标准式博弈的概念，扩展式博弈的概念将在第四章中详述，这两种博弈的表述方式常被用来表现非合作博弈局势。在合作博弈中，能起类似作用的是特征函数表述式。

在多人合作博弈中，联盟是一个非常重要的概念。

在 n 人博弈中，参与者的集合用 $I=\{1, 2, \cdots, n\}$ 表示，I 的任意子集 S 称为一个**联盟**。

下面给出 n 人博弈的特征函数式：

设有 n 个参与者的集合 $I=\{1, 2, \cdots, n\}$，对任一子集 $S\subseteq I$，定义一个实函数 $V(S)$ 满足条件：

(1) $V(\varnothing)=0$，$\varnothing$表示空集；

(2) 当 $S_1\cap S_2=\varnothing$，$S_1\subset I$，$S_2\subset I$ 时，$V(S_1\cup S_2)\geqslant V(S_1)+V(S_2)$（称为超可加性，在经济学上称为协同效应）。

我们把 $[I, V]$ 称为一个 n 人**合作博弈**，称 $V(S)$ 为这个 n 人合作博弈的**特征函数**，其中 S 是 I 的任意子集（联盟），$V(S)$ 描述了联盟的效益。

特征函数式对 n 人合作博弈的每一种可能联盟都给出了相应的联盟收益，也就是给出了一种集合函数。

n 人博弈中合作的方式有两种情形：

第一种情形是：参与博弈的 n 个人形成一个合作联盟，称此联盟对应的博弈为 **n 人大联盟合作博弈**。n 人大联盟合作博弈的解是指对大结盟所获利益 $V(I)$ 的一个分配方案。若用 $\varphi_i(V(I))$，$i\in I$ 表示参与者 i 从 n 人大联盟合作博弈中获得的收益，则 $\varphi_i(V(I))$，$i\in I$ 至少应满足：

(1) 个体合理性：$\varphi_i(V(I))\geqslant V(\{i\})$，$i\in I$，即合作至少不比单干差；

(2) 总体合理性：$\sum\limits_{i\in I}\varphi_i(V(I))=V(I)$，即将合作博弈 $[I, V]$ 中获得的收益 $V(I)$ 分光。

因此，解决 n 人合作博弈问题的任务是如何获得一个合理的分配方案：

$$\Phi(V(I))=(\varphi_1(V(I)),\varphi_2(V(I)),\cdots,\varphi_n(V(I)))$$

第二种情形是：在参与者多于两个的情况下，就可能出现部分参与者联合起来追求小团体利益的行为，但其前提条件是参与者在小团体中得到的利益大于或等于在大联盟中得到的利益，即存在子集 $S=\{i_1, i_2, \cdots, i_k\}\subset I$，相应的总收益为 $V(S)$，分配方案

$$\Phi(V(S))=(\varphi_{i_1}(V(S)),\varphi_{i_2}(V(S)),\cdots,\varphi_{i_k}(V(S)))$$

满足

$$\begin{aligned}&\varphi_{i_1}(V(S))\geqslant\varphi_{i_1}(V(I))\\&\varphi_{i_2}(V(S))\geqslant\varphi_{i_2}(V(I))\\&\cdots\cdots\\&\varphi_{i_k}(V(S))\geqslant\varphi_{i_k}(V(I))\end{aligned}$$

且其中至少有一个严格不等式成立。

为使记号简便，我们将 $V(\{i\})$ 简记为 $V(i)$，将 n 人合作博弈问题的分配方案简记为

$$\Phi(V)=(\varphi_1(V),\varphi_2(V),\cdots,\varphi_n(V))$$

考虑有 n 个参与者的集合 $I=\{1, 2, \cdots, n\}$ 的所有联盟结构，不计空集合，共有 2^n-1 个。例如，$I=\{1, 2, 3\}$ 时，所有非空联盟结构共有 $2^3-1=7$ 个：

单人联盟结构：$\{1\}$，$\{2\}$，$\{3\}$；

大联盟结构：{1，2，3}；

其他联盟结构（也是最普遍的联盟结构）：[{1,2},{3}]；[{1,3},{2}]；[{2,3},{1}]。

其中的单人联盟结构本质上属于非合作博弈（第二章中讨论过）；对大联盟结构的求解方法将在 3.2 节详述；对比较复杂的其他联盟结构的求解方法，将在 3.3 节中给出。

3.2 大联盟合作博弈的效益分配

多人合作博弈中的效益分配或费用分摊问题与现实的经济活动有着密切的关系。最典型的例子如：横向经济联合体中的效益分配问题和资金重组过程中的利益分配；大气污染总量控制优化治理投资的费用分摊；联合兴建污水处理厂的建设费用的分摊；联合投资企业破产以后所发生的债务如何进行分担等。这类问题由于涉及的资金数目较大，比较敏感，只有处理好才能够保证合作项目的成功。因此，如何形成多人有效率的合作博弈，关键是能够给出一个合理的利益分配方案。

对合作博弈来说，有两个非常重要的解：夏普利值和核仁（nucleolus）。这里主要介绍夏普利值及应用，关于核仁的应用将在第五章介绍。

1. 夏普利值

1953 年，美国运筹学家夏普利采用逻辑建模方法研究了这一问题。首先，他归纳出了三条合理分配原则，即在 n 人合作博弈 $[I, V]$ 中，参与者 i 从 n 人大联盟博弈所获得的收益 $\varphi_i(V)$ 应当满足的基本性质（用公理形式表示），进而证明满足这些基本性质的合作博弈解是唯一存在的，从而妥善地解决了问题。

这三条分配原则是：

（1）对称性原则。

每个参与者获得的分配与他在集合 $I=\{1, 2, \cdots, n\}$ 中的排列位置无关。

（2）有效性原则。

①若参与者 i 对他所参加的任一合作都无贡献，则给他的分配应为 0。数学表达式为：任意 $i \in S \subseteq I$，若 $V(S)=V(S \setminus \{i\})$，则 $\varphi_i(V)=0$。

②完全分配：$\sum_{i \in I} \varphi_i(V) = V(I)$。

（3）可加性原则。

对 I 上任意两个特征函数 U 与 V，$\Phi(U+V)=\Phi(U)+\Phi(V)$。

可加性原则表明：n 个人同时进行两项互不影响的合作，则两项合作的分配也应互不影响，每人的分配额是两项合作单独进行时应分配数之和。

满足上述三条分配原则的 $\varphi_i(V)$ 称为**夏普利值**。

夏普利不仅证明了夏普利值存在的唯一性，而且给出了夏普利值的计算公式。下面给出这个重要结果。

对任一 n 人合作博弈 $[I, V]$，夏普利值是唯一存在的，且

$$\varphi_i(V) = \sum_{i \in S \subseteq I} W(|S|)[V(S) - V(S \setminus \{i\})], \quad i = 1,2,\cdots,n$$

其中，$W(|S|)=\dfrac{(n-|S|)!\ (|S|-1)!}{n!}$，$|S|$ 为集合 S 的元素个数。

实际上，夏普利值出自于一种概率分析。假定 $I=\{1, 2, \cdots, n\}$，n 个局中人依照随机次序形成联盟，且各种次序发生的概率相等，显然这样的联盟共有 $n!$ 个。局中人 i 与前面 $|S|-1$ 个局中人形成联盟 S，由于 $S \setminus \{i\}$ 中的局中人排列的次序有（$|S|-1)!$ 种，而 $I \setminus S$ 中的局中人排列的次序有 $(n-|S|)!$ 种，因此，各种次序发生的概率均为 $\dfrac{(n-|S|)!\ (|S|-1)!}{n!}$；又局中人 i 在联盟 S 的贡献为 $V(S)-V(S\setminus\{i\})$，从而

$$W(|S|)=\frac{(n-|S|)!\ (|S|-1)!}{n!}, \quad i \in S \subseteq I$$

可以作为局中人 i 在联盟 S 的贡献 $V(S)-V(S\setminus\{i\})$ 的一个加权因子。因此局中人 i 对所有他可能参加的联盟所作贡献的加权平均（期望值）就是夏普利值。

实质上，夏普利值给出了联盟收益的一种适当的分配方案。

2. 夏普利值的应用

例 3.1　三人合作经商的利益分配

设有 A、B、C 三人经商。若各人单干，则每人仅能获利 1 万元；若 A、B 合作，可获利 7 万元，A、C 合作可获利 5 万元，B、C 合作可获利 4 万元；若三人合作可获利 10 万元。问三人合作时应如何合理分配 10 万元的利益？

解：由题目条件可见，有 A 参加的二人合作，获利最大，$7+5=12$；有 B 参加的二人合作，获利次之，$7+4=11$；有 C 参加的二人合作，获利最小，$5+4=9$。在二人合作中，A 贡献最大，B 次之，C 最小。所以，在分配利益时应考虑与贡献联系起来。此博弈的特征函数表述式见表 3—1。

表 3—1　　特征函数表述式

S	A	B	C	AB	AC	BC	ABC	$\varnothing$
$V(S)$	1	1	1	7	5	4	10	0

又因为

$$V(ABC)=10 > \begin{cases} V(AB)+V(C)=8 \\ V(AC)+V(B)=6 \\ V(BC)+V(A)=5 \end{cases}$$

因此三人合作获利最大。

我们的任务是为 A、B、C 三人合作设计一个分配方案

$$\Phi(V)=(\varphi_A(V), \varphi_B(V), \varphi_C(V))$$

利用夏普利值计算公式，可以计算参与者 A 的分配值 $\varphi_A(V)$，见表 3—2。

表 3—2　**A 的分配计算**

S	A	AB	AC	ABC
$V(S)$	1	7	5	10
$V(S\setminus\{A\})$	0	1	1	4
$V(S)-V(S\setminus\{A\})$	1	6	4	6
$\vert S\vert$	1	2	2	3
$(n-\vert S\vert)!\,(\vert S\vert-1)!$	2	1	1	2
$W(\vert S\vert)$	1/3	1/6	1/6	1/3
$\varphi_A(V)$	4			

同理，可以计算出：$\varphi_B(V)=3.5$，$\varphi_C(V)=2.5$。因此，三人合作经商的利益分配方案为：A 的分配为 4 万元，B 的分配为 3.5 万元，C 的分配为 2.5 万元。

3. 环境管理中的费用分摊问题

假设有一条可以划分为 n 段的河流，在河流的每一段都有一些参与者往河里排放污染物。为了减少污染，人们往往需要付出一定的成本。这就出现了两个问题：这些成本应由谁负责？成本又应如何分摊呢？

第一个问题很容易回答：一般来说，谁排污谁负责。然而，第二个问题的答案就不那么明确了。如何公平地在应该为污染负责的参与者之间分摊成本？我们通过一个实例来研究如何解决这个问题。

例 3.2　三个位于某河流同侧的城市，从上游到下游依次为 A、B、C，这三个城市的污水必须经处理后才能排入河中。A 与 B 距离 20 公里，B 与 C 距离 38 公里。如图 3—1 所示。设 Q 为污水流量（单位：立方米/秒），L 为污水管道长度（公里）。建污水处理厂费用的经验公式为 $C_1=730Q^{0.712}$（单位：万元），而铺设污水管道费用的经验公式为 $C_2=6.6Q^{0.51}L$（单位：万元）。已知三城市的污水流量分别为 $Q_A=5$，$Q_B=3$，$Q_C=5$，问应该怎样处理（单独设厂还是联合设厂），才可使总开支最少？另外，每一城市负担的建设费用应各为多少？

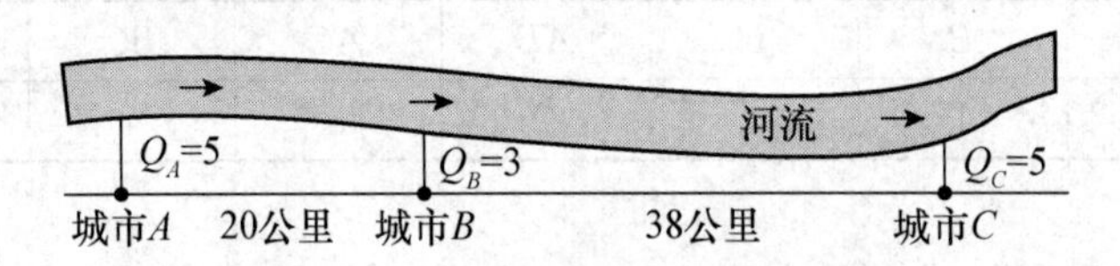

图 3—1　污水处理费用分摊问题

分析思路： 合作可省钱→把省钱视作获利→计算获利的分配→导出费用的分担。

注意： 由于河流的走向，只要是合作建厂，就不可能建在 A 处。同理，B 与 C 合作建厂，也不可能建在 B 处。

解： 下面计算各种情况的建厂投资费用（以下单位费用均是万元，不再注明，计算时保留小数点后两位）。

方案 1：A，B，C 各自建厂。

A 单独建厂的投资 $=730\times5^{0.712}=2\,296.09$

B 单独建厂的投资 $=730\times3^{0.712}=1\,596.00$

C 单独建厂的投资 $=730\times5^{0.712}=2\,296.09$

总投资费用为 $S_1=2\,296.09+1\,596.00+2\,296.09=6\,188.18$

方案 2：A 与 B 合作，在 B 处建厂；C 单独建厂。

A 与 B 合作投资 $=730\times(5+3)^{0.712}+6.6\times5^{0.51}\times20=3\,508.60$

总投资费用为 $S_2=3\,508.65+2\,296.09=5\,804.74$

方案 3：A 与 C 合作，在 C 处建厂；B 单独建厂。

A 与 C 合作投资 $=730\times(5+5)^{0.712}+6.6\times5^{0.51}\times58=4\,631.02$

总投资费用为 $S_3=4\,631.02+1\,596.00=6\,227.02$

方案 4：B 与 C 合作，在 C 处建厂；A 单独建厂。

B 与 C 合作投资 $=730\times(3+5)^{0.712}+6.6\times3^{0.51}\times38=3\,647.85$

总投资费用为 $S_4=3\,647.85+2\,296.09=5\,943.94$

方案 5：A，B，C 合作，在 C 处建厂。总投资费用为

$$S_5=730\times(5+3+5)^{0.712}+6.6\times5^{0.51}\times20+6.6\times8^{0.51}\times38=5\,557.90$$

综上所述，得到的最佳方案是：三城合作建厂。该方案实施的关键是如何分担费用。

在合作建厂的洽谈过程中，C 城提出合作建厂费用按照污水量比例 5∶3∶5 分担，污水管道费用由 A 城与 B 城分担；B 城同意 C 城提出的合作建厂费用按照污水量比例分担，并提议由 A 城到 B 城的污水管道费用由 A 城承担，由 B 城到 C 城的污水管道费用由 A 城与 B 城按污水量比例 5∶3 分担；A 城觉得它们的建议似乎合理。经仔细计算：

A 城承担的总费用：

$$730\times13^{0.712}\times\frac{5}{13}+6.6\times\left(5^{0.51}\times20+8^{0.51}\times38\times\frac{5}{8}\right)=2\,496.34>2\,296.09$$

B 城承担的总费用：

$$730\times13^{0.712}\times\frac{3}{13}+6.6\times8^{0.51}\times38\times\frac{3}{8}=1\,317.84<1\,596.00$$

C 城承担的总费用：

$$730\times13^{0.712}\times\frac{5}{13}=1\,743.72<2\,296.09$$

因此，A 城自然不会同意 B 城、C 城提出的方案。

为使合作成功，我们将为它们设计一个合理分担费用的方案。

由于三城合作建厂可节省 6 188.18－5 557.90＝630.28（万元），现把三城合作建厂节省的钱作为获利，于是问题就转化为如何合理分配节约的 630.28 万元。

下面利用夏普利公式计算出合理分配节约出的 630.28 万元的方案。

此时，博弈的特征函数表述式为：

$$V(A)=V(B)=V(C)=0$$

$$V(AB)=2\,296.09+1\,596.00-3\,508.60=383.49$$

$$V(AC)=2\,296.09+2\,296.09-4\,631.02=-38.84$$

$$V(BC)=1\,596.00+2\,296.09-3\,647.85=244.24$$

$$V(ABC)=2\,296.09+1\,596.00+2\,296.09-5\,557.90=630.28$$

A 城的分配计算见表 3—3，$\varphi_A(V)=186.12$（万元）。

表 3—3　**A 城的分配计算**　（单位：万元）

S	A	AB	AC	ABC
$V(S)$	0	383.49	−38.84	630.28
$V(S\backslash\{A\})$	0	0	0	244.24
$V(S)-V(S\backslash\{A\})$	0	383.49	−38.84	386.04
$\|S\|$	1	2	2	3
$(n-\|S\|)!\,(\|S\|-1)!$	2	1	1	2
$W(\|S\|)$	1/3	1/6	1/6	1/3
$\varphi_A(V)$	186.12			

同理，可以计算出：$\varphi_B(V)=327.66$（万元），B 城的分配计算见表 3—4。

表 3—4　**B 城的分配计算**　（单位：万元）

S	B	AB	BC	ABC
$V(S)$	0	383.49	244.22	630.28
$V(S\backslash\{B\})$	0	0	0	−38.84
$V(S)-V(S\backslash\{B\})$	0	383.49	244.24	669.12
$\|S\|$	1	2	2	3
$(n-\|S\|)!\,(\|S\|-1)!$	2	1	1	2
$W(\|S\|)$	1/3	1/6	1/6	1/3
$\varphi_B(V)$	327.66			

计算得 $\varphi_C(V)=116.50$（万元），C 城的分配计算见表 3—5。

表 3—5　**C 城的分配计算**　（单位：万元）

S	C	AC	BC	ABC
$V(S)$	0	−38.84	244.24	630.28
$V(S\backslash\{C\})$	0	0	0	383.49

续前表

S	C	AC	BC	ABC
$V(S)-V(S\backslash\{C\})$	0	−38.84	244.24	246.79
$\|S\|$	1	2	2	3
$(n-\|S\|)!\ (\|S\|-1)!$	2	1	1	2
$W(\|S\|)$	1/3	1/6	1/6	1/3
$\varphi_C(V)$	116.50			

因此，三城合作建厂的投资分配方案为：

A 城的投资分配$=2\,296.09-\varphi_A(V)=2\,296.09-186.12=2\,109.97$(万元)

B 城的投资分配$=1\,596.00-\varphi_B(V)=1\,596.00-327.66=1\,268.34$(万元)

C 城的投资分配$=2\,296.09-\varphi_C(V)=2\,296.09-116.50=2\,179.59$(万元)

4. 四人合作博弈问题

例 3.3 考察一个具有四个股东的股份有限公司。四个股东依次记为 A，B，C，D。他们分别持有 20%，20%，20%，40%的股份。公司的任何决定必须经过持有半数以上股份的股东同意才可能通过。试确定各股东控制公司决定的比重，即求此四人合作博弈问题的夏普利值。

解： 首先，该问题中持有半数以上股份的股东联盟（称为有效联盟）有：

$$\{A,D\},\{B,D\},\{C,D\},\ \{A,B,C\},\{A,B,D\},\{A,C,D\},\{B,C,D\},\ \{A,B,C,D\}$$

设特征函数

$$V(S)=\begin{cases}1, & S\text{ 为有效联盟}\\ 0, & S\text{ 为无效联盟}\end{cases}$$

则

$$V(A,D)=V(B,D)=V(C,D)=V(A,B,C)=1$$
$$V(A,B,D)=V(A,C,D)=V(B,C,D)=V(A,B,C,D)=1$$

利用夏普利值计算公式求 $\varphi_i(V)$，$i=A$，B，C，D。有 A 参加的有效联盟有

$$\{A,D\},\{A,B,C\},\{A,B,D\},\{A,C,D\},\ \{A,B,C,D\}$$

计算 A 的股权 $\varphi_A(V)$ 值见表 3—6。

表 3—6　　计算 A 的股权 $\varphi_A(V)$

S	AD	ABC	ABD	ACD	$ABCD$
$V(S)$	1	1	1	1	1
$V(S\backslash\{A\})$	0	0	1	1	1
$V(S)-V(S\backslash\{A\})$	1	1	0	0	0
$\|S\|$	2	3	3	3	4

续前表

S	AD	ABC	ABD	ACD	$ABCD$
$(n-\|S\|)!\ (\|S\|-1)!$	2	2	2	2	6
$W(\|S\|)$	1/12	1/12	1/12	1/12	1/4
$\varphi_A(V)$	1/6				

同理可得：$\varphi_B(V)=\frac{1}{6}$，$\varphi_C(V)=\frac{1}{6}$，再根据夏普利值的完全分配原则，可求得

$$\varphi_D(V)=1-(\varphi_A(V)+\varphi_B(V)+\varphi_C(V))=1-\left(\frac{1}{6}+\frac{1}{6}+\frac{1}{6}\right)=\frac{1}{2}$$

因此，股东 A，B，C，D 对公司形成决定影响的比重分别是$\left(\frac{1}{6},\frac{1}{6},\frac{1}{6},\frac{1}{2}\right)$。

我们注意到：股东 D 拥有 40%的股权，而他对公司形成决定影响的比重是 50%。这说明了什么？从理论上讲，只要一个大股东拥有 1/3 以上的股权，而其他股权分散在众多的小股东手中，则掌握 1/3 股权的大股东就有可能获得该股份公司的控股权。

利用这一理论，可以更好地揭示股票市场现象，有助于规范管理股份公司。在我国现阶段的经济体制改革中，夏普利值也能为我们提供一种基本的分析方法。例如：用其研究股份制设计、经济组织结构、中央与地方政府及个人的税收征管模型等。但若存在几家能够相互制衡的大股东，则他们控制公司的比重要小于他们所拥有的股权的比重（见问题与应用中的第 5 题）。

例 3.4 设有 5 人合作博弈，参与者集合 $I=\{1,2,3,4,5\}$，该博弈的特征函数为：

$$\begin{aligned}V(1,2,3)&=V(1,2,4)=V(1,2,5)=V(1,2,3,4)=V(1,2,3,5)=V(1,2,4,5)\\&=V(1,2,3,4,5)=1\end{aligned}$$

而对于其他 S，$V(S)=0$。

按夏普利值计算公式计算得

$$\varphi_1(V)=\frac{9}{20};\quad \varphi_2(V)=\frac{9}{20};\quad \varphi_3(V)=\varphi_4(V)=\varphi_5(V)=\frac{1}{30}$$

可见，参与者 1、2 比参与者 3、4、5 重要得多。

夏普利值在各个领域中都得到了广泛的应用，尤其是在经贸合作和政治领域。例如，夏普利和舒比克（1954）将夏普利值用于计算联合国安理会成员国的权力值，最早将博弈论用于政治领域。近年来，很多博弈论学者在拓展夏普利值的公理化和应用方面都做出了重要的贡献。

3.3 班扎夫权力指数及其应用

1. 夏普利值提出的基本原则

如果说纳什均衡是非合作博弈中的核心概念，那么我们可以说，夏普利值是合作博

弈（或联盟博弈）中最重要的概念。具体地说，夏普利值是合作博弈的解，如同纳什均衡是非合作博弈的解一样。

夏普利值是一种分配方式，它遵循的基本原则是：所得与自己的贡献相等。

有这样一个故事。约克和汤姆结对旅游。约克和汤姆准备吃午餐。约克带了 3 块饼，汤姆带了 5 块饼。这时，有一个路人路过，路人饿了。约克和汤姆邀请他一起吃饭。路人接受了邀请。约克、汤姆和路人将 8 块饼等分成 3 份，每人一份。吃完饭后，路人感谢他们的午餐，给了他们 8 个金币后继续赶路。

约克和汤姆为这 8 个金币的分配发生了争执。汤姆说："我带了 5 块饼，理应我得 5 个金币，你得 3 个金币。"约克不同意："既然我们在一起吃这 8 块饼，理应平分这 8 个金币。"约克坚持认为每人各 4 块金币。为此，约克找到公正的夏普利。

夏普利说："孩子，汤姆给你 3 个金币，因为你们是朋友，你应该接受它；如果你要公正，那么我告诉你，公正的分法是，你应当得到 1 个金币，而你的朋友汤姆应当得到 7 个金币。"约克不理解。

夏普利说："是这样的，孩子。你们 3 人吃了 8 块饼，其中，你带了 3 块饼，汤姆带了 5 块，一共是 8 块饼。你吃了其中的 1/3，即 8/3 块，路人吃了你带的饼中的 3－8/3＝1/3；你的朋友汤姆也吃了 8/3，路人吃了他带的饼中的 5－8/3＝7/3。这样，路人所吃的 8/3 块饼中，有你的 1/3，有汤姆的 7/3。路人所吃的饼中，属于汤姆的是属于你的 7 倍。因此，对于这 8 个金币，公平的分法是：你得 1 个金币，汤姆得 7 个金币。你看有没有道理?"

约克听了夏普利的分析认为有道理，愉快地接受了 1 个金币，而让汤姆得到 7 个金币。

在这个故事中，我们看到，夏普利所提出的对金币的"公平"分法，遵循的原则是：所得与自己的贡献相等。

例 3.5　财产分配问题

考虑这样一个合作博弈：A、B、C 三人投票决定如何分配 200 万元现金，他们分别拥有 50％、40％、10％的票力，规则规定，当超过 50％的票认可了某种分配方案时，该分配方案才能通过。那么如何分配才是合理的呢?

此时财产应当按票力分配吗? 如果是的话，即 A，B，C 的现金分配比例为：50％∶40％∶10％。但如果这样分配，C 可以提这样的方案，A：70％，B：0，C：30％。尽管 B 被排除出去，但这个方案能被 A、C 接受，因为对 A、C 来说这是一个比按票力分配的方案有明显改进的方案。A、C 的票力之和可以超过 50％。

在这样的情况下，B 会向 A 提出这样一个方案：A：80％，B：20％，C：0。此时 A 和 B 所得均比刚才 C 提出的方案要好，而 C 成了一无所有。但 A、B 票力之和可以超过 50％，……这样的过程可以一直进行下去。

在这个过程中，有效联盟（能超过 50％的票力的联盟）有 $\{A, B\}$，$\{A, C\}$ 和 $\{A, B, C\}$。最终的分配结果应该是怎样的呢?

下面根据夏普利提出的分配方式，求该合作博弈的夏普利值（夏普利值的定义见 3.2 节），进而给出合理的分配方案。

在这里，局中人集合为 $I=\{A, B, C\}$。该问题中获胜联盟有：

$$\{A,B\},\{A,C\}\text{和}\{A,B,C\}$$

设特征函数为

$$V(S)=\begin{cases}1, & S\text{为获胜联盟}\\0, & S\text{为失败联盟}\end{cases}$$

则

$$V(A,B)=V(A,C)=V(A,B,C)=1$$

利用夏普利值计算公式求 $\varphi_i(V)$，$i=A, B, C$。计算 $\varphi_A(V)$ 值，见表 3—7。

表 3—7　　计算 $\varphi_A(V)$

S	AB	AC	ABC
$V(S)$	1	1	1
$V(S\backslash\{A\})$	0	0	0
$V(S)-V(S\backslash\{A\})$	1	1	1
$\lvert S\rvert$	2	2	3
$(n-\lvert S\rvert)!\,(\lvert S\rvert-1)!$	1	1	2
$W(\lvert S\rvert)$	1/6	1/6	2/6
$\varphi_A(V)=2/3$			

同理，可求得 $\varphi_B(V)=1/6$，$\varphi_C(V)=1/6$，分别见表 3—8 和表 3—9。

表 3—8　　计算 $\varphi_B(V)$

S	AB	ABC
$V(S)$	1	1
$V(S\backslash\{B\})$	0	1
$V(S)-V(S\backslash\{B\})$	1	0
$\lvert S\rvert$	2	3
$(n-\lvert S\rvert)!\,(\lvert S\rvert-1)!$	1	2
$W(\lvert S\rvert)$	1/6	2/6
$\varphi_B(V)=1/6$		

表 3—9　　计算 $\varphi_C(V)$

S	AC	ABC
$V(S)$	1	1
$V(S\backslash\{C\})$	0	1
$V(S)-V(S\backslash\{C\})$	1	0
$\lvert S\rvert$	2	3
$(n-\lvert S\rvert)!\,(\lvert S\rvert-1)!$	1	2
$W(\lvert S\rvert)$	1/6	2/6
$\varphi_C(V)=1/6$		

根据夏普利值，$\varphi_A(V)=2/3$，$\varphi_B(V)=1/6$，$\varphi_C(V)=1/6$，我们可以将财产分为 A：400/3（万元），B：100/3（万元），C：100/3（万元）。

2. 班扎夫权力指数的应用

如果将夏普利值用于投票分析，所得到的投票决策者的夏普利值就称为夏普利-舒比克权力指数。班扎夫权力（John F. Banzhaf）指数遵循与夏普利-舒比克权力指数相同的基本原则，是量化决策影响力的重要指标，但它更直观，计算更简单，因此得到了更广泛的应用。

班扎夫权力指数是班扎夫等人在1965年根据夏普利值的基本原则提出来的，其中一个最直接的应用就是投票表决中的票力和权力的分布问题。

班扎夫权力指数简称权力指数，它的意思是，一个投票者的权力体现在他能通过自己加入一个面临失败的联盟而挽救它，使它获胜；这同时也意味着他能够通过背叛一个本来能够获胜的联盟而使它失败。换言之，这个投票者是这个联盟的“关键加入者”，他的权力指数是他作为“关键加入者”使其获胜的联盟个数。

根据这种含义，对局中人集合 $I=\{1, 2, \cdots, n\}$ 的投票表决博弈，将特征函数定义为：

$$V(S)-V(S\backslash\{i\})=\begin{cases}1, & \text{如果 } S \text{ 获胜,其他联盟失败} \\ 0, & \text{其他情况}\end{cases}$$

则局中人 j 的权力指数为

$$c_j=\sum_{j\in S\subseteq I}[V(S)-V(S\backslash\{j\})]$$

其相应的权力指数比为

$$\Phi_j=\frac{c_j}{c_1+c_2+\cdots+c_n}$$

权力指数比也称为归一化的权力指数，它是量化决策影响力的重要数据。权力指数比遵循与夏普利值同样的基本原则，但比夏普利值计算简单。

例3.6 投票影响力

考虑有 A、B、C 三个人的联盟博弈，A 有两票，B、C 各有一票，这三个人组成一个群体，对某项议题进行投票。假定此时赢得规则服从“大多数”规则，即若获得三票，议题即得通过。对各自的权力指数进行分析时，其关键是确定获胜联盟的“关键加入者”。对于该问题，获胜的联盟有：$\{A, B\}$、$\{A, C\}$、$\{A, B, C\}$。而对于这三个获胜联盟来说，A 在 $\{A, B\}$、$\{A, C\}$、$\{A, B, C\}$ 中均是关键加入者，而对于 B 来说，他只是联盟 $\{A, B\}$ 的关键加入者，对于 C 来说，他也只是 $\{A, C\}$ 联盟的关键加入者。根据以上定义，A、B、C 的权力指数分别是3、1、1。权力指数比分别是3/5、1/5、1/5。

表3—10　　票力与班扎夫权力指数比

局中人	票力	权力指数	权力指数比（%）
A	2	3	3/5
B	1	1	1/5
C	1	1	1/5

在投票博弈中，班扎夫权力指数比反映的是投票者投票的影响力。

例3.7 股份与决策的影响力

一个股份公司有5个股东，他们是 A、B、C、D、E。在公司重大决策上，公司法规定，遵循“一股一票原则”（即每个股东的票数与他所持的股数相等）和“大多数原则”（即一项议案能否通过取决于是否得到51%或以上的票数（或股数）的同意），5个股东均同意这两个原则。

5个股东在公司成立时均拥有相同的20%的股份。这时要获得51%或以上的票数就必须有3位股东联盟，显然这里共有10个（$C_5^3=10$）获胜联盟，每个人的权力指数均为6。此时他们的股份和权力指数比见表3—11。

表3—11　　股份的变化与班扎夫权力指数比的变化：股权情况1

股东	股份（%）	权力指数	权力指数比（%）
A	20	6	20
B	20	6	20
C	20	6	20
D	20	6	20
E	20	6	20

随着经营的变化，股东的想法出现分化。*B*、*C*、*D*、*E*想逐渐减持股份，而*A*想多拥有一些股份。但*B*、*C*、*D*、*E*又不想让*A*完全控制公司——根据“大多数原则”，拥有51%或以上的股份即有绝对的话语权。*B*、*C*、*D*、*E*各减持了3个百分点，*A*增加了12个百分点。此时*A*、*B*、*C*、*D*、*E*拥有的股份分别为32%、17%、17%、17%、17%。在这种情况下，要获得51%或以上的票数同样需要有3位股东联盟，所以每个人的权力指数仍均为6。与前一种情况相比没什么变化。表3—12中列出了他们的股份和权力指数比。

表3—12　　股份的变化与班扎夫权力指数比的变化：股权情况2

股东	股份（%）	权力指数	权力指数比（%）
A	32	6	20
B	17	6	20
C	17	6	20
D	17	6	20
E	17	6	20

股东*A*谋求控制力或想增加影响力，经仔细琢磨并认真计算后向*B*、*C*、*D*、*E*提出让他们各减持1个百分点而他自己增持4个百分点的股份的要求。*B*、*C*、*D*、*E*想，*A*拥有36%的股份，不超过50%，不能完全控制该公司，也就同意了*A*的要求。此时*A*、*B*、*C*、*D*、*E*分别拥有的股份为36%、16%、16%、16%、16%。这时情况完全不同了，*A*只要和其余的任意一人联盟，就有52%的票数。这里共有16个（$C_4^1+C_4^2+C_4^3+1+C_5^5=16$）获胜联盟，它们分别是

$$\{AB\},\{AC\},\{AD\},\{AE\};\{ABC\},\{ABD\},\{ABE\},\{ACD\},\{ACE\},\{ADE\};$$
$$\{ABCD\},\{ABDE\},\{ABCE\},\{ACDE\};\{BCDE\};\{ABCDE\}$$

现在他们的股份和权力指数比如表3—13所示。

表 3—13　　股份的变化与班扎夫权力指数比的变化：股权情况 3

股东	股份（%）	权力指数	权力指数比（%）
A	36	14	63.636
B	16	2	9.091
C	16	2	9.091
D	16	2	9.091
E	16	2	9.091

通过分析，我们看到，A 的股份由 32%增加到 36%，虽然股份仅增加了 4 个百分点，但他的班扎夫权力指数却发生了突变。

由表 3—11～表 3—13 可见，在 5 个股东之间平均持股的情况下，即均持有 20%的股份，班扎夫权力指数比也是平均的。当股份发生偏离时，如股东 A 持有的股份多几个百分点、其他股东仍持同样的股份，班扎夫权力指数比还不发生变化。由表 3—12 可见，当 A 拥有 32%的股份时，班扎夫权力指数比还是平均的，在这种股权结构下，对 A 来说是最不公平的：他拥有的股份是其他股东的近两倍，但权力却一样大！

但是当 A 的股份再有所增加，而其他每个股东降低一个百分点时，班扎夫权力指数比发生突变。A 的班扎夫权力指数一下子由 6 增加到 14，班扎夫权力指数比由 20%增加到 63.636%，而其他股东的班扎夫权力指数由 6 降低到 2，班扎夫权力指数比则由 20%降到 9.091%。这就是 A 要多持 4 个百分点的股份的原因，A 此时虽然不能拥有 51%或以上的股份，但有 100%的决策权，但由于他在决策时作为获胜联盟中的关键加入者，要比其他 4 个股东的班扎夫权力指数比高得多，因此，他的权力比其他股东大得多。这样就能使 A 达到实际上几乎可以完全控制该公司的目的。这说明：只要获得适当的股权，就可以得到更多的权力。这个合理的数量关系要通过科学地分析和计算才能得出。班扎夫权力指数所反映的决策影响力就是对控制力最好的诠释。

对这一模型的分析表明，股东所持股份对决策的影响力与所占公司的份额常常并不一致，甚至还存在着拥有不同的股权但对决策结果具有相同的影响力的可能性。权力是股东对公司决策所拥有的作用力，也可以说是决策影响力，特别是在合作性博弈中，权力与股份数额偏离的程度更大。股份公司的业绩受制于管理团队的经营行为，管理团队的经营行为又受制于公司董事会的决策与授权，而公司董事会的组织及行为又取决于股东大会的意志及决策，股东大会的意志及决策最终是由公司股权结构决定的。这一链式反应关系是由现代公司制度的基本设计准则决定的，公司的权力分配与行为规则的基础来源于公司股东及股权的结构状况。权力指数分析方法为我国国企改制、股份制企业的进一步改造以及公司并购重组的实践，提供了一个较好的量化分析方法。

3.4　其他联盟结构的求解方法

1. 博弈的解集与核

例 3.8　地产合并博弈

某地产开发商想在一个区域内建设商品房，该区域内现有三块地产，分别属于 A、

B、C 三人，开发商希望这三人能够以某种方式稳定地合并。A、B、C 可能组成的各种联盟形式以及相应的收益见表 3—14。

表 3—14　　地产合并博弈的各种联盟及收益

序号	1	2	3	4	5
联盟	*ABC*	*AB*，*C*	*AC*，*B*	*BC*，*A*	*A*，*B*，*C*
收益	(10)	(6)(4)	(4)(4)	(4)(4)	(3)(3)(3)

由于 1 号联盟（大联盟）结构和 2 号联盟结构满足帕累托标准，所以 1 号联盟结构和 2 号联盟结构都是该博弈的有效解。所有有效解的集合称为博弈的**解集**。假设按照收益均分的原则，在大联盟中 C 至多收益 10/3，而在 2 号联盟中，C 的收益为 4；因此，在 1 号联盟结构中的 C 可能会选择 2 号联盟结构，获得的收益为 4。类似的，A 也可能退出 1 号联盟而选择 4 号联盟，B 也可能退出 1 号联盟而选择 3 号联盟。为了保证三人联合在一起，就必须使每个人的收益至少为 4。但是 1 号联盟总收益为 10，因此 1 号联盟是不稳定的。

现在考虑 2 号联盟，如果 A、B 的收益可以通过旁支付或转移支付的形式得到调整，则 2 号联盟结构是稳定的。这是因为在 C 退出后，如果 A、B 也退出，这对应着 5 号联盟，A、B 的收益分别是 3。因此，C 要想使得二人重回到联盟，必须使 A、B 的收益之和大于或等于 6。由于在这种情况下，A、B 二人的结盟恰好是 6，如果可以把收益与货币联系在一起，即可以用货币转移的形式调整 A、B 的收益，即允许**旁支付或转移支付**，使得 A、B 二人的收益分别大于 3。比如，C 可以从他 4 单位的收益中取出 0.2～0.6 个单位的收益，分配给 A、B 二人，自己获得不少于 3.4 单位的收益。如此，2 号联盟结构保持稳定。我们称 2 号联盟结构为该合作博弈的**核**（core）。

合作博弈的核一般定义为：使得所有参与博弈的人员中的任何成员都不能从联盟重组中获益的联盟结构。通常说来，合作博弈的核包括所有能使联盟保持稳定的结盟方式。

如果博弈的有效解集非空，核就一定包含在有效解集中。但有效解集中的许多解不是核。在本例的博弈中，所有使得每个地产商的收益不少于 3、总收益为 10 的联盟结构都包含在解集（1 号联盟和 2 号联盟）中，但博弈的核只有 2 号联盟一个。

如果我们将联盟的收益稍做调整（见表 3—15），则可知 1 号、2 号联盟结构满足帕累托标准，都是有效解。使用前面的分析方法，可知 1 号、2 号联盟结构都是稳定的，该博弈有两个核。

表 3—15　　变化后的各种联盟及收益

序号	1	2	3	4	5
联盟	*ABC*	*AB*，*C*	*AC*，*B*	*BC*，*A*	*A*，*B*，*C*
收益	(11)	(8)(3)	(4)(3)	(4)(3)	(3)(3)(3)

但是，核的概念存在的一个致命的缺陷是它经常是空的，即通常找不到一种能够被所有联盟结构都接受的利益分配方案。

2. 弱占优与强占优

例 3.9　拼车博弈

为减少汽车尾气排放、缓解交通压力和节省交通开支，上班族拼车现象已经比较普遍。假设在同一单位工作的同事甲、乙、丙、丁四人有拼车的意向，四人住在郊区不同位置，相隔只有几公里。拼车人的负向收益是每个人上下班时的路途消耗，它与以下因素有关：行驶的总路程；自己单独驾车的路程；接送别人驾车的路程；油耗与汽车损耗。负向收益的值用单独开车上班的公里数表示。各种可能的联盟结构及对应的收益见表 3—16。越小的数字表示越大的收益。我们的问题是：确定（1）博弈的解集；（2）博弈的核。

表 3—16　　拼车博弈的联盟结构及对应的收益

路线	联盟结构	收益	路线	联盟结构	收益
1	甲乙丙丁	(7，7，7，7)	9	甲乙，丙，丁	(8，7)(16)(12)
2	甲乙丙，丁	(6，6.5，9)(12)	10	甲丙，乙，丁	(9，7)(13)(12)
3	甲乙丁，丙	(6.5，7，6.5)(16)	11	甲丁，乙，丙	(7，9)(13)(16)
4	甲丙丁，乙	(8，8，7)(13)	12	甲，乙，丙丁	(11)(13)(7，8)
5	甲，乙丙丁	(11)(7，6.5，6)	13	甲，丙，乙丁	(11)(16)(8，9)
6	甲乙，丙丁	(8，7)(7，8)	14	甲，丁，乙丙	(11)(12)(8，7)
7	甲丙，乙丁	(9，7)(8，9)	15	甲，乙，丙，丁	(11)(13)(16)(12)
8	甲丁，乙丙	(7，9)(8，7)			

分析：每个参与拼车的人都希望加入一个使自己消耗最小的联盟。由于同事之间关系融洽，这里不考虑旁支付，因此，拼车博弈是无旁支付的博弈。我们不必考虑联盟的总收益，只需分别考察每个参与者的收益即可。

解：我们比较路线 1（即大联盟）与路线 4。路线 1 中所有参与者的收益为（7，7，7，7），路线 4 中所有参与者的收益为：甲、丙、丁的收益分别为（8，8，7），乙的收益为（13），可知路线 1 减少了甲、乙、丙的消耗，丁的消耗保持不变。我们称路线 4 的联盟结构被路线 1 **弱占优**。同理，被路线 1 的联盟结构弱占优的还有路线 6～12 及路线 14。

我们比较路线 1（即大联盟）与路线 13。路线 13 中所有参与者的消耗分别为甲（11），丙（16），乙、丁分别为（8，9），路线 1 中所有参与者的消耗都优于路线 13 中所有参与者的消耗，我们称路线 13 的联盟结构被路线 1 **强占优**。同理，被路线 1 的联盟结构强占优的还有路线 15。

删除被路线 1 弱占优或强占优的路线，剩下的路线 1～3 以及路线 5 符合帕累托最优标准，构成本博弈的解集，见表 3—17。

表 3—17　　博弈的解集

路线	联盟结构	收益
1	甲乙丙丁	(7，7，7，7)
2	甲乙丙，丁	(6，6.5，9)(12)
3	甲乙丁，丙	(6.5，7，6.5)(16)
5	甲，乙丙丁	(11)(7，6.5，6)

下面求本博弈的核，采用的方法与前面类似。

虽然路线 1 的联盟结构整体最优，但将它与路线 3 比较，向后者的转换会减少甲与丙的消耗，乙的消耗不变；向路线 5 转换，乙的消耗不变，丙、丁的消耗会减少。因此，路线 1 的联盟结构被路线 3 和路线 5 的联盟结构占优，路线 1 的联盟结构不稳定。

再比较路线 3 与路线 5 的联盟结构，由于向后者的转换会减少丁的消耗，乙、丙的消耗不变，所以路线 3 的联盟结构被路线 5 的联盟结构占优，路线 3 的联盟结构是不稳定的。

删除路线 1 与路线 3，在解集中只剩下路线 2 与路线 5，这两个路线的联盟结构互不占优。因此，本博弈的核由路线 2 与路线 5 的联盟结构组成。

结论：第一种拼车组合为 {甲乙丙}，{丁}；第二种拼车组合为 {甲}，{乙丙丁}。

综上所述，我们看到：核通过考察联盟结构的稳定性缩小了博弈解的范围，是联盟型博弈的一种利益分配的集合，这个集合中的每一个利益分配均使得没有任何一些局中人能够通过组成联盟而提高他们自己的总和收益，也就是说，核中的分配使得任何联盟都没有能力推翻它。据此，把核中的分配作为博弈的解是可行的。但是，由于核概念存在一个致命的缺陷：它经常是空的（如第二章中的例 2.24 海湾控制博弈就是一个空核博弈。正因为如此，尽管历史上的联盟条约数不胜数，但国际大范围内结成大联盟的情况确实很少见）。因此有必要寻找其他类型的解。1964 年，R. 奥曼和 Michael Maschler 提出了谈判集（bargaining set）的概念。谈判集是根据局中人之间可能出现的相互谈判而提出的合作博弈的解的概念，与核相比，其存在性可以得到保证；与夏普利值相比，它体现出了各局中人通过谈判达成协议结为联盟的过程，但其计算方法复杂，可操作性不强。1969 年，大卫·施得勒（David Schmeidler）提出了核仁的概念，2003 年，Peleg 等人又证明了核仁存在的唯一性。但核仁的实际计算仍然很复杂。之后，又有许多博弈论学者对合作博弈解的问题进行了更加深入的研究。

事实上，理解合作博弈的一种方式就是将它们看作是规划者设计的一个蓝图。由于规划者的首要目标是效率，因此肯定不会建议或促成博弈的局中人组成一个低效率或无效率的联盟。

目前，除有效解外，人们根据对联盟成员“公平程度”的各种规划，提出了其他一些合作博弈论解的概念，但没有一种能够具有类似纳什均衡在非合作博弈中具有的核心地位。在这些解的概念中，比较知名的有核、稳定集（stable set）、夏普利值、谈判集、内核（kernel）、核仁及纳什讨价还价解（Nash bargaining solution）等。详细内容读者可参阅主要参考文献 3。

内容提要

合作博弈关心的是参与者可以用有约束力的承诺来得到的可行的结果，而不管是否符合个体理性。合作博弈研究的是当人们的行为相互作用时，参与者之间能否达成一个具有约束力的合作协议，以及如何分配合作所得到的收益。形成多人有效率的合作是文明的基础，解决合作博弈问题要采用特征函数表述式。n 人大联盟合作博弈要解决的问题是如何获得一个合理的分配方案。夏普利（2012 年诺贝尔经济学奖获得者）于 1953 年提出夏普利值的概念，它遵循的原则是：所得与自己的贡献相等。夏普利值给出了大联盟收益的一种适当的分配方案。本章介绍了夏普利值及其应用，讨论了费用的合理分摊、股份公司的控股权设计、财产的合理分配等问题，并利用夏普利值给出了解；班扎夫权力指数是量化决策影响力的重要指标，它遵循的基本原则与夏普利值相同。如果说纳什均衡是非合作博弈中的核心概念，那么夏普利值是合作博弈中最重要的概念，是合作性博弈的一种解。

对于一般联盟结构的合作博弈问题，本章给出了合作博弈的解集、核等重要概念，并给出了求解合作博弈的解集、确定合作博弈的核的方法。符合帕累托标准的联盟结构称为博弈的有效解，所有有效解构成的集合称为博弈的解集，稳定的有效解称为博弈的核。寻找核的方法是通过删除被占优的联盟结构来确定博弈的解集，再通过稳定性判别出合作博弈的核。注意，有的合作博弈是空核的。可以用货币转移的形式调整博弈参与者的收益，这称为允许旁支付或转移支付。是否允许旁支付或转移支付，会影响到联盟结构的稳定性。

关键概念

合作博弈　　旁支付　　特征函数　　联盟　　夏普利值　　班扎夫权力指数
解集　　核

复习题

1. 人们为什么要合作？
2. 合作博弈、非合作博弈的联系与区别是什么？
3. 解释合作博弈的解集、核的概念。

问题与应用 3

1. 列表计算例 3.1 三人合作经商问题的利益分配中 $\varphi_B(V)$、$\varphi_C(V)$ 的值。

2. 若将例 3.3 中 A、B、C、D 的持股分别改为 10%、10%、40%、40%，结果如何？（提示：先找出该问题中持有半数以上股份的股东联盟（称为有效联盟）；再定义特征函数；最后计算股东的夏普利值。）

3. 假设有 A、B、C、D、E 5 个人决定合资建公司。每个人要么以人力资源投资，要么以资金投资。经认真慎重的可行性研究，预期建成后的合资公司年利润为 100（单

位：亿元)。此博弈的特征函数式见表3—18。为方便起见，用1、2、3、4、5分别表示A、B、C、D、E，则参与者集合为$I=\{1, 2, 3, 4, 5\}$。

试问：将总利润均分（即每人20单位）是合理方案吗？为什么？请给出一个合理的分配方案。

表3—18　合资建公司的博弈的特征函数式

S	$V(S)$	S	$V(S)$	S	$V(S)$	S	$V(S)$
{1}	0	{1，5}	20	{1，2，4}	35	{3，4，5}	70
{2}	0	{2，3}	15	{1，2，5}	40	{1，2，3，4}	60
{3}	0	{2，4}	25	{1，3，4}	40	{1，2，3，5}	65
{4}	5	{2，5}	30	{1，3，5}	45	{1，2，4，5}	75
{5}	10	{3，4}	30	{1，4，5}	55	{1，3，4，5}	80
{1，2}	0	{3，5}	35	{2，3，4}	50	{2，3，4，5}	90
{1，3}	5	{4，5}	45	{2，3，5}	55	{1，2，3，4，5}	100
{1，4}	15	{1，2，3}	25	{2，4，5}	65	$\varnothing$	0

4. 1958年的欧共体总共有6个国家，它们是法国、德国、意大利、荷兰、比利时和卢森堡。这些国家对相关经济问题进行决策。法国、德国和意大利的票数各为4，荷兰、比利时各为2，卢森堡为1。总票数为17。投票规则为2/3多数，即一个议案获得17票中的12票或以上就获得通过。试根据班扎夫权力指数来分析欧共体各国的权力。

5. **合作捕猎博弈**

A、B、C三个猎人计划合作捕猎，他们各有捕猎专长，表3—19给出了他们不同组合的收益。假定允许旁支付，即存在转移支付，问：

(1) 解集是什么？

(2) 哪些联盟结构是核？

表3—19　合作捕猎博弈的收益

序号	1	2	3	4	5
联盟	ABC	AB，C	AC，B	BC，A	A，B，C
收益	(5)	(4)，(0)	(3)，(1)	(3)，(0)	(2)，(1)，(1)

6. **商业伙伴博弈**

考虑A、B、C三人合作问题，其中A擅长编程，B擅长图形制作，C擅长销售，收益情况见表3—20。问：在该博弈中，核是什么？在核中A、B、C的收益各是多少？

表3—20　三人博弈的收益

序号	1	2	3	4	5
联盟	ABC	A，BC	B，AC	C，AB	A，B，C
收益	(55)	(5)，(35)	(5)，(35)	(15)，(30)	(20)，(20)，(5)

附录3 一个国家的权力分配与班扎夫权力指数

某个国家有六个按地理的自然疆域划分的省份，它们是 A、B、C、D、E、F。该国实行代议制民主政治，所有立法决策由这些省份的代表来实施。由于这些地区的人口数量不同，它们按人口分配了不同比例的票数。总票数为 31，票数分配见附表 1。

附表 1

省份代码	A	B	C	D	E	F
票数	10	9	7	3	1	1

该国的法律规定：如果一项议案拥有半数以上的票数即获得通过。即如果一项议案获得 31 票中的 16 票或以上，那么就获得通过。总统选举也一样，如果在两位候选人之间进行选举，那么谁获得 16 票或以上的得票即当选。

该国这样的政治体制运行了很多年。但是 D、E、F 省份的人民总觉得有点问题。于是他们请来了法律专家班扎夫来分析一下该国的政治体制。通过分析，班扎夫发现，尽管 D、E、F 省份分别有 3 票、1 票和 1 票，但实际上，这三个省份在表决时，在任何情况下都不起作用！

他们向总统反映了这个情况，要求总统提请修改票数分配的议案。总统不明白这是怎么一回事。班扎夫向总统解释说："每个决策者在决策时的权力体现在他能够作为'关键加入者'出现在获胜联盟中。如果决策者作为'关键加入者'出现的次数多，那么他的权力大；反之则小。我们可以把一个决策者作为'关键加入者'在获胜联盟中出现的次数称为'权力指数'。"

班扎夫接着说："在贵国的政治体制中，A、B、C 三个省份垄断了所有的权力，而 D、E、F 三个省份在现有的体制下，不是任何获胜联盟的'关键加入者'，即 D、E、F 三个省份的权力指数为 0。"

"什么是获胜联盟？什么是'关键加入者'？能不能举个例子？"总统问。

班扎夫举例说："比如联盟 $\{A, B\}$，它们两者加起来的票数为 19，大于 16，因此，$\{A, B\}$ 就是一个获胜联盟。在这个获胜联盟中，A 和 B 都是不可缺少的，因此 A 与 B 均是获胜联盟 $\{A, B\}$ 的关键加入者，$\{A, B, D\}$ 也是一个获胜联盟，但是 D 不是关键加入者。"

"那我明白了。你能不能帮我具体算一下各个省份现有的权力指数？"总统说。

"可以。贵国现有的决策体制可以标记为 (16；10，9，7，3，1，1)。前面的 16 为一个获胜联盟至少要获得的票数，或者说一个提案获得通过至少需要的票数。后面的数字为各个地区被分配的票数。这个投票体制的权力指数情况见这样一个表。"班扎夫说。班扎夫拿出一张表给总统看，见附表 2。

附表 2　　(16; 10, 9, 7, 3, 1, 1) 体制下各省权力指数

省份代码	A	B	C	D	E	F
票数	10	9	7	3	1	1
权力指数	16	16	16	0	0	0
权力指数比（%）	33.3	33.3	33.3	0	0	0

“权力指数比是什么？”总统问。

班扎夫说：“权力指数也称为归一化的权力指数。如果我们用百分比来分析投票过程中各投票者的权力所占的比例，对于 n 个人，每人的权力指数为 c_1，c_2，…，c_n，则投票者 j 的权力指数比为：$\Phi_j=\frac{c_j}{c_1+c_2+\cdots+c_n}$。由这个公式我们就能算出各个投票者的权力指数比。一个极端的情况是，如果一投票者拥有 51%或以上的股份，那他就拥有 100%的权力，而其他投票者拥有的权力为 0%。”班扎夫说。

“哦，原来是这样！这确实不太公平，什么办法能改变这样的状况？”总统问。

“有办法，总统先生。您有什么具体要求？”班扎夫说。

总统想了想说：“首先，人数多的地区，权力要大些；其次，人数少的地区也能有一定的权力。当然，最好不要作太多的修改，否则很难实施。大致是这些吧。不过现在首要的是要增加人数少的三个地区的权力，否则太不公平了。”

“要绝对公平很难，重新分配票还要经过各省份之间的平衡和争吵。”班扎夫边说边思考，“这样吧，我给出一个简单的方案。”

班扎夫考虑了一下说：“多给 A 省两张票吧。这样就能使得其他票数不变的情况下增加三个弱小省份的权力。”

“A 省本来票数就多，再多给它两张票，这样行吗？”总统怀疑地说。

“可以的，”班扎夫解释说，“原来的总票数为 31，获得 16 张票就获胜。而现在的总票数为 33，获得 17 张票才能获胜。这样权力指数就发生了变化。”

“如何变化？”

“让我计算一下。”

班扎夫的计算结果见附表 3。

附表 3　　(17; 12, 9, 7, 3, 1, 1) 体制下各省权力指数

省份代码	A	B	C	D	E	F
票数	12	9	7	3	1	1
权力指数	18	14	14	2	2	2
权力指数比（%）	34.6	26.9	26.9	3.8	3.8	3.8

看着班扎夫给他的各省份权力指数的结果，总统说：“对于 F 来说，它在 $\{A, D, E, F\}$ 和 $\{B, C, F\}$ 两个联盟中起关键作用，即它的加入能使这两个联盟获胜，若背离则使得它们落败。因此它的权力指数为 2。D、E 和 F 都得到了改进。”

总统对班扎夫说：“它的确是一个改进了的可行方案。但不知道能不能说服国会通过。我试试吧。谢谢你了。”

在该国的权力分配故事中所提到的权力指数，是班扎夫于1965年提出的。夏普利-舒比克权力指数（1954）（将夏普利值用于投票分析，所得到的投票决策者的夏普利值就称为夏普利-舒比克权力指数，也就是股东的权力）提出得最早，但不太直观。班扎夫给出了一种不同的计算权力的方法，由这个方法得到的权力指数被学术界称为**班扎夫权力指数**。班扎夫权力指数的意思是，某个投票者的权力体现在他能通过自己加入一个要失败的联盟而使得它获胜，这同时也意味着他能通过背弃一个本来要胜利的联盟而使得它失败。这就是说，他是这个联盟的"关键加入者"；而他的权力指数就是他是关键加入者的获胜联盟的个数。

由这个故事可以看到，权力指数和票数不是一回事。权力指数是真正权力的一个反映，而票数只是一个虚假的指标而已。班扎夫权力指数分析方法可以有效地应用在需要设计具体的投票制度和分配票数机制的经济或政治领域。

[注] 班扎夫的计算过程：获胜联盟有

$\{AB\},\{AC\},\{BC\}$；
$\{ABC\},\{ABD\},\{ABE\},\{ABF\},\{ACD\},\{ACE\},\{ACF\},\{BCD\},\{BCE\},\{BCF\}$；
$\{ABCD\},\{ABCE\},\{ABCF\},\{ABDE\},\{ABDF\},\{ABEF\},\{ACDF\},\{ACEF\},$
$\{ADEF\},\{BCDE\},\{BCDF\},\{BCEF\}$；
$\{ABCDE\},\{ABCDF\},\{ABCEF\},\{ABDEF\},\{ACDEF\},\{BCDEF\}$；
$\{ABCDEF\}$

A是关键加入者的联盟有16个：

$\{AB\},\{AC\}$；$\{ABD\},\{ABE\},\{ABF\},\{ACD\},\{ACE\},\{ACF\}$；
$\{ABDE\},\{ABDF\},\{ABEF\},\{ACDF\},\{ACEF\},\{ADEF\}$；$\{ABDEF\},\{ACDEF\}$

所以，A的权力指数为16。同理，可以知道B、C的权力指数也是16，D、E、F的权力指数均为0。

下面计算权力指数比。

现在$c_1=c_2=c_3=16$，$c_4=c_5=c_6=0$，$c_1+c_2+\cdots+c_6=48$，根据公式

$$\Phi_j=\frac{c_j}{c_1+c_2+\cdots+c_n}$$

易知

$$\Phi_1=\Phi_2=\Phi_3=\frac{1}{3},\quad \Phi_4=\Phi_5=\Phi_6=0$$

第四章
动态博弈

在静态博弈中，所有参与者同时行动（或行动虽有先后，但没有人在自己行动之前观测到别人的行动）；在动态博弈中，参与者的行动有先后顺序，且后行动者在行动之前能观测到先行动者的行动。这是动态博弈与静态博弈的根本区别，多阶段序贯博弈是典型的动态博弈。那么，我们怎样将纳什均衡的思路扩展到动态博弈呢？又怎样来推测参与者的博弈行为呢？本章将结合实例分析解决这些问题。

4.1　扩展式表述与逆向归纳法

1. 扩展式表述

扩展式表述是博弈分析的另一种表述方式，它可以反映动态博弈中博弈双方策略的选择次序和博弈的阶段，因此通常用扩展式表述分析动态博弈。与标准式表述相比，标准式表述简单地给出参与者有什么策略可供选择，而扩展式表述要给出每个策略的动态描述：包括谁在什么时候行动，每次行动有什么具体策略可供选择，以及参与者知道什么信息等。

扩展式表述包括以下要素：

（1）参与者集合：$I=\{1, 2, \cdots, n\}$。此外，“自然”作为虚拟参与者用 N 表示。

（2）参与者的行动顺序：谁在什么时候行动。

（3）参与者行动空间：每次行动时参与者有什么策略可供选择。

（4）参与者的信息集：每次行动时参与者知道什么信息。

（5）参与者的收益函数：行动结束后参与者得到什么收益。

（6）外生事件（即自然的选择）的概率分布。

确定了行动空间以及收益函数的表述，我们就可以定义这种博弈的纳什均衡：**当某一策略可以使得任何参与方都不能通过采取另一策略而增加其所得到的收益时，我们称之为实现了纳什均衡。**

如同二人有限策略博弈的标准式表述可用博弈矩阵表述一样，二人有限策略博弈的扩展式表述可用博弈树表示。

例 4.1　仿冒和反仿冒博弈

有一家企业的产品被另一家企业仿冒，如果被仿冒企业采取措施制止，仿冒企业就会停止仿冒；否则，它将继续仿冒。理论上，被仿冒企业应当采取措施制止仿冒。现实中，制止仿冒需要付出代价。仿冒企业不被制止可能获得利益，但被制止可能是“偷鸡不成蚀把米”。

两个企业在仿冒和制止仿冒的问题上，存在着一个行为和利益相互依存的博弈，它是一个动态博弈。我们可以用博弈树来表示，见图 4—1，其中 A 表示仿冒企业，B 表示被仿冒企业。图中终点结点上标注的有序数对的括号中逗号左边的数表示仿冒企业 A 的收益，逗号右边的数表示被仿冒企业 B 的收益。

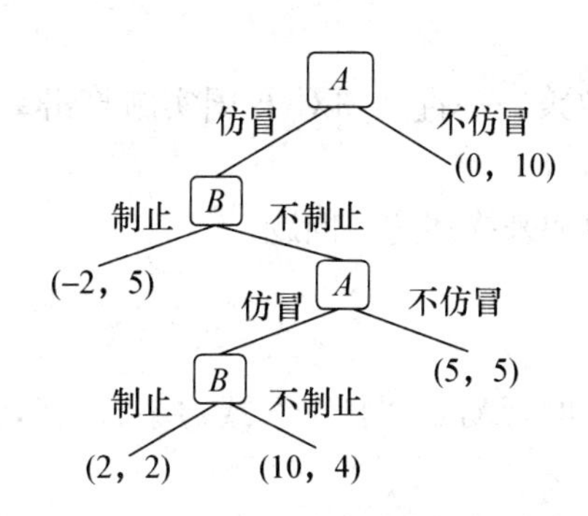

图 4—1　仿冒和制止仿冒博弈的博弈树

博弈树是一系列有序结点的有限集合。它包括了三个基本要素：结点、枝和信息集。

博弈树
- 结点
  - 决策结点：表示参与者选择行动的时点
  - 终点结点：表示博弈行动路径的终点
- 枝：每一个枝代表一个可选择的行动
- 信息集：参与者在选择他们行动时所掌握的信息

在博弈树中，结点用“□”表示，为简单清晰，终点结点只标上收益向量（有序数字组）。

注意图 4—2 表示的博弈与图 4—3 表示的博弈的区别。

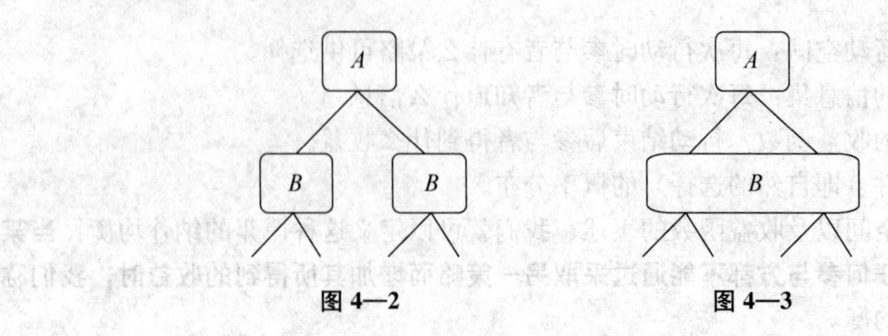

图 4—2　　　　图 4—3

图 4—2 表示局中人 B 在其行动之前可以观察到局中人 A 的行为；图 4—3 表示局中人 B 在不知道局中人 A 的行为的情况下选择自己的行动。

2. 逆向归纳法

现实中的博弈常常是动态的、依序行动的，后行动的参与者能观察到先行动的参与者的行动结果，并据此做出自己的合理选择。而先行动的参与者虽然无法观测到后行动的参与者的行动及结果，但他在选择自己的行动时，却不能不把自己的行为对后行动的参与者的选择所产生的影响考虑在内，即“如果我选……，他会选……；如果我选……，他又会选……”。因此，分析动态博弈时，后续阶段的博弈是首先要关注的。“站在未来的立场来选择现在的行动”是动态博弈分析的一个重要思路，这种思维方法称为**逆向归纳法**。

例 4.2　军事政治博弈

A 国对 B 国采取敌视政策，一直试图对 B 国实施打击。面对 A 国的态势，B 国采取的对应行动是回击或不回击。

我们可以用动态博弈模型来描述这一问题。

在此动态博弈中：

参与者：A 国，B 国。

行动空间：A 国可选择的行动是“打击”或“不打击”，B 国可选择的行动是“反击”或“不反击”。

行动顺序：A 国先行动，B 国观察到 A 国的行动后再选择自己的行动。

收益：我们虚拟博弈双方的收益如下：

(1) 如果 A 国选择“打击”策略，B 国选择“反击”策略，双方必有一场恶战，则 A 国收益为-2，B 国收益为-2。

(2) 如果 A 国选择“打击”策略，B 国选择“不反击”策略，B 国将会丧失国家主权，则 A 国收益为 2，B 国收益为-4。

(3) 如果 A 国选择“不打击”策略，B 国选择“反击”策略，B 国将挑起战事，A 国以此为借口，纠集国际力量打击 B 国，则 A 国收益为 3，B 国收益为-5。

(4) 如果 A 国选择“不打击”策略，B 国选择“不反击”策略，各自和平发展经济，则 A 国收益为 1，B 国收益为 1。

我们关心的是：A、B 两国各会采取怎样的决策？

解： 该动态博弈的扩展式表述可用博弈树表示，见图 4—4。

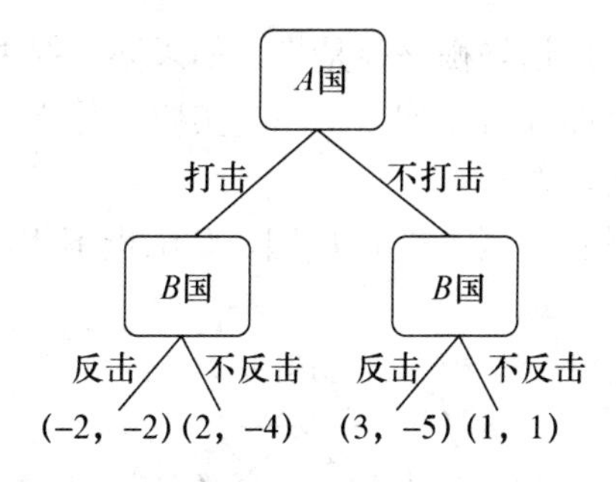

图 4—4　军事政治博弈的博弈树表示

每一条路径的末端对应着一个数对，每个数对中左边的数据是 A 国的收益，右边的数据是 B 国的收益。

下面，我们将采用逆向归纳法求解这个动态博弈。

首先从最后阶段行动的参与者的决策开始考虑。

由于在图 4—4 中最后行动的是 B 国，所以我们首先考虑 B 国如何决策。在考虑 B 国的决策时，我们假定 A 国已经选择了“打击”或“不打击”。

如果 A 国已经选择了“打击”策略，则 B 国选择“反击”策略的收益为－2，选择“不反击”策略的收益为－4，B 国必然选择“反击”策略。我们在图 4—4 的 B 国“反击”策略的分枝上标记一条小线段。

如果 A 国已经选择了“不打击”策略，则 B 国选择“反击”策略的收益为－5，选择“不反击”策略的收益为 1，B 国必然选择“不反击”策略。我们在图 4—4 的 B 国“不反击”策略的分枝上标记一条小线段，见图 4—5a。

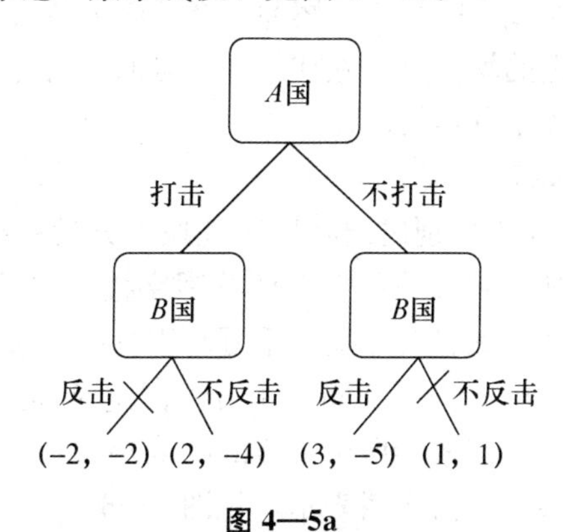

图 4—5a

其次，考虑次后阶段行动的人的决策。

由于在图 4—4 中只有两个阶段，次后阶段行动的人就是第一阶段行动的人，也就是 A 国。A 国行动时会考虑 B 国的反应，它已经预见到 B 国采取的行动就是已经标记的分枝。

如果 A 国选择“打击”策略，则必导致 B 国选择“反击”策略，A 国收益为－2。

如果 A 国选择“不打击”策略，则必导致 B 国选择“不反击”策略，A 国收益为 1。

所以，A 国选择“不打击”策略。我们在 A 国“不打击”策略的分枝上标记一条小线段，见图 4—5b。

最后，找出均衡路径。所谓均衡路径是指：如果博弈树中存在一条路径，其每条树枝都标记了小线段，则这条路径就是均衡路径。实质上是指，参与者在最大化各自支付时所选取的策略就是问题的均衡解。

在本例中，均衡路径是：A 国不侵犯 B 国，B 国也不用反击。

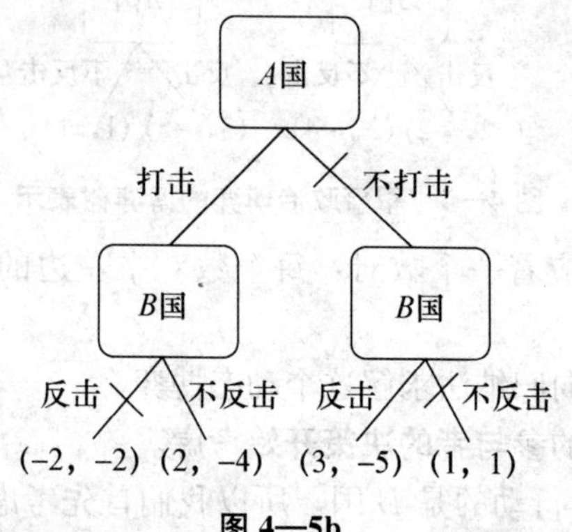

图 4—5b

我们将用逆向归纳法求解动态博弈的算法步骤总结如下：

第 1 步：画出动态博弈的**博弈树**。

第 2 步：从最后阶段行动的参与者的决策开始考虑。

第 3 步：考虑次后阶段行动的人的决策，直至确定了第一阶段行动人的决策。

第 4 步：找出均衡路径。

在动态博弈中，均衡的要义在于：即使在对抗条件下，双方也可以通过向对方提出威胁和要求，找到双方能够接受的解决方案而不至于因为各自追求自我利益而无法达到妥协，甚至两败俱伤。稳定的均衡点建立在找到各自的“占优策略”的基础上，即无论对方作何选择，这一策略优于其他策略。

例 4.3　房地产开发博弈

两个房地产开发商 A 和 B 分别决定在同一地段上开发一栋写字楼。由于市场需求有限，如果它们都开发，则在同一地段会有两栋写字楼，超过了市场对写字楼的需求，难以完全出售，空置房太多导致各自亏损 1 千万。当只有一家开发商在这个地段开发一栋写字楼时，它可以全部售出，赚得利润 1 千万。假定 A 先决策，B 在看见 A 的决策后再决定是否开发写字楼。它们将会做出怎样的决策？

解：该博弈的扩展式表述用博弈树表示，见图 4—6。

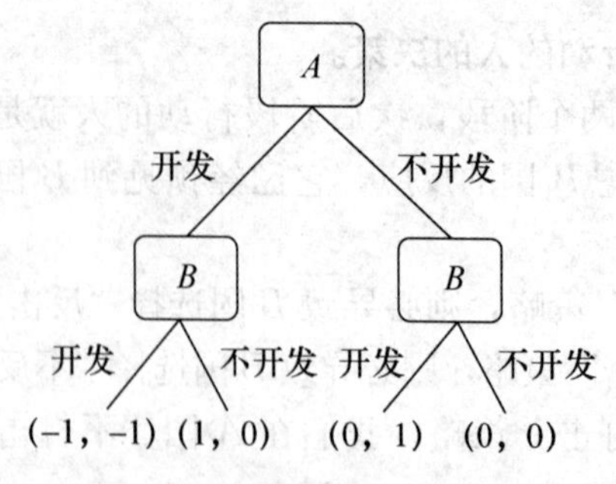

图 4—6　房地产开发博弈树

在图 4—6 中每一条路径的末端对应着一个数对，每个数对中左边的数据是 A 的收益，右边的数据是 B 的收益。下面用逆向归纳法求解这个博弈。

第 1 步：从最后阶段行动的参与者的决策开始考虑。

在 B 进行决策时有两个“决策结”：

（1）B 在左边的决策结上，假定 A 选择“开发”，此时由于 B 选择“开发”对应的收益是−1，选择“不开发”对应的收益是 0，故选择“不开发”，在图 4—6 上做出标记，见图 4—7a。

（2）B 在右边的决策结上，假定 A 选择“不开发”，此时由于 B 选择“开发”对应的收益是 1，选择“不开发”对应的收益是 0，故选择“开发”，在图 4—6 上做出标记，见图 4—7a。

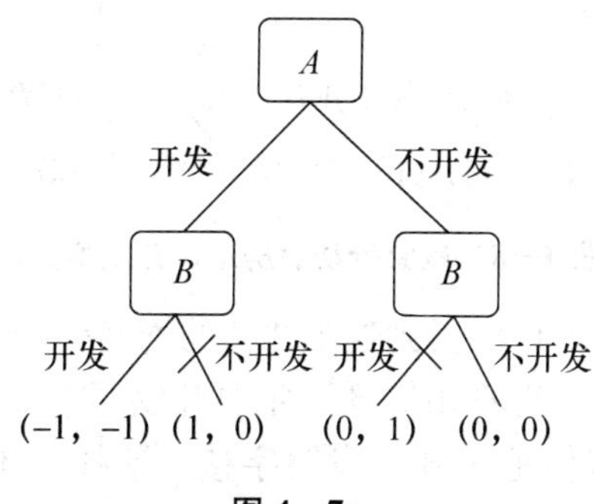

图 4—7a

即给定 A 开发，B 就不开发；给定 A 不开发，B 就开发。B 应避免同时与 A 都选择开发而蒙受损失。

第 2 步：考虑次后阶段行动的人的决策。

在这种情况下，次后阶段行动的人就是 A。A 预计到当自己选择“开发”后，B 会选择“不开发”，自己就净赚 1 千万；当自己选择“不开发”后，B 会选择“开发”，自己的收益为 0。因此 A 在自己的决策结上当然选择“开发”，同样做出标记，见图 4—7b。

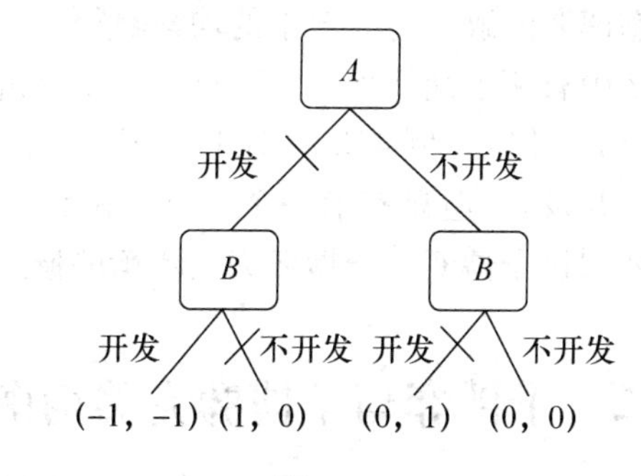

图 4—7b

第 3 步：找出均衡路径。

由第 1 步和第 2 步，可得此博弈的均衡路径为：A 选择开发，B 选择不开发。

然而，在博弈过程中，还可能发生一些影响博弈结果的其他情形：假如 B 威胁 A 说：“不管你是否开发，我都会在这里开发写字楼。”倘若 A 将 B 的话当真，A 就不敢开发，

让 B 单独开发写字楼占便宜。但注意到，由于此博弈的行动顺序是“A 先 B 后”，因此，B 的威胁是“不可置信”的。当 A 不理会 B 的威胁而果断地开发出一栋写字楼时，B 其实不会将事前的威胁付诸实施。因为在 A 已开发的情况下，B 的最优决策是“不开发”。

但是，如果 B 在向 A 发出威胁的同时，又由于某种原因当着 A 的面与第三者 C 承诺一定要在该地段上开发出一栋写字楼，否则，向 C 支付 2 千万。B 与 C 为此签订合同并加以公证有效。这时，博弈变成图 4—8 所示的动态博弈。

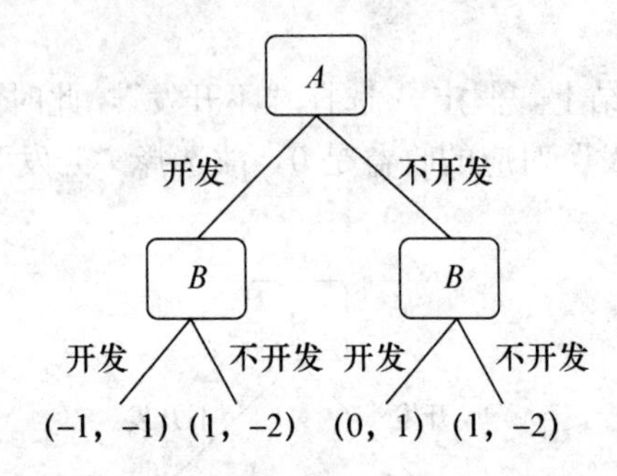

图 4—8　威胁行动后房地产开发博弈树

同样，利用逆向归纳法，可以得到这个博弈的均衡路径为：A 选择不开发，B 选择开发。即在这种情况下，A 不得不相信 B 一定要开发写字楼的威胁了，于是会放弃开发写字楼的计划，让 B 如愿以偿地单独开发写字楼。这样，B 不仅不用向 C 支付 2 千万元，反而能净赚 1 千万元。

在以上的两个例子中我们看到：

（1）求解动态博弈时采用的是**“逆向归纳法”**，也就是从动态博弈的最后一个阶段开始，逐步向前倒推以求得动态博弈的解。

（2）分析动态博弈时用到了“威胁”，同时还涉及**可信性**的问题。在动态博弈中，先行动一方是否相信后行动一方会采取对自己不利的行动称为**威胁的**可信性；而先行动一方是否相信后行动一方会采取对自己有利的行动称为**承诺**的可信性。

（3）我们所关心的动态博弈的解（博弈树中的均衡路径）与静态博弈中的纳什均衡是不同的概念。如：例 4.2 中有两个纳什均衡（A 打击，B 反击）和（A 不打击，B 不反击），但只有后一个才是均衡路径。例 4.3 的图 4—6 中有两个纳什均衡（A 开发，B 不开发）和（A 不开发，B 开发），但只有前一个才是均衡路径。要想真正弄清均衡路径与纳什均衡的关系，需要引进子博弈与子博弈完美均衡的概念。

4.2　子博弈与子博弈完美均衡

1. 子博弈

在分析扩展式博弈时，子博弈是一个重要概念。子博弈是整个博弈的一系列的分枝，这里，整个博弈也看作是一个子博弈。在例 4.2 军事政治博弈中共有 3 个子博弈，如图 4—9 所示。除了整个博弈自身外的其他子博弈统称为**适当子博弈**。对于图 4—9 中后两个子博弈，从参与者 B 国所在的结点引出分枝直接指向收益，我们称这样的子博弈为**基本子博弈**，相应地，图 4—9 中的第一个子博弈称为**复合子博弈**。

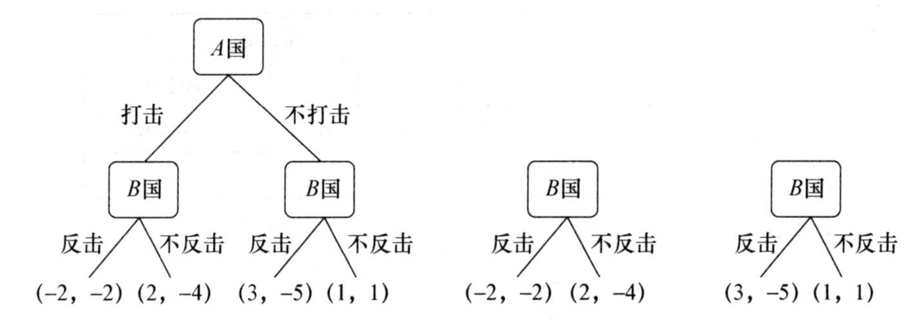

图 4—9 军事政治博弈中的子博弈

整个博弈有两个基本子博弈，见图 4—9。相应的两个纳什均衡为（A 不打击，B 不反击）和（A 打击，B 反击），这正符合“人不犯我，我不犯人；人若犯我，我必犯人”的原则。我们把参与者 B 国在 A 国的“打击”条件下选择的“反击”或 B 国在 A 国的“不打击”条件下选择的“不反击”相应的结果，代入参与者 A 国所在的结点，就可以使得原博弈得到简化。简化后的博弈见图 4—10。

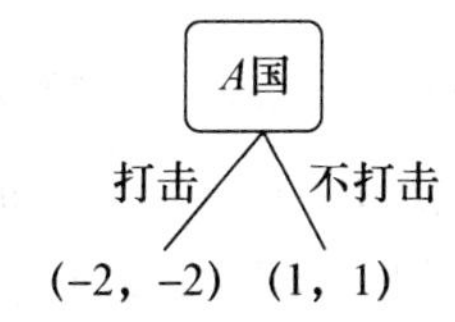

图 4—10 简化后的军事政治博弈

由于该动态博弈中行动顺序是 A 国先行动，参与者 A 国会在比较收益后，选择“不打击”策略。即原博弈的均衡解为（A 不打击，B 不反击）。

2. 子博弈完美均衡

我们看到**均衡路径**的特点是：它既是整个博弈的均衡，又是该路径上每个子博弈的均衡。我们将整个博弈的均衡路径称为**子博弈完美均衡**。它与纳什均衡一样都是最优反应均衡。在求解子博弈完美均衡时，要使用逆向归纳法，其实现过程是：首先解出所有基本子博弈的均衡收益，接着用同样的方法分析简化后的博弈，直到博弈不含适当子博弈为止。

子博弈完美均衡与纳什均衡的相互关系是：子博弈完美均衡一定是纳什均衡，但纳什均衡未必是子博弈完美均衡。

例 4.4 市场进入阻挠博弈

已经在市场上的垄断企业称为“在位者”，为丰厚的利润所吸引试图进入市场的新企业称为“进入者”，当出现这样的进入者时，在位者大多数都不会无动于衷，而是利用自己已经先行一步的优势，想方设法地阻止或恐吓新进入的竞争者。但实施这种阻挠策略会付出一定的代价，例如会使利润大幅度下降甚至亏损等。如果能够达到阻止进入者的目的，就会使得自己长期独占市场或垄断市场。在位者遇到这种情况应该如何决策呢？下面就是这样的一个例子。博弈双方的收益数据如表 4—1 所示。

表 4—1　　博弈双方的收益数据

		在位者	
		默许	阻挠
进入者	进入	(40，50)	(−10，0)
	不进入	(0，300)	(0，300)

用扩展式表述这个博弈，见图 4—11(a)，1 代表进入者，2 代表在位者。

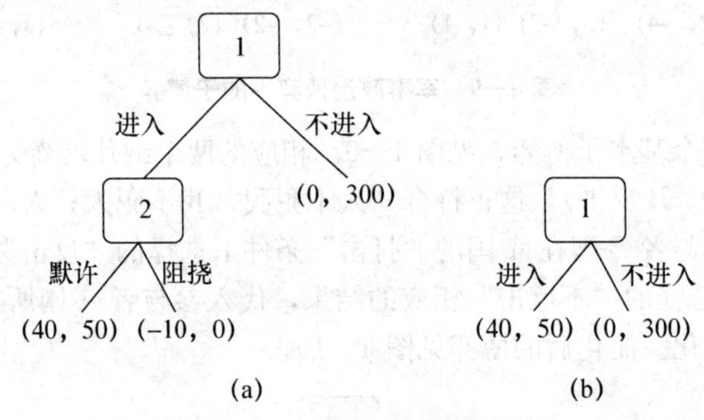

图 4—11　市场进入阻挠的博弈树

这个博弈有两个纳什均衡（见图 4—11(b)）：(进入，默许)，(不进入，阻挠)。对于进入者，在位者发出“你进入我就阻挠”的威胁是不可置信的威胁（只有当在位者能够强迫自己阻挠时这个威胁才会可信，而这时，他不用真去阻挠，因为进入者将会选择不进入)。因为进入者如果选择“进入”，在位者的占优行动是“默许”。

用逆向归纳法求解这个博弈，可知博弈的均衡路径为：进入者选择“进入”，在位者选择“默许”。只有（进入，默许）是子博弈完美均衡，因为它剔除了不可置信的威胁。而（不进入，阻挠）虽然是一个纳什均衡，但它不是子博弈完美均衡。

3. 蜈蚣博弈

例 4.5　假定 A、B 二人在玩一种游戏，要分一个钱罐中的钱。在第 1 阶段，A 可以选择从罐中抓钱，也可以选择不抓而把钱罐传给 B。在第 1 阶段，如果 A 选择“抓”，B 只能得到 0；如果 A 选择“传”，钱罐中的钱的总额会增加 5；接下来，进入第 2 阶段，轮到 B 选择抓钱或传给 A。如果 B 选择“抓”，A 只能得到 0；如果 B 选择“传”，钱罐中的钱的总额会再增加 5，如此可以延伸到很多阶段，最后他们平分钱罐中的钱。这个博弈 4 个阶段的扩展式见图 4—12。人们形象地将这类子博弈称作蜈蚣博弈。

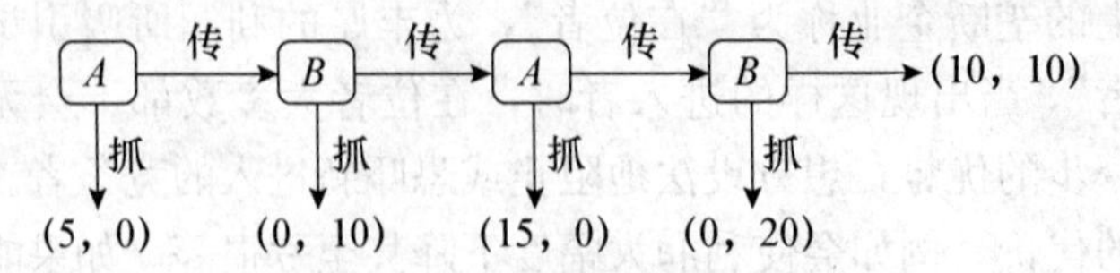

图 4—12　4 个阶段的蜈蚣博弈

按照逆向归纳法，注意图 4—12 中 B 处于最后一个阶段，B 选择“传”的收益为 10，B 选择“抓”的收益是 20，因此 B 选择“抓”，可获益 20；次后阶段由 A 选择，此时的蜈蚣博弈简化为 3 个阶段，见图 4—13。

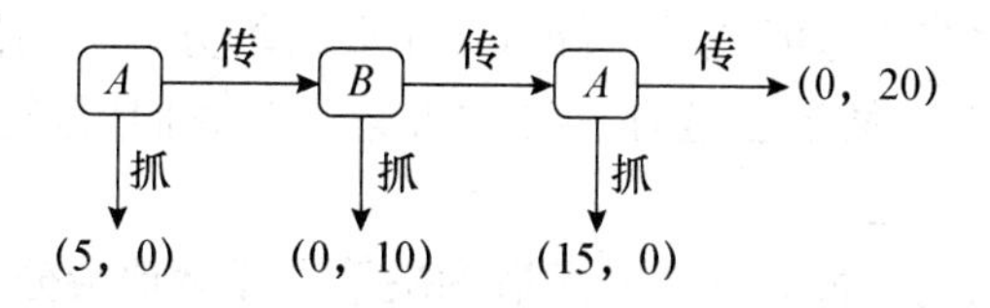

图 4—13 第 1 次简化后的蜈蚣博弈

注意到每个数对中第一个数字是 A 的收益，因此，A 应该选择“抓”，获益为 15；次后阶段由 B 选择，此时的蜈蚣博弈简化为 2 个阶段，见图 4—14。此时 B 应该选择“抓”，获益为 10；最后原博弈被简化为只有一个阶段的博弈，见图 4—15。

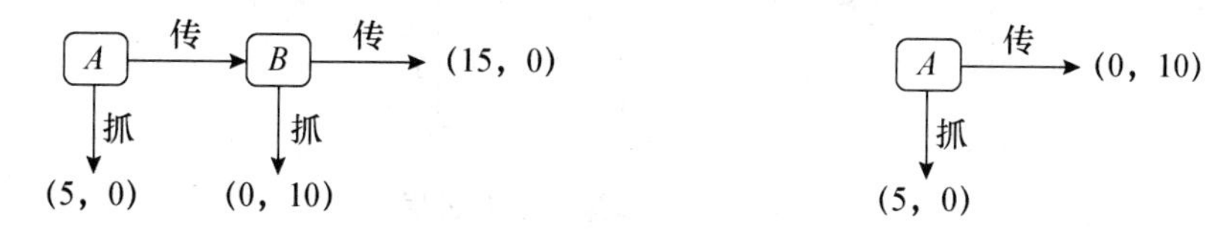

图 4—14 第 2 次简化后的蜈蚣博弈　　**图 4—15 第 3 次简化后的蜈蚣博弈**

显然，A 应选择“抓”，获益只有 5，B 获益为 0。至此，博弈结束，这就是子博弈完美均衡。

注意：对于上述“蜈蚣博弈”，用逆向归纳法得到的子博弈完美均衡竟是一个令人不满意的非合作均衡！不难看出，如果博弈的双方合作，每人的收益能达到 10。而现在的结果是 A 收益 5，B 没有收益。这让我们不禁想起前面提到的“囚徒困境”博弈，它是标准式的非合作博弈有可能产生无效率的典型例子，而“蜈蚣博弈”则是扩展式的动态博弈有可能产生无效率的典型例子。

例 4.6　五海盗的宝石分配博弈

五个海盗抢到了 100 颗钻石，他们决定这么分：抽签决定自己的号码（1，2，3，4，5）。首先，由 1 号提出分配方案，然后 5 人进行表决，当达到半数的人同意时方案就算通过，可以按照 1 号提出的分配方案进行分配，否则 1 号将被扔入大海喂鲨鱼；如果 1 号死了，接下来就由 2 号提出分配方案，然后 4 人进行表决，当达到半数的人同意时方案就算通过，可以按照 2 号提出的分配方案进行分配，否则 2 号将被扔入大海喂鲨鱼；依此类推。其过程可用图 4—16a 表示（其中 Y 代表海盗提出的分配方案被通过；N 代表海盗提出的分配方案未被通过）。

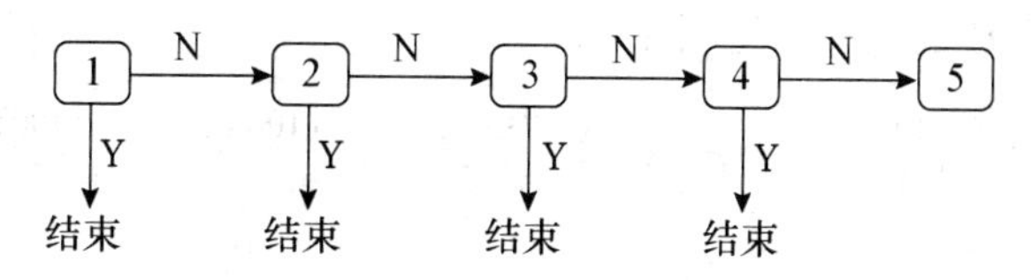

图 4—16a 海盗分宝石过程

显然，这是一个包括 5 个阶段的动态博弈。假定每个海盗都很聪明，都是能理智地判断得失从而做出选择的理性人。

我们的问题是：1号海盗提出怎样的分配方案才能够被通过，同时使自己的收益最大化呢？

也许有人认为：除非1号海盗的分配方案是5人均分，否则他将难逃被扔入大海的厄运！“聪明”、“理性”的海盗会选择这样的方案吗？我们用逆向归纳法来求解这个包括5个阶段的动态博弈问题。

解：首先，考虑只剩下最后的5号海盗的决策，显然他会分给自己100颗，并自己同意。考虑只剩下4号与5号海盗的决策，4号海盗可以分给自己100颗，并自己同意，分给5号海盗0颗，5号海盗肯定反对但无效。我们分别将他们的收益结果标注在图4—16a上，形成图4—16b。

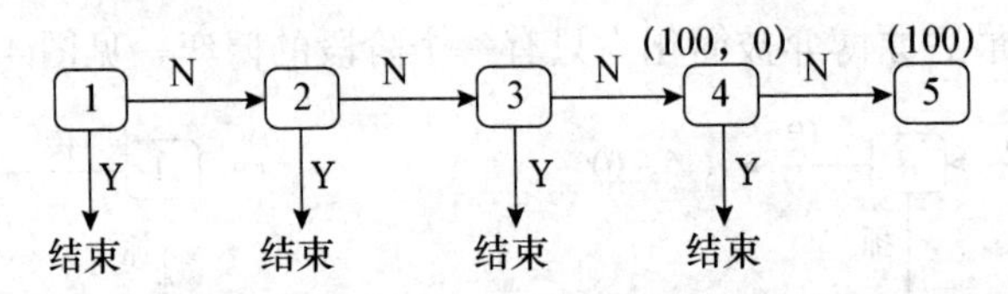

图4—16b　海盗分宝石过程

再考虑只剩下3、4、5号海盗的决策。3号海盗分给5号海盗1颗，得到5号海盗的同意（**想一想：为什么5号海盗一定会同意呢?**），分给自己99颗，自己同意；分给4号海盗0颗，4号海盗反对但也无效。

再考虑只剩下2、3、4、5号海盗的决策。2号海盗分给4号海盗1颗，得到4号海盗的同意（**想一想：为什么4号海盗一定会同意呢?**），分给自己99颗，自己同意，分给3号海盗0颗，分给5号海盗0颗，3、5号海盗反对也无效。见图4—16c。

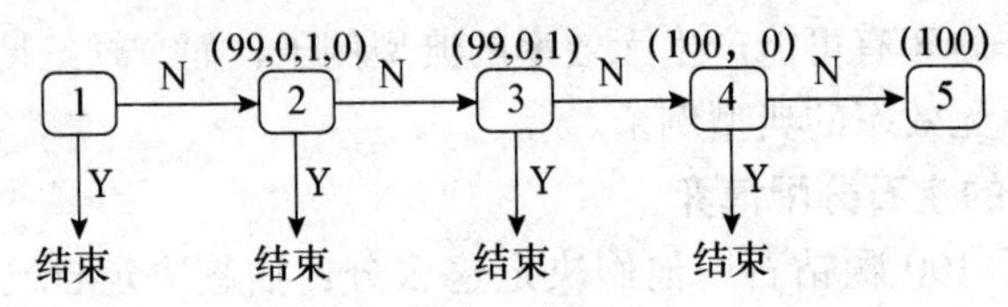

图4—16c　海盗分宝石过程

最后回到1号海盗，1号海盗分给3号、5号海盗各1颗，得到3号、5号海盗的同意（**想一想：为什么3号、5号海盗一定会同意呢?**），分给自己98颗，自己同意；分给2号、4号海盗各0颗，2号、4号海盗反对也无效。

因此，1号海盗提出的分配方案是（98，0，1，0，1），因为1、3、5号海盗都同意这个分配方案，所以该分配方案会被通过。这个决策方案正是此问题的子博弈完美均衡。

整个分析过程形成的博弈树见图4—17。

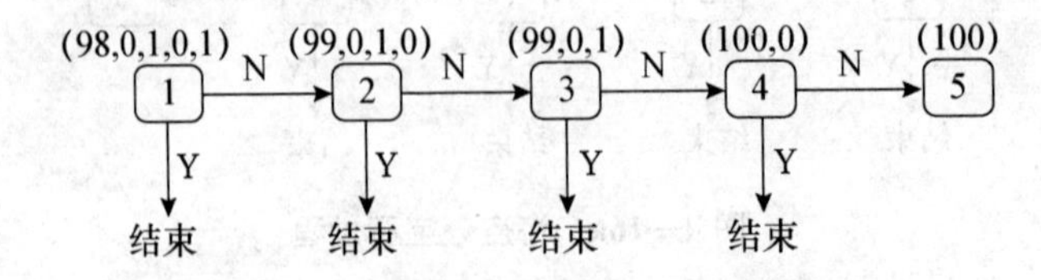

图4—17　海盗分宝石分析过程的博弈树

凭想当然或靠拍脑门的决策者绝不会想到会是这样的一个结果！通过对此问题的分析，我们禁不住为博弈论方法的独特和神奇而惊叹！

读者可用类似的分析过程，得到例 4.1 仿冒和制止仿冒博弈的子博弈完美均衡。

4.3 逆向归纳法应用实例

1. 斯塔克伯格模型

例 4.7 斯塔克伯格（H. Von Stackelberg）模型是一种动态的寡头市场博弈模型。在有些市场，竞争厂商之间的地位并不是对称的，市场地位的不对称引起了决策次序的不对称。通常，小企业先观察到大企业（称为主导企业）的行为，再决定自己的对策。该模型的假定是：主导企业知道跟随企业一定会对它的产量做出反应，因而当它在确定产量时，把跟随企业的反应也考虑进去了，因此这个模型也被称为“主导企业模型”。该模型假设寡头市场上的两个厂商中，厂商 1 为主导企业，厂商 2 为跟随企业。厂商 1 领先行动，而厂商 2 则在厂商 1 之后行动。这是一个动态博弈。两厂商的决策内容是决定最优产量水平。**如何确定此博弈的均衡解？**

设厂商 1 的产量水平为 q_1，厂商 2 的产量水平为 q_2，则总产量水平为 $Q=q_1+q_2$。

注意：首先要选择厂商 1 的产量水平 q_1，而厂商 2 在做出其产量水平 q_2 的选择时是可以观察到厂商 1 的选择是 q_1 的。

为使问题具体化，我们可以设两个厂商生产的产品完全相同，没有固定成本，边际成本相等，即 $c_1=c_2=2$，市场价格是总产量的函数：$P(Q)=8-Q$。从而两厂商的利润收益函数分别为：

$$u_1(q_1,q_2)=q_1P(Q)-c_1q_1=q_1[8-(q_1+q_2)]-2q_1=6q_1-q_1q_2-q_1^2$$
$$u_2(q_1,q_2)=q_2P(Q)-c_2q_2=q_2[8-(q_1+q_2)]-2q_2=6q_2-q_1q_2-q_2^2$$

根据逆向归纳法的思路，我们首先要分析第二阶段厂商 2 的决策：厂商 2 的策略是根据每一个 q_1 来选择相应的 q_2。为此，我们先假设厂商 1 的选择为 q_1 是已经确定的。这实际上就是在 q_1 确定的情况下求使 u_2 实现最大值的 q_2。这时，我们可以把 q_1 看作参数，把 u_2 看成是 q_2 的一元二次函数。利用求极值的方法，可得使 u_2 实现最大值的 q_2^*，即

$$q_2^*=\frac{1}{2}(6-q_1)=3-\frac{q_1}{2} \tag{1}$$

实际上关系式（1）就是厂商 2 对厂商 1 的策略的一个反应函数。厂商 1 知道厂商 2 的这种决策思路，因此他在选择 q_1 时就知道 q_2^* 是根据式（1）确定的。因此，可将式（1）代入他自己的收益函数，然后再求其最大值。

$$u_1(q_1,q_2^*)=6q_1-q_1q_2^*-q_1^2=6q_1-q_1\left(3-\frac{q_1}{2}\right)-q_1^2=3q_1-\frac{1}{2}q_1^2 \tag{2}$$

同样，把 u_1 看成是 q_1 的一元二次函数，利用求极值的方法，可得使 u_1 实现最大值的 $q_1^*=3$。再代入式（1）得 $q_2^*=3-1.5=1.5$。

故此，求得此博弈的均衡解（q_1^*，q_2^*），即厂商 1 和厂商 2 对产量水平的决策为（3，1.5），此解被称为**斯塔克伯格均衡**。双方收益分别为

$$u_1(q_1^*,q_2^*)=u_1(3,1.5)=4.5;\quad u_2(q_1^*,q_2^*)=u_2(3,1.5)=2.25$$

由分析的过程可知，斯塔克伯格均衡正是该博弈的子博弈完美纳什均衡。

斯塔克伯格寡头市场博弈还揭示了这样一个事实，即在这种信息不对称的动态博弈中，信息较多的参与者（如本博弈中的厂商 2，他在决策之前可先知道厂商 1 的实际选择，因此他拥有较多的信息）不一定能得到较多的收益。这一点也正是动态博弈中应当注意的地方。

读者不妨将斯塔克伯格模型与第二章 2.3 节中的古诺模型相比较，加深对动态博弈分析与静态博弈分析的重要区别的体会。

2. 讨价还价博弈

讨价还价是市场经济中最常见的现象，这是博弈论中最典型的动态博弈问题。例如在古瓷器交易市场上，甲拥有一件价值 10 万元的瓷器要出手，其保底价是 9.5 万元，低于 9.5 万元不卖；乙看中了这件瓷器，其估价最高为 10.5 万元，高于 10.5 万元不买。因此，这里的讨价还价就相当于分配价值 1 万元的交易利益。一般讨价还价要经若干个回合才可能成交。

在现实生活中最为常见的是三个回合的讨价还价。如在农贸市场常见的场景：

假如卖方先叫价：

卖方："大米三块钱一斤，快来买呀！"

买方："太贵了，两块五如何？"

卖方："见您是诚心要买，两块八如何？"

买方："成交。"

假如是买方先叫价：

买方："您卖的活公鸡多少钱一只？"

卖方："您看着给个价吧。"

买方："五十块一只如何？"

卖方："您不诚心买吧？有人给五十五块我都没卖！"

买方："不说了，五十二块一只。"

卖方："算了，您挑一只吧。"

这类具有三个回合的讨价还价也称为三阶段讨价还价问题。我们通过下面的例子描述此类博弈模型。

例 4.8 假设甲、乙两人就如何分割 20 万元进行谈判，并且已经定下了这样的规则：首先由甲提出一个分割比例，对此，乙可以接受也可以拒绝；如果乙拒绝甲的分割比例，则他自己应提出另一个分割比例，让甲选择接受与否；如此继续下去。在上述谈

判过程中，只要有任何一方接受对方的分割比例，博弈就告结束；如果分割比例被拒绝，则被拒绝的分割比例就与以后的讨价还价过程不再有关系。

如果限制讨价还价最多只能进行三个阶段，到第三阶段乙必须接受甲的分割比例，这就是一个三阶段的讨价还价博弈。我们要找的是该博弈的均衡解，即确定出最终的分割方案。

由于谈判费用和利息损失等，每进行一个回合的谈判，双方的收益都要打一次折扣，折扣率为 δ（$0<\delta<1$），我们称它为消耗系数。在本例中，第一回合分割的 20 万元，到第二回合时已经缩小到 20δ 万元，到第三回合时已经缩小到 $20\delta^2$ 万元。

本博弈有两个关键点：

首先，第三阶段甲提出的分割比例是有强制力的，即进行到这一阶段，甲提出的分割方案为：甲占总数的百分比为 S，乙占总数的百分比为 $1-S$，是双方必须接受的，并且对这一规则两个参与者都非常清楚，记此分割方案为（S，$1-S$）。

其次，多进行一个阶段总得益就会按照比例减少一部分，因此对双方来说，谈判拖得越长越不利，必须让对方早点得到他想得到的数额，免得自己的收益每况愈下。

下面对三阶段谈判博弈的过程给出更为详细的描述：

在第一阶段开始时，甲提出分割方案为（S_1，$1-S_1$），$0<S_1<1$。如果乙接受这个分割方案，则博弈结束；如果乙拒绝这个分割方案，博弈将继续进行，进入到第二阶段，此时要分割的钱为 20δ 万元。

在第二阶段的开始，乙提出分割方案为（S_2，$1-S_2$），$0<S_2<1$。如果甲接受这个分割方案，则博弈结束；如果甲拒绝这个分割方案，则博弈继续进行，进入到第三阶段，此时要分割的钱为 $20\delta^2$ 万元。

在第三阶段的开始，甲提出分割方案为（S，$1-S$），$0<S<1$，博弈结束。关于分配比例博弈的博弈树见图 4—18。

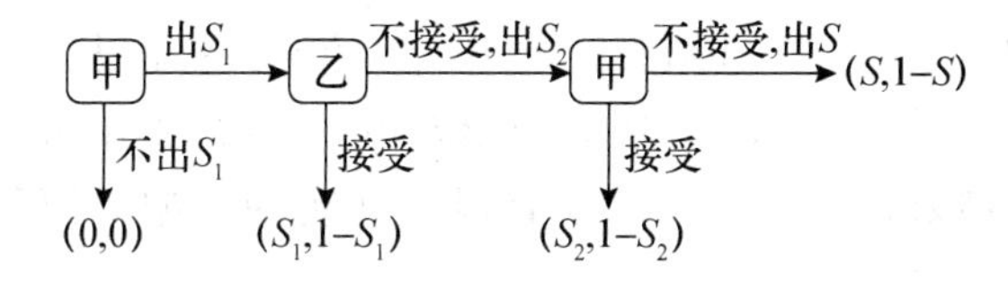

图 4—18 三阶段讨价还价博弈的博弈树

下面我们用逆向归纳法求出此三阶段讨价还价博弈的解。

首先分析博弈的第三阶段。

由于甲提出的分割方案为（S，$1-S$），$0<S<1$，乙必须接受。注意此时 20 万元已经降到 $20\delta^2$ 万元。这时甲、乙的收益分别为

$$甲:20\delta^2 S\ 万元;乙:20\delta^2(1-S)万元,0<\delta<1。$$

逆推到博弈的第二阶段，乙怎样提出最优条件，才能使自己的收益最大？如果乙提出的分割方案使甲的收益小于第三阶段的收益，那么甲一定会拒绝乙在这一阶段提出的分割方案，博弈进行到第三阶段。因此，乙提出的分割方案（S_2，$1-S_2$）中的 S_2 既要让甲接受，又要使自己的收益比在第三阶段的收益大，这才是最优分割方案。因此，S_2

应满足等式 $20\delta S_2=20\delta^2 S$，即 $S_2=\delta S$。这时乙的收益为

$$20\delta(1-\delta S)=20\delta-20\delta^2 S$$

因为 $0<\delta<1$，乙的收益比第三阶段的收益 $20\delta^2(1-S)$ 要大一些。事实上，

$$(20\delta-20\delta^2 S)-20\delta^2(1-S)=20\delta(1-\delta)>0,\text{故}(20\delta-20\delta^2 S)>20\delta^2(1-S)$$

回到第一阶段甲的情况，他在一开始就知道第三阶段自己的收益是 $20\delta^2 S$，也知道第二阶段乙的策略，因此他在第一阶段提出的方案（S_1，$1-S_1$），既要让乙接受，又要使自己的收益比在第二阶段的收益大，才是最优分割方案。因此，S_1 应满足的最优性条件是：$1-S_1=\delta-\delta^2 S$，即 $S_1=1-\delta+\delta^2 S$。

综上分析，得到了该博弈关于分配比例的子博弈完美均衡解为（$1-\delta+\delta^2 S$，$\delta-\delta^2 S$）。甲、乙双方收益各为

$$\text{甲}:20(1-\delta+\delta^2 S);\text{乙}:20(\delta-\delta^2 S)\text{万元。}$$

注意：在本博弈中，得出上述结论的前提是：甲在第三阶段所要的分割份额 S 必须是双方都预先知道的。实际上，如果甲在第三阶段提出的方案，乙必须接受，则设 $S=1$ 是非常理性的。

当 $S=1$ 时，由最后双方的分割方案（$1-\delta+\delta^2$，$\delta-\delta^2$）不难看出，收益的比例取决于 $\delta-\delta^2$ 的大小。$\delta-\delta^2$ 越大，甲的比例越小，乙的比例越大。更具体一点：

当 $\delta=0.5$ 时，$\delta-\delta^2$ 有最大值 0.25；

当 $0.5<\delta<1$ 时，δ 越大，$\delta-\delta^2$ 就越小，甲的收益越大，乙的收益越小；

当 $0<\delta<0.5$ 时，δ 越大，$\delta-\delta^2$ 就越大，甲的收益越小，乙的收益越大。

结果表明：讨价还价的结果，对于先叫价者甲比较有利（即先发优势）。乙为尽量增加自己的收益，可以跟对方拖延时间，拖延时间越长，$\delta-\delta^2$ 越大，对甲造成的损失就越大，甲愿意分给乙（以求早日结束讨价还价）的比例就越大。只有当甲完全不怕无限期地谈判下去（$\delta-\delta^2=0$）时，居于有利地位的甲方才能不用考虑让步。

这个博弈问题和结果，在经济活动中有很多现实的模型，如利益的分配、债务纠纷、财产继承权的争执等。

4.4 嵌入博弈

1. 理性的局限性与非理性行为

动态博弈中的个人行为是建立在个人理性假设基础上的，因为只有满足个人理性才可以运用逆向归纳法来求解动态博弈。但经验和事实都告诉我们，人们并不总是理性的。因此，博弈论在未来的发展，必须注意到理性是有限的这一事实，才能使得博弈论更具有生命力。所以，在判断参与博弈的行为者的行为是否理性时，还应该根据理性假设来探讨某种行为的各种可能性以帮助我们做出最优反应。

例如，在很多博弈中，从局部来看参与者的行动是非理性的，但从全局来看他的行为是理性的。如玩中国象棋时的“丢卒保车”策略，在军事斗争中的以局部的牺牲换取全局胜利的策略等。

这类情况在博弈论中可以这样表述：看似非理性的博弈是嵌套或嵌入到更大的博弈中，而针对大博弈选择的最优反应就不一定是独立的子博弈的最优反应了。这里所谓的**嵌套博弈**，指将参与者的策略选择融入一个更大的博弈中。如果嵌套博弈是一个扩展式博弈的适当子博弈，则我们称它为**嵌入博弈**，整个大博弈被称为**被嵌入博弈**。

2. 求被嵌入博弈的子博弈完美均衡的方法

求被嵌入博弈的子博弈完美均衡的一般方法是：

第 1 步：先将扩展式表述的嵌入博弈转化为标准式表述，求出其纳什均衡。

第 2 步：根据对手在过去做过的选择进行推断，以确定哪一个纳什均衡出现，解决博弈的不确定性。这种分析方法称为**顺向归纳法**。

第 3 步：由第 2 步的结果简化被嵌入博弈，直至得到被嵌入博弈的子博弈完美均衡。

下面我们将通过实例来说明方法实施的过程。

例 4.9　求学计划

某大学毕业的一名硕士研究生安平已经找到了一份好工作，但满怀抱负的他正在考虑攻读博士学位。他知道某大学的白教授在软件工程和信息恢复方面的研究非常著名，如果他能够跟随白教授学习，就有希望在毕业后找到一份极好的工作。由于安平原来的特长是在软件工程方面，信息恢复方面的基础较弱，因此研究信息恢复远不如研究软件工程更有前途。他不能判断选择读博的收益是否大于他选择工作的收益。白教授了解到安平的情况后，他相信这样优秀的学生再经进一步地培养，将来一定会是国家有用的人才。然而，教授近期的研究是关于数据恢复的，如果要指导软件工程方面的前沿课题，他就必须调整目前的工作计划。

由于白教授正在一个封闭的环境做一项保密课题，因此在研究生确定研究方向之前他们不能协商。如果他们在研究方向上不一致，安平只能跟随相对逊色的学者，未来工作的前景将会变得一般；而白教授会因失去一个优秀的学生而遗憾，同时由于没有一流的研究生协助，工作产出也会减少。

所以，现在的问题是：研究生安平要在工作与攻读博士学位之间做出选择；如果他选择读博，他和白教授就要面临研究方向的选择，即在软件工程方向或数据恢复方向之间做出选择。这个博弈的扩展式如图 4—19 所示。其中 A 表示研究生安平，B 表示白教授。

显然，这个博弈有两个阶段。由于安平不知道白教授是在软件工程方向指导他还是在数据恢复方向指导他，因此不能判断选择读博的收益是否大于他选择工作的收益。可见第二阶段的子博弈是一个信息不完全的博弈，也是求学计划博弈的适当子博弈，因此，这个子博弈是嵌入博弈，原博弈为被嵌入博弈。

我们先将扩展式表述的嵌入博弈（第二阶段的子博弈）转化为标准式表述，见表 4—2。

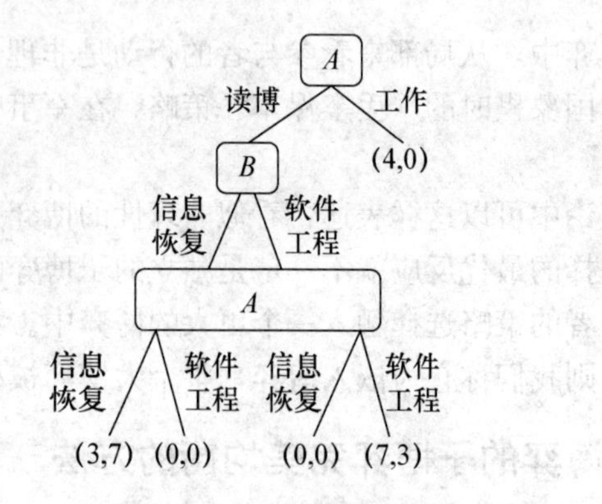

图 4—19　求学计划博弈的扩展式

表 4—2　　　　博弈双方的收益数据

		B（教授）	
		信息恢复	软件工程
A（研究生）	信息恢复	(**3**，**7**)	(0，0)
	软件工程	(0，0)	(**7**，**3**)

按照标准式表述，求出其纳什均衡。不难求出此嵌入博弈有两个纳什均衡（信息恢复，信息恢复）与（软件工程，软件工程），究竟哪个是我们要找的子博弈完美均衡？

如果使用逆向归纳法，由于这位研究生安平不知道他选择读博的收益是否大于选择工作的收益 4，则原博弈只能简化为图 4—20a 的形式，显然，用逆向归纳法行不通。

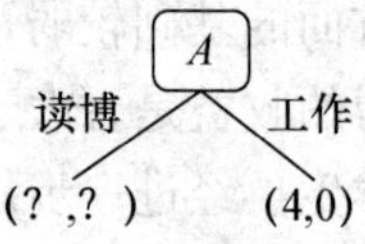

A

读博　　工作

(？，？)　(4,0)

图 4—20a　使用逆向归纳法简化后的博弈

我们换个思路，改用顺向归纳法来分析：尽管教授不知道安平会选择哪个研究方向，但教授知道这位研究生有强烈的读博愿望。然而，如果安平的期望收益值不大于 4，那么他就不会选择读博。如果教授准备在软件工程研究方面加大投入，招收安平，就可使安平的收益达到 7，大于他选择工作的收益 4；进一步，如果教授想得到收益 3 而不是 0，教授就应该招收安平来攻读软件工程方向的博士学位。

如果安平把白教授根据他的选择做出的推断以及这些推断对教授的影响也考虑在内，那么原博弈就可以简化为图 4—20b 的形式。

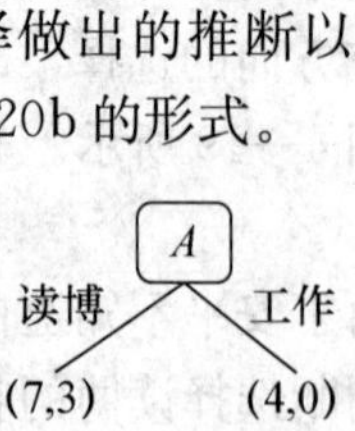

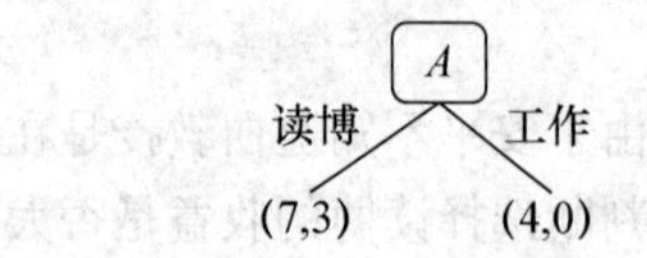

图 4—20b　结合使用顺向归纳法和逆向归纳法简化后的博弈

如此，通过结合使用逆向归纳法和顺向归纳法，就可以得到这个博弈的子博弈完美

均衡：(软件工程，软件工程)，即研究生安平决定读博，攻读软件工程方向；白教授加大对软件工程的研究投入。嵌入子博弈的另一个纳什均衡（信息恢复，信息恢复）不是原博弈的子博弈完美均衡。

注意：在求学计划博弈中，其嵌入子博弈中白教授的个人理性选择应该是“信息恢复”，但这却不是被嵌入博弈全局中的理性选择。

3. 为什么会有罢工

人类进入21世纪，世界各地的罢工斗争时有出现。为什么会有罢工？我们通过下面的例子来分析这个问题。

例4.10　罢工博弈

一种观点认为，罢工是雇员为了争取更好的报酬和工作环境而使用的威胁。如果每个人的行为都是理性的，每个人都知道做什么，这种威胁就不可信了。罢工对雇主和雇员双方都没有好处，所以是非理性的。持有这种观点的人可能会作如下推理：假设雇员有罢工或不罢工两个策略选择，雇主有做出让步或不让步两个策略选择。由于罢工会使雇主和雇员两败俱伤，雇主做出让步要比不让步损失小。假设博弈是非完全信息的，双方收益见表4—3，其中数字1，2，3，4分别代表差、较差、好、最好四种状态。

表4—3　　罢工博弈双方的收益数据

		雇员	
		罢工	不罢工
雇主	不让步	(1，1)	(4，2)
	让步	(2，3)	(3，4)

由表4—3可知：如果没有罢工，雇主的收益最好；如果雇员发生罢工，雇主应该做出让步来迅速终止罢工；如果雇员没有发生罢工而雇主做出让步，雇主的收益减少，雇员的收益最好，罢工起到了威胁作用。

我们也看到“不罢工”是雇员的占优策略，如果双方都是理性的，罢工就永远不会发生。但事实是许多罢工还是发生了，原因何在？

雇员为了使罢工的威胁变得可信，他们可以加入一个强硬的富有斗争经验的全国性的协会，罢工与否由这个协会决定。这样，罢工博弈就嵌套在更大的博弈中了。假定协会的收益与它的强硬名声成正比。不管是在雇主不让步的情况下，还是没有罢工之前雇主就做出让步，协会都领导了罢工，则协会的收益都是1，因为这两种情况都提高了协会的强硬名声；如果协会领导了罢工，但雇主不让步，协会的强硬名声受损，协会的收益是－1；如果协会领导了罢工，迫使雇主让步，协会的收益就是0，因为这只是达到了雇员对协会的平均期望，没有提高协会的强硬名声。

这是一个动态博弈，其扩展式见图4—21。收益数组中的三个数字依次代表雇主、雇员、协会的收益。

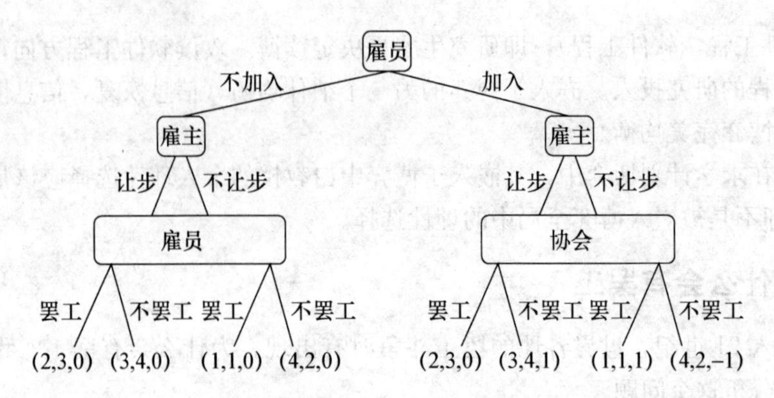

图 4—21　加入协会后的罢工博弈

在第 1 阶段，雇员决定是否加入协会。如果不加入协会，罢工博弈是雇主与雇员之间的博弈，对应图 4—21 中左下侧的分枝，表 4—3 是这个嵌入子博弈的标准式，其纳什均衡为（不让步，不罢工）；如果加入协会，罢工博弈是雇主与协会之间的博弈，对应图 4—21 中右下侧的分枝，由于表中雇员的收益没变，我们只需观察雇主与协会的收益。表 4—4 给出了这个子博弈的标准式。

表 4—4　　　　加入协会后的罢工博弈

		协会	
		罢工	不罢工
雇主	不让步	（1，1，**1**）	（**4**，2，－1）
	让步	（**2**，3，0）	（3，4，**1**）

表 4—4 给出的博弈没有纯策略意义下的纳什均衡，我们可以按照第二章 2.5 节介绍的方法，求出混合策略纳什均衡。

这里，雇主的策略为：不让步与让步；协会的策略为：罢工与不罢工。假设雇主选择策略“不让步”的概率为 x，选择策略“让步”的概率为 $1-x$；协会选择策略“罢工”的概率为 y，选择策略“不罢工”的概率为 $1-y$。由表 4—4 可知，雇主和协会的收益矩阵见表 4—5。

表 4—5　　　　加入协会后的罢工博弈（含概率）

		协会	
		罢工（y）	不罢工（$1-y$）
雇主	不让步（x）	（1，1）	（4，－1）
	让步（$1-x$）	（2，0）	（3，1）

雇主和协会各自对每一个纯策略的期望收益见表 4—6。

表 4—6　　　　雇主和协会各自对每一个纯策略的期望收益

雇主		协会	
不让步	$y+4(1-y)$	罢工	$x-0(1-x)$
让步	$2y+3(1-y)$	不罢工	$-1(x)+1(1-x)$

一个合理的原则应该是：博弈方选择的概率应该能够使得对方对他的每一个纯策略的选择持无所谓的态度，换言之，使对方的每一个纯策略的期望收益相等。

根据上述合理原则，雇主（局中人Ⅰ）选择“不让步”和“让步”的概率 x 和 $1-x$ 一定要使协会（局中人Ⅱ）选择“罢工”和“不罢工”的期望收益相等，即 x 的选择应满足关系式：

$$x-0(1-x)=-1x+(1-x)\text{，解之得 } x=1/3\text{，从而 } 1-x=2/3\text{。}$$

同理，协会（局中人Ⅱ）选择“罢工”和“不罢工”的概率 y 和 $1-y$ 一定要使雇主（局中人Ⅰ）选择“不让步”和“让步”的期望收益相等，即 y 的选择应满足关系式：

$$y+4(1-y)=2y+3(1-y)\text{，解得 } y=\frac{1}{2}\text{，从而 } 1-y=\frac{1}{2}\text{。}$$

因此，雇主以混合策略 $\boldsymbol{X}^*=(x_1^*,\ x_2^*)=(1/3,\ 2/3)$ 的概率选择“不让步”和“让步”；协会以混合策略 $\boldsymbol{Y}^*=(y_1^*,\ y_2^*)=(1/2,\ 1/2)$ 的概率选择“罢工”和“不罢工”。

由表4—3和表4—5可知，雇主、雇员和协会的收益矩阵分别为：

$$\boldsymbol{A}=\begin{pmatrix}1 & 4\\ 2 & 3\end{pmatrix},\quad \boldsymbol{B}=\begin{pmatrix}1 & 2\\ 3 & 4\end{pmatrix},\quad \boldsymbol{C}=\begin{pmatrix}1 & -1\\ 0 & 1\end{pmatrix}$$

因此，在混合策略（$\boldsymbol{X}^*$，$\boldsymbol{Y}^*$）条件下，可求得雇主的期望收益值为

$$\begin{aligned}E_A(\boldsymbol{X}^*,\boldsymbol{Y}^*) &= \sum_{i=1}^{2}\sum_{j=1}^{2}a_{ij}x_iy_j\\ &=(1)\left(\frac{1}{3}\right)\left(\frac{1}{2}\right)+(4)\left(\frac{1}{3}\right)\left(\frac{1}{2}\right)+(2)\left(\frac{2}{3}\right)\left(\frac{1}{2}\right)+(3)\left(\frac{2}{3}\right)\left(\frac{1}{2}\right)\\ &=2\,\frac{1}{2}\end{aligned}$$

雇员的期望收益值为

$$\begin{aligned}E_B(\boldsymbol{X}^*,\boldsymbol{Y}^*) &= \sum_{i=1}^{2}\sum_{j=1}^{2}b_{ij}x_iy_j\\ &=(1)\left(\frac{1}{3}\right)\left(\frac{1}{2}\right)+(2)\left(\frac{1}{3}\right)\left(\frac{1}{2}\right)+(3)\left(\frac{2}{3}\right)\left(\frac{1}{2}\right)+(4)\left(\frac{2}{3}\right)\left(\frac{1}{2}\right)\\ &=2\,\frac{5}{6}\end{aligned}$$

如果考虑雇员加入协会需要交纳会费的情况，我们还需要计算协会的期望收益值：

$$\begin{aligned}E_C(\boldsymbol{X}^*,\boldsymbol{Y}^*) &= \sum_{i=1}^{2}\sum_{j=1}^{2}c_{ij}x_iy_j\\ &=(1)\left(\frac{1}{3}\right)\left(\frac{1}{2}\right)+(-1)\left(\frac{1}{3}\right)\left(\frac{1}{2}\right)+(0)\left(\frac{2}{3}\right)\left(\frac{1}{2}\right)+(1)\left(\frac{2}{3}\right)\left(\frac{1}{2}\right)\\ &=\frac{1}{3}\end{aligned}$$

从雇员的期望收益中扣除协会的期望收益，得到雇员的期望净收益为 2.5；协会的期望收益为$\frac{1}{3}\approx 0.33$；雇主的期望收益为 2.5。

在解出两个子博弈后，图 4—21 表示的博弈简化为图 4—22 表示的雇员是否加入协会的博弈。

图 4—22　简化后的加入协会的博弈

因此，如果雇员不加入协会，其期望收益为 2；如果加入协会，雇员的期望收益为 2.5。按照期望值大小，决策属于风险决策，如果雇员不十分厌恶风险，他们会选择加入协会。故该博弈的子博弈完美均衡是：雇员选择加入协会，雇主做出不让步和让步的概率各是 1/3、2/3；协会号召罢工和不号召罢工的概率各是 1/2。

协会的收益与雇员的收益不同，它们会频繁地号召雇员罢工，以使雇主让步的概率由 0 上升到 2/3。

没有协会的介入，雇员不会罢工；当雇员把罢工博弈嵌套进更大的博弈之中，即有了协会的介入时，协会强硬的名声和丰富的斗争经验使得罢工成为可信的威胁。这就解释了为什么会有罢工。由此可见，在小范围（表 4—3 表示的嵌入子博弈）看，罢工是非理性的行为；放到更大范围（图 4—21 表示的被嵌入博弈）看，罢工则是理性的行为。

4.5　重复博弈与合作

重复博弈指某些博弈的多次（两次以上）重复进行构成的博弈过程。由于重复博弈不是一次性选择，而是分阶段、有先后次序的一个动态选择过程，因此属于动态博弈范畴；又因为重复博弈中每个阶段的参与者、可选策略、规则与收益都是相同的，所以它又是一个特殊的动态博弈。如果重复博弈重复的次数是有限的，则称之为有限次重复博弈；否则，称之为无限次重复博弈。我们将通过实例介绍有限次重复博弈与合作问题，以及无限次重复博弈与合作问题。

1. 有限次重复博弈与合作

我们知道，在一次性的囚徒困境博弈中，双方都采取对抗的策略可使个人收益最大化。如果对该博弈进行重复博弈，结果是否与一次性博弈有所不同呢？

例 4.11　表 4—7 中的博弈，本质上与囚徒困境相同，是一个社会两难问题，纳什均衡为（对抗，对抗）。如果双方都选择合作，分别可以得到 5 的收益，为什么不选择合作？

表 4—7　　对抗与合作博弈双方的收益数据

		乙	
		对抗	合作
甲	对抗	**1**，**1**	**10**，0
	合作	0，**10**	5，5

当只进行一次博弈时，（对抗，对抗）是必然的结果；当这样的博弈重复多次时，比如重复三次，最后的结果是什么？我们用逆向归纳法来分析。在第三次博弈中，两人都会选择对抗；给定第三次都会选择对抗，则第二次的合作实际上也没有意义（因为将来已经没有合作机会），因此两人都会选择对抗；给定第二次都会选择对抗，则第一次两人都会选择对抗。结果是在重复三次的博弈中无法形成合作。

类似推理可知：**对重复性社会两难博弈，只要是有限次的重复，都不可能达成合作**。这个结果已经成为博弈论的一个定理：**有限次的重复博弈，其均衡结果与一次性博弈的结果是完全一样的**。这样的结论对无限次重复博弈是否成立？

从上述问题的分析可以看出，要改善博弈结果，关键是在重复博弈的过程中能够产生合作。因此，我们自然要问：在实际中是否存在无限次重复博弈？如果存在无限次重复博弈，是否一定能够产生合作？

2. 无限次重复博弈与合作

如前所述，对重复性社会两难问题，只要是有限次的重复博弈，都不可能达成合作。如果是无限次的重复博弈，是否可以达成合作呢？

实际上，合作的达成可能要求助于无限次重复博弈，由于逆向归纳法不适用于无限重复博弈，我们使用顺向归纳法来分析在无限次重复博弈中是如何达成合作的，其中一个重要的条件是：对博弈的双方参与者形成一个长期利益优于短期利益的压力，诱导双方参与者选择合作。

为此，我们给出两个假设：

假设 1：货币存在时间上的贴现，即下一个时期的 1 元货币只能等于现在这一时期的 δ 元货币，$0<\delta<1$。

假设 2：博弈双方选择策略的原则为“先无条件地做好人，后择机针锋相对”，即自己先选择合作，如果一旦观察到对方选择对抗，则自己从下一个时期开始就永远选择对抗；如果没有观察到对方选择对抗，则自己在下一个时期决定选择对抗还是合作。

在上述两个假设下，能导致合作存在的唯一理由只能是：对任何参与者，他在第 t 期选择对抗得到的全部好处，将不如在第 t 期继续维持合作的好处，这是合作的充分必要条件。下面，我们将导出这个条件。

例 4.12　继续讨论例 4.11 中的博弈

对于一个参与者，他在第 t 期决定是否对抗，说明在第 t 期之前双方都是合作的，那么他每期都得到 5 元；现在假设对方在第 t 期仍然合作，而他选择对抗，那么在第 t 期他将得到 10 元，但从第 $t+1$ 期开始，对方一直选择对抗，使得他只能得到 1 元。所

以，他在第 t 期选择对抗的总收益为

$$\begin{aligned}V_1&=5\times(1+\delta+\delta^2+\cdots+\delta^{t-2})+10\delta^{t-1}+1\times(\delta^t+\delta^{t+1}+\cdots)\\&=5\times\frac{1-\delta^{t-1}}{1-\delta}+10\delta^{t-1}+\frac{\delta^t}{1-\delta}\end{aligned}$$

如果他选择在第 t 期及以后继续合作，则他的总收益为

$$\begin{aligned}V_2&=5\times(1+\delta+\delta^2+\cdots+\delta^{t-2})+5\delta^{t-1}+5\times(\delta^t+\delta^{t+1}+\cdots)\\&=5\times\frac{1-\delta^{t-1}}{1-\delta}+5\delta^{t-1}+\frac{5\delta^t}{1-\delta}\end{aligned}$$

当且仅当 $V_2>V_1$ 时，合作才可以维持。解这个不等式可以得到 $\delta>\frac{5}{9}$（显然是当 t 充分大时）。只要 $\delta>\frac{5}{9}$，合作就可以达成。这表明：参与者越注重长远的利益，合作就越容易达成；反之，对于目光短浅、只注重眼前利益的人（当 $\delta\leqslant\frac{5}{9}$ 时），合作是难以维持的。

［注］在 V_1，V_2 的计算中用到一个数学公式：如果 $0<\delta<1$，则 $1+\delta+\delta^2+\delta^3+\cdots=\frac{1}{1-\delta}$。

这将提示我们：如果需要选择合作对象，必须挑选那些注重未来、眼光长远的人；目光短浅、只注重眼前利益的人不适于列为合作对象。

由于在现实社会中，大多数人具有一定眼光，比较注重长远的利益，因此合作仍然是广泛存在的现象。但是细心的读者会提出一个疑问：每个人的生命都是有限的，怎么能够实现无限次重复博弈呢？而有限次重复博弈又不可能达成合作，那么如何解释人类社会广泛存在的合作呢？我们可以从以下几个方面解释：

（1）尽管很多博弈的博弈次数是有限的，但我们并不知道这个次数究竟是多少，也就不知道何时与别人解除合作关系。因此，这个有限次重复博弈类似于无限次重复博弈。

（2）即使知道准确的结束合作关系的时间，比如雇员与雇主之间的劳动合同都规定了明确的期限，但雇员不会在第一天上班就偷懒，雇员会采取合作的态度。因为合同期间足够长，所以如果一开始就偷懒将会被雇主辞退，就会损失掉如此长期的一大笔工资，得不偿失。

（3）有些博弈虽然博弈次数有限，但参与者在这有限次博弈中采取合作或对抗的表现会给他进入另外一个博弈带来影响，因此参与者不得不顾及自己的表现。

综上可知，借助于无限次重复博弈的理论，可以有效地分析解决实际中广泛存在的有限次重复博弈问题。

内容提要

“站在未来的立场来选择现在的行动”是动态博弈分析的一个重要思路，这种思维

方法称为**逆向归纳法**。当某一策略可以使得任何参与方都不能通过采取另一策略而增加其所得到的收益时，我们称之为实现了纳什均衡。如果动态博弈的扩展式表述用博弈树表示，求解动态博弈的纳什均衡就转化为寻找博弈树中的均衡路径问题。寻找博弈树中的均衡路径方法是先画出动态博弈的博弈树，再从最后阶段行动的参与者的决策开始考虑，然后考虑次后阶段行动的参与者的决策，直至确定了第一阶段行动的参与者的决策，就可以找出动态博弈的均衡路径。

对讨价还价博弈的分析表明：在一般情况下，先叫价者比较有利，后叫价者为尽量增加自己的收益，可以跟对方拖时间，拖延时间越长，对先叫价者造成的损失就越大，先叫价者愿意分给后叫价者的比例就越大。

在分析扩展式博弈时，子博弈是一个有用的概念，引入子博弈的目的是将那些不可置信威胁策略的纳什均衡从均衡中剔除，从而给出动态博弈的一个合理的预测结果。在求解子博弈完美均衡时，要使用逆向归纳法，其实现过程是：首先解出所有基本子博弈的均衡收益，接着用同样的方法分析简化后的博弈，直到博弈不含适当子博弈为止。注意：子博弈完美均衡一定是纳什均衡，但纳什均衡未必是子博弈完美均衡。因此，子博弈完美均衡是纳什均衡的精炼。

当我们将一个博弈嵌入到一个更大的博弈中时，就会发现从局部来看参与者的行动是非理性的，但从全局来看他的行为是理性的。求被嵌入博弈的子博弈完美均衡的一般方法是：先将扩展式表述的嵌入博弈转化为标准式表述，求出其纳什均衡；如果有多个纳什均衡，需要对纳什均衡进行精炼，思路是根据对手在过去做过的选择进行推断，以确定哪一个纳什均衡出现。这种分析方法称为顺向归纳法；由上一步的结果简化被嵌入博弈，直至得到被嵌入博弈的子博弈完美均衡。

对社会两难博弈，只要博弈是有限次的，都不可能达成合作；对有限次重复博弈，其均衡结果与一次性博弈的结果是完全一样的；对“社会两难问题”的无限次重复博弈，达成合作的重要条件是对博弈的双方参与者形成一个长期利益优于短期利益的压力，诱导双方参与者选择合作；“一报还一报”策略是人际相处中最常使用的策略。

关键概念

扩展式表述　动态博弈的纳什均衡　逆向归纳法　威胁　承诺　可信性　子博弈　子博弈完美均衡　斯塔克伯格模型　有限次重复博弈　无限次重复博弈

复习题

1. 举出一个动态博弈的例子。
2. 把例 4.5 中的蜈蚣博弈扩展到 100 个阶段，其子博弈完美均衡会改变吗?
3. 将斯塔克伯格模型与第二章 2.3 节中的古诺模型相比较，指出动态博弈分析与静态博弈分析的重要区别。

4. 指出有限次重复博弈与无限次重复博弈之间的联系与区别。

问题与应用 4

1. 囚徒困境问题的扩展式有没有适当子博弈？有几个子博弈？

2. **价格博弈**

两个厂商垄断生产某种产品，如果两家都维持高价，则各自得到 11 万元的高额利润；如果一家降价，另一家不降价，则降价的一家利润增加到 12 万元，不降价的一家由于失去市场使利润降至 2 万元；如果两家都维持低价，则各自得到 7 万元的较高利润。研究以下问题：

（1）给出这个博弈的标准式，它是否有纳什均衡？如果有，是什么？

（2）给出这个博弈的扩展式。

（3）用逆向归纳法求解这个动态博弈。

3. 对于图 4—23 给出的扩展式博弈，请回答下列问题：

（1）该博弈有几个子博弈？分别是什么？

（2）哪个子博弈是基本子博弈？哪个子博弈是复合子博弈？

（3）用逆向归纳法求解这个动态博弈。

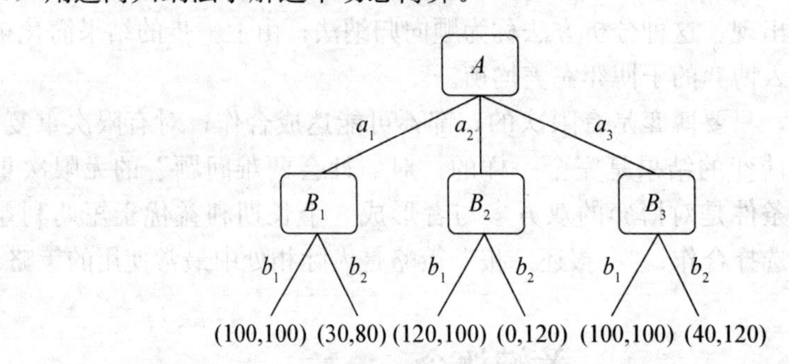

图 4—23 第 3 题的扩展式博弈

4. **另一类蜈蚣博弈**

见图 4—24。参与者是 A、B，收益数组中左、右的数据分别是 A、B 的收益。在每个阶段，参与者的选择策略是“传”和“抓”。回答以下问题：

（1）如果 $Y=5$，$Z=5$，子博弈完美均衡是什么？为什么？

（2）如果 $Y=8$，$Z=8$，子博弈完美均衡是什么？为什么？

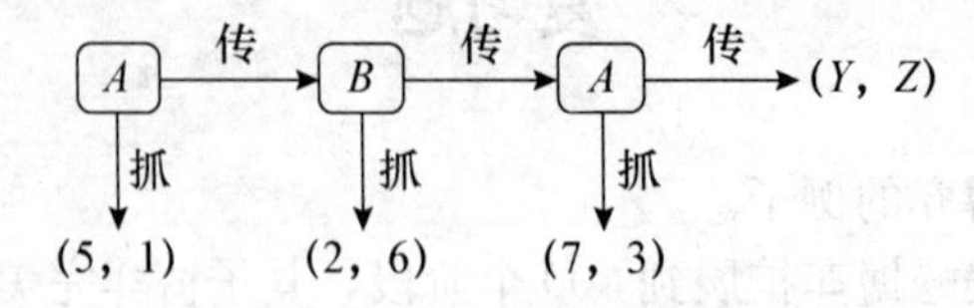

图 4—24 另一类蜈蚣博弈

5. **另外版本的海盗分宝石博弈**

(1) 如果要求包括提议海盗在内的所有海盗超过半数（大于 1/2）同意才能使提议通过，1 号海盗应该如何提方案？

(2) 如果要求提议海盗之外的所有海盗超过半数（大于 1/2）同意才能使提议通过，1 号海盗又应该如何提方案？

(3) 如果海盗的个数增加到 10 个或 100 个，1 号海盗又应该如何提方案？

6. 讨论例 4.8 讨价还价博弈中折扣率 δ（$0<\delta<1$）对双方收益的影响。

7. 讨论 5 阶段的讨价还价博弈。

8. **蜈蚣博弈**

考虑图 4—25 所示的蜈蚣博弈。由本章 4.2 节的讨论可知，它的子博弈完美均衡是 A 立即“抓”。这是没有效率的。

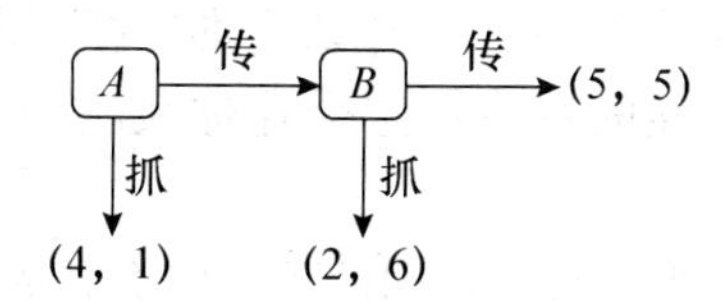

图 4—25 蜈蚣博弈

如果 B 能够向第三方签订一张 2 个单位的债券，约定只要他选择“抓”，就会失去债券；如果选择“传”，债券就会归还他。此时的博弈如图 4—26 所示。B 会选择“传”，A 预料到 B 的选择后，A 的收益是 4 或 5，A 也会选择“传”以获得收益 5。此时，博弈的子博弈完美均衡是立即“传”。这是有效率的。债券使子博弈完美均衡变成了合作。

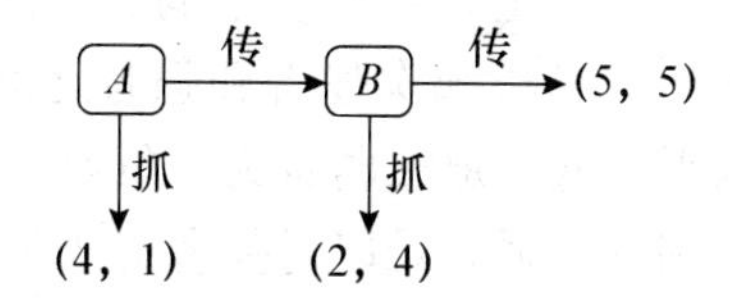

图 4—26 签订债券后的蜈蚣博弈

现在，B 面临一个是否签订债券的选择。我们把上述两种情况嵌入到一个更大的博弈中，见图 4—27。问：B 的选择是什么？

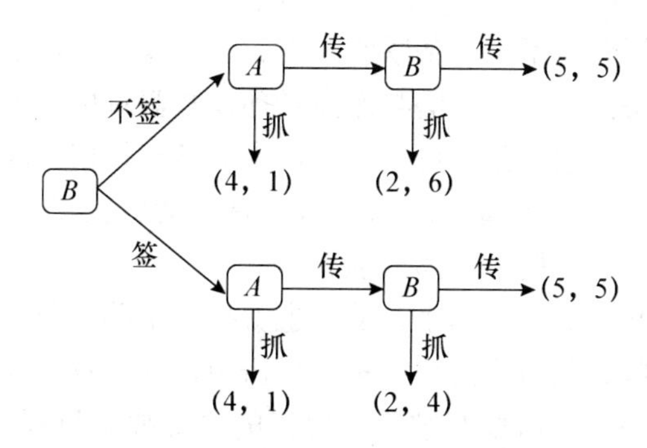

图 4—27 可选择签订债券的蜈蚣博弈

附录 4　《三国演义》中的博弈思维

罗贯中所著的《三国演义》非常生动地表达了博弈对局中的策略互动和相互依存。我们本着忠实于《三国演义》原著的精神，不考虑其历史真实性，运用博弈分析的思想方法来解读《三国演义》中的一些人和事，从一个全新的角度来诠释这些事件背后的策略思想。

1. 三枪博弈与赤壁大战

假设三个枪手相约决斗，谁能生存下来谁就是最终的赢家。甲的命中率为 80%，乙的命中率为 60%，丙的命中率为 40%。你认为谁生存下来的几率最大呢?

如果你认为是甲，那么理性的答案一定会让你大吃一惊，因为生还几率最大的是丙，那个枪法最差的家伙!

在枪手博弈中，甲是乙的头号敌人，因此甲一定会首先攻击乙。而对于乙来讲，甲同样是他的头号敌人，他不可能首先去对付丙，所以不会有子弹射向丙，他生存下来的概率为 100%，甲的生存概率是 40%×60%=24%，乙生存的概率是 100%－80%=20%。乙与丙有一个共同的目标甲，在表面上双方达成了一种同盟的关系，但这种同盟是极不稳固的。由于甲一定会攻击乙，所以乙是这个同盟的忠实执行者，而丙没有来自甲和乙两方面的压力，只要有利可图他便随时可能退出同盟。

三个枪手决斗的博弈揭示了一个道理：在一个弱者、次强者、强者的三方对决中，如果次强者水平较高，则弱者最好是挑起次强者和强者之间的争斗，而自己袖手旁观、坐收渔人之利；如果次强者水平较低，那么弱者为了争取更大的生存机会，就应当首先帮助次强者一起对付强者。否则，次强者难以对强者构成足够的威胁，那么弱者也将难以自保。这就是弱者在夹缝中的生存之道。

诸葛亮可以说是博弈的高手，当然懂得上述道理。诸葛亮提出了“跨有荆益，东和孙权，北图中原”的宏伟战略。当时曹操为强者，孙权为次强者，刘备为弱者。如果孙、刘不联合，那么曹操就可以分别灭之。于是才有诸葛亮舌战群儒，力劝东吴孙权与刘备联盟。而孙权也意识到若不与刘备联盟，则必为曹操所灭，于是联盟就形成了。

但是，对于弱者刘备而言，若能够与次强者孙权联盟对抗强者曹操，那么将曹操灭掉是否就是最佳选择呢? 恐怕不是。可以想象，当刘备与孙权一起灭掉曹操，那么接下来的历史很可能就是孙权灭掉刘备。所以，弱者总有动力去维持一个稳定的三角形结构：与次强者联盟，但是并不愿真正消灭强者。

建安十三年，曹操平定北方后南下，从此也就拉开了孙、曹、刘三方在荆州博弈的序幕。荆州刘琮不战而降，刘备在逃亡中被曹操击败退守江夏。在这个三方博弈的模型中，各方的战略目标不一样，可以归纳为：曹操的主要战略目标是将孙、刘彻底击垮，扫去统一的绊脚石，不然也不会兴兵百万了。但可以说当时曹操是比较草率的，他的兵力虽众，但大多是从袁绍、刘表部收编的，战斗力不高且不善水战。他应该是想以多取胜，估计他本人也知道这些，所以或多或少有了失败后怎么办的想法，因此他就有了另一个目标：如果失败了，在保证自己利益的情况下让刘备适当地壮大，这样可以牵制孙权，使孙权不能发展到与自己抗衡的地步，保持自己的强势。

孙权的目标有三个，首先他得击溃曹操保住自己的地盘；其次趁曹操败走顺势拿下荆州，荆州水土肥沃适于耕种，而三国时因战乱有大批人才迁居到荆州，最重要的是荆州处于中心地带，可以作为抵御曹操的屏障，这些都可作为日后争霸的资本；第三个目标，就是最大限度削弱刘备的力量，最好是曹操能杀死刘备，刘备手下能人猛将众多，留下他终究是个祸患。

刘备的情况就更复杂了，首先他要联合孙权击败曹操，为自己争得喘息之机；其次，他要浑水摸鱼为自己弄到一块根据地，作为诸葛亮三分天下计划中向西川巴蜀进军的基地，他此时也看中了荆州。

三方为实现各自的战略目标，进行了一系列精彩的博弈。

曹操为了阻止刘备与孙权结盟，便派人给孙权送了一封恐吓信，这是曹操犯的一个错误。这封信在字里行间透露出来的威胁虽然吓倒了当时孙权身边的谋士，却将孙权推向了刘备这一方。刘备方面也深知光凭自己一定对付不了曹操，在刘备等人到达夏口后立即派诸葛亮出使江东。最终，在周瑜、鲁肃、诸葛亮等人的努力下，孙、刘联盟，他们在赤壁之战中大胜曹操。

由于曹操这一威胁长期存在，孙权和刘备就有长期合作的必要。基于这一点孙、刘两家继续联盟就是顺理成章的事情。赤壁之战后，曹操无力南下，只得静观其变。孙权、刘备只有联合才能抵挡曹操，三方形成了一种均衡，理性的各方在他人不改变策略的情况下其现有策略是最优的，谁单独改变自己的策略都要付出很大代价，这就是一个纳什均衡的体现，其均衡点就是战后三方均采取和平共处的政策。

2. 曹操败走华容道

曹操在赤壁大战中一败涂地，率残兵败将向许都逃窜。诸葛亮在曹操溃逃的路上布置了三道防线拦截：第一批拦截大军是赵云率领的，第二批拦截大军是张飞带队的，第三批是关羽率部伏击。诸葛亮给赵云和张飞的主要任务是放火骚扰，真正捉曹操的任务落在了关羽身上。后来在华容道上，关羽念旧情而放掉了曹操。

诸葛亮明明知道关羽重义气，必然放走曹操，为何还要将捉曹操的任务交给关羽？

原因很简单，诸葛亮并不想杀掉曹操，曹操一死，北方必乱，东吴必定北图中原。当东吴平定中原后，刘备的末日也就到了。所以，诸葛亮要放走曹操。

既然要放走曹操，为什么诸葛亮要设置三重拦截呢？设置拦截固然是为了给曹操一个教训，但更重要的是为了维持孙刘联盟。因为如果孙权知道诸葛亮放走曹操，那么孙刘联盟就会彻底瓦解。所以，诸葛亮必须既要放走曹操，又不能让孙权看出是有意放走曹操。等到曹军冲过赵云、张飞两道关后，便进入了关羽的伏击地带。

但是，当时关羽与曹操相遇的地方有两条道，一条是华容道，此外还有另一条道。诸葛亮令关羽伏兵于华容道，并且要求关羽在华容道上点燃树枝冒出烟雾引曹操到来。当时关羽不解，问诸葛亮，“如果在伏兵之处点火，岂不令曹兵看见而改走另一条道逃脱?”诸葛亮叫关羽不要再问，只如此照办即可。当曹操冲破赵云、张飞的阻截后，来到华容道前，看见华容道上静悄悄的，但有烟火萦绕。曹操大笑道：“诸葛亮以为我会上他的当，故意叫人在华容道上点火让我走另一条道，而他却伏兵于这条道上好逮住我呢！我偏不上他的当！”于是，曹操带领残军败将径直奔华容道而去，结果与关羽大军撞个正着。

在曹操与诸葛亮的这一华容道的博弈中，曹操的策略是走华容道还是走大路；而诸葛亮派关羽埋伏时，要在埋伏于大路还是埋伏于通往华容道的小路之间进行选择。博弈双方的收益见附表1。这是一个“零和博弈”，它没有纳什均衡点。“零和博弈”是指双方的得益之和为零，一方所得增加，另一方所得便减少。

附表1　　博弈双方收益

		曹操	
		大路	华容道
诸葛亮	大路	捉住曹操，被捉	白等，逃脱
	华容道	白等，逃脱	捉住曹操，被捉

在博弈中，双方无法知道对方的策略选择，只能进行猜测。曹操要选择走诸葛亮的军队不在的路，这是他的最优选择结果。而诸葛亮的最优结果是埋伏在曹操要走的路上。诸葛亮制造埋伏在大路的假象，其实则派关羽埋伏在小路。这里谁能真正猜到对方的策略，谁就是赢家。诸葛亮胜曹操一筹。

这个博弈的结果是：曹操选择了走华容道，结果被抓；关羽在华容道守候，抓住了曹操。

曹操为何中了诸葛亮的圈套呢？诸葛亮知道曹操是聪明人，而聪明人见华容道上有烟火会认为华容道上有伏兵，于是会避开华容道而走另一条路。如果诸葛亮令关羽在另一条路等着，曹操就被逮住了。但是，曹操不仅聪明，而且还聪明过人，他也知道诸葛亮会如此盘算来诱他上钩，他偏不上当，知道点火的华容道上无人，诸葛亮的队伍在另一条道上呢！于是他选择走华容道。

但是，依《三国演义》作者罗贯中的逻辑，诸葛亮总是比曹操技高一筹，按博弈论的术语来说，就是诸葛亮的理性程度要比曹操高上一阶。诸葛亮也知道曹操知道自己的打算，于是令关羽正好在点火的华容道等着曹操。

3. 空城计的博弈解读

“空城计”，大家耳熟能详。但现在很多学者对这一故事的真实性有争议，易中天在《品三国》中认为“这个故事不是事实，也不符合逻辑”。认为“空城计”不是事实，主要理由归结为以下几点：其一，以司马懿卓越的军事才能不至于看不出空城计。其二，司马懿即使不敢攻城，也完全可以派出一个小分队搞火力侦察，探明虚实后再作决断。这样即使诸葛亮真的设下了埋伏，他的损失也不大；如果没有埋伏，就可以进攻，活捉诸葛亮。其三，双方兵力悬殊，司马懿完全可以围而不攻，围他三天，不至于掉头就走。

而从博弈分析的角度来看，并非司马懿不敢攻城，而是司马懿并不想过早除掉诸葛亮。为什么？因为司马懿一直受到曹真等人的排挤，曾经被贬为平民。只因诸葛亮伐魏无人可挡，最后曹操又不得不请司马懿出山。可以说，正因为诸葛亮的存在，才使得曹魏对司马懿有所依赖。司马懿自己也很清楚，在自己未能掌握军国大权的时候，一旦诸葛亮倒下，也就是自己被逐出朝廷甚至遭迫害的日子。正所谓“狡兔死，走狗烹”，于是，司马懿在空城面前退却了。后来，司马懿不断扩充军权，大权独揽——那是为了自己和家族不至于在诸葛亮死后被曹魏挟制和迫害。

4. 缺乏博弈思维——害死了关羽

有人认为当时蜀与魏、吴结怨很深，而荆州位于魏和吴的夹击之中，必然失守。诸葛亮应该认识到了这一点，但还是让关羽留守荆州，因此，对于关羽之死诸葛亮应负一部分责任。我们可以从博弈论的角度，论证关羽之死责任不在诸葛亮，而在于关羽自己缺乏博弈思维。

正因为荆州位于魏和吴的夹击之中，时时处于不稳定状态，才有刘备不远千里去攻取西川，争取一个稳固的根据地。因此，守卫荆州确实是一件难事，但并不意味着肯定失守。我们可以建立一个博弈模型进行分析。

当时的实力：

（1）如果魏或吴单独和关羽力拼。魏或吴单独和关羽比，魏或吴处于下风或至多势均力敌（从关羽和曹操的交战中可以看出这一点），任何一方和关羽力拼必然损兵折将，另一方则可趁虚而入，不仅能够取得荆州大部分地区，还避免了和关羽正面力拼的损失。设此时单独作战收益为 X，因为单独作战，另一方会偷袭，从而自己得不到荆州，有 $X<0$；趁另一方作战，本方不战而偷袭则会有收益 Y_1，$Y_1>0$。

（2）如果魏与吴联合与关羽力拼，则关羽首尾不能兼顾，关羽必败。但此时魏与吴也会有一定损失，取胜后为拼抢共同的胜利果实——荆州，双方也会再起战事。因此，此时的收益必定不如本方不战而趁机偷袭所得的收益，设此时魏、吴双方的收益各为 Y_2（$0<Y_2<Y_1$）。

（3）如果魏与吴都不与关羽力拼，则偷袭不会成功，魏与吴的收益均为零。我们可以把魏与吴博弈的收益矩阵列表如下，其中 $X<0<Y_2<Y_1$。见附表 2。

附表 2　　魏与吴博弈的收益矩阵

		魏	
		力拼	偷袭
吴	力拼	Y_2，Y_2	X，Y_1
	偷袭	Y_1，X	0，0

我们可以看出，理论上，魏与吴联合与关羽力拼，对魏和吴来说是最好的结果，收益为（Y_2，Y_2）。但双方都会认识到：假如对方与关羽力拼，自己的偷袭所得将是 Y_1，$Y_1>Y_2$；最坏的结果莫过于自己与关羽力拼，对方偷袭，自己将遭受损失（$X<0$）；最明智的结果是自己不与关羽力拼而趁机偷袭。因此，这个博弈的纳什均衡是（偷袭，偷

袭），吴、魏双方的收益均为0，即双方都会等待对方力拼，结果偷袭都不会成功，这和囚徒困境是一个道理。

如果魏与吴都是理性局中人，那么结果会是（0，0），关羽不会死。但不幸的是曹操充当了傻子，与关羽力拼，搞得“水淹七军”不说，荆州还全部落入孙权之手。

诸葛亮不愧为博弈高手，他在离开荆州前嘱咐关羽，切不可对一方穷追猛打，否则会两面受敌，只守不攻乃为上上策。关羽如果听从诸葛亮的建议，短期内荆州不会失守。等到刘备将巴蜀稳定下来，魏、吴更会有所忌惮，不敢强攻荆州，那时荆州就会相对稳固起来。因此，荆州是可以守卫成功的。

刘备此人对别人疑心很大，守卫荆州最合适的人选莫过于赵云，但刘备最信任的还是关羽和张飞，暗示诸葛亮要关羽留守荆州。诸葛亮很熟悉关羽的个性——自傲、容易意气用事，不会听从自己的建议，派他守荆州可能会出问题。无奈这是刘备的意思，诸葛亮也没有办法。最终关羽还是没听诸葛亮的话，死攻樊城，令东吴陆逊偷袭成功，导致自己败走麦城。

因此，关羽的死并不是诸葛亮的错，而是关羽自己缺乏博弈思维的结果。假如他明白其中厉害，不主动进攻，或见好就收（水淹七军后马上收手），可能不会使东吴有机可乘。刘备也应当负一部分责任，他信不过诸葛亮的人选——赵云，而把并不适合的人选关羽往刀口送。这种用人上的错误，也直接导致了以后张飞和刘备自己的死亡。

《三国演义》中充满了博弈的智慧和方法，非常值得我们研究和借鉴。

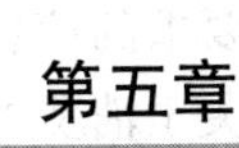

第五章 博弈论的应用

博弈论的应用范围十分广泛，在经济、管理、社会、政治、法律、军事等领域都有许多成功运用博弈论的案例。本章将具体介绍博弈论在法律与机制设计、破产问题的财产分配、拍卖等方面的应用。

5.1　博弈论在法律与机制设计中的应用

1. 什么是机制设计

作为 20 世纪最重要的社会科学成果之一，博弈论深刻地影响着人们对人类社会运行模式和制度建构的思考。

机制设计理论是最近 20 年微观经济领域中发展最快的一个分支，起源于 2007 年诺贝尔经济学奖获得者——美国明尼苏达大学经济学教授利奥·赫尔维茨 1960 年和 1972 年的开创性工作。它所讨论的一般问题是，对于任意给定的一个经济或社会目标，在自由选择、自愿交换、信息不完全等分散化决策条件下，能否设计以及怎样设计出一个经济机制，使经济活动参与者的个人利益和设计者既定的目标一致。

从研究路径和方法来看，它与传统经济学有所不同。传统经济学的研究方法是把市场机制作为已知，研究它能导致什么样的配置；机制设计理论把社会目标作为已知，试图寻找实现既定社会目标的经济机制，即通过设计博弈的具体形式和规则，在满足参与者各自条件约束的情况下，使参与者在自

利行为下选择的策略的相互作用能够让配置结果与预期目标相一致。

机制设计通常会涉及信息效率和激励相容两个问题。

信息效率是关于经济机制实现既定社会目标所要求的信息量多少的问题，即机制运行的成本问题，它要求所设计的机制只需要较少的关于消费者、生产者以及其他经济活动参与者的信息和较低的信息成本。任何一个经济机制的设计和执行都需要信息传递，而信息传递是需要花费成本的。因此，对于制度设计者来说，信息空间的维数当然越小越好。

激励相容概念是利奥·赫尔维茨于 1972 年提出的，他将其定义为：如果在给定机制下，如实报告自己的私人信息是参与者的占优策略，那么这个机制就是激励相容的。在这种情况下，即便每个参与者按照自利原则制订个人目标，机制实施的客观效果也能达到设计者所要实现的社会目标。

那么，怎样才能设计出一个信息效率高且激励相容的机制呢？

从理论上说，社会机制设计的一般过程是：首先要有一套规则的候选集合；然后将这些规则看作一个博弈而且假设人们不合作，确定博弈的纳什均衡，以此预期规则的结果；如果结果不令人满意，则更换规则重新尝试；如果上述过程给出了一套具有令人满意的纳什均衡的规则，建议采纳此规则。

考虑到人们的行为经常是非合作的，为使人们在非合作的情况下也能实现集体或社会目标，我们就必须通过机制的设计来实现。

我们先看两个例子，来说明什么是机制设计以及设计合理的社会机制对构建和谐社会的重要性。

例 5.1　所罗门王断案

所罗门王是古代以色列国的一位智慧、英明的君主。有一次，两个少妇为争夺一个婴儿争吵到所罗门王那里，她们都说自己是婴儿的母亲，请所罗门王做主。所罗门王稍加思考后做出决定：将婴儿一刀劈为两半，两位妇人各得一半。这时，其中一位妇人立即要求所罗门王将婴儿判给对方，并说婴儿不是自己的，应完整归还给另一位妇人，千万别将婴儿劈成两半。听罢这位妇人的求诉，所罗门王立即做出最终裁决：婴儿是这位请求不杀婴儿的妇人的，应归于她。

所罗门王的这种方法就是一种机制设计，即设计一套博弈规则，令不同类型的人做出不同的选择，尽管每个人的类型可能是隐藏的，别人观察不到，但他们所做出的不同选择却是可以观察到的。观察者可以通过观察不同人的选择而反过来推演出他们的真实类型。

例 5.2　七人分粥

有七个人住在一起，每天共食一锅粥。因人多粥少，争先恐后，秩序混乱，还互相埋怨，心存芥蒂。于是，他们想办法解决每天的吃饭问题——怎样公平合理地分食一锅粥。他们试验了如下不同的分粥规则。

规则 1：指定一个人负责分粥。很快大家发现，这个人为自己分的粥最多。于是换一个人，结果总是主持分粥的人碗里的粥最多，大家很不满意。

规则 2：指定一个分粥人和一个监督人负责分粥。起初比较公平，到后来分粥人和

监督人从权力制约走向“权利合作”。于是，分粥人和监督人分的粥最多，大家也很不满意。

规则 3：大家轮流主持分粥，每人一天。这样等于承认了每人都有为自己多分粥的权力，同时又给了每个人这样的机会。虽然看起来平等了，但每人每周只有一天吃饱且有剩余，其余六天都忍饥挨饿。大家认为这一规则不但不合理，而且还造成资源浪费。

规则 4：大家民主推选一个信得过的人分粥。这位当初品德高尚的人开始还能公平分粥，但不久以后他就有意识地为自己和拍自己马屁的人多分，搞得整个团体乌烟瘴气。大家一致认为不能放任其腐化下去，还得寻找新的规则。

规则 5：民主选举一个分粥委员会和监督委员会，形成民主监督和制约机制。公平基本上做到了，可是等互相扯皮下来，粥吃到嘴里全是凉的，大家还是不满意。

规则 6：每个人轮流值日分粥，但分粥的那个人要最后一个领粥。令人惊奇的是，采用此办法后，七只碗里的粥每次都几乎一样多，大家和和气气，快快乐乐。于是，这个规则为大家所接受，作为一个制度确定下来。

“七人分粥”经多次博弈后形成了纳什均衡：“轮流分粥，分者后取”。这种机制最为合理，因而效果也最好。

这说明一种制度安排要发挥效力，必须是一种纳什均衡，否则，这种制度就不稳定。同时也说明设计合理的社会机制对构建和谐社会的重要性。

2. 机动车与行人道路交通事故责任的机制设计

我们先对机动车与行人道路交通事故责任的规则做一个简单介绍。

规定道路交通事故责任是法律的一个常见功能。考虑机动车与行人道路交通事故的归责问题，一般地，世界各国对道路交通事故责任中的机动车一方的责任使用的常见归责原则有：或者是无过失责任原则；或者是过错责任原则；或者是过错推定原则。其使用结果是大不相同的。

实行无过失责任原则，要求驾驶人对自己所涉及的任何交通事故负责，这显然对无过失的驾驶人有失公正。

实行过错责任原则，要求受害人对导致损害发生的机动车一方的过错承担举证责任，只有在已经证明了机动车一方有过错的时候，才能够获得赔偿。这样的做法对于保障作为弱势一方的受害人的赔偿权利，显然是不利的。即使认为机动车在当今已经不属于具有危险因素的交通工具，使用过错责任原则也有难以克服的弊病。

实行过错推定原则，坚持的仍然是过错责任原则，但在举证责任上实行倒置，受害人只要证明了违法性、损害事实和因果关系之后，就由法官推定机动车一方有过错；机动车一方如果认为自己没有过错，则应当自己举证证明，能够证明者，免除其损害赔偿责任。这种做法既坚持了过错责任原则，又考虑了对受害人的保护，还简化了索赔规则，避免出现限额赔偿和全部赔偿的不同规则，是较为合理且较为简便的。

现在以机动车驾驶人与行人的二人博弈为例，分析道路交通事故责任的机制设计过程。

例 5.3　道路交通事故责任的机制设计

假设机动车驾驶人（以下简称驾驶人）与行人每人都有两个可供选择的策略：不谨慎和适度谨慎。适度谨慎（以下简称谨慎）需要付出努力，其成本为 10 单位。如果双方中有一方不谨慎，就会发生交通事故。

若行人和驾驶人都不谨慎时出现了交通事故，行人的收益为－100 单位，驾驶人的收益为 0。

若行人不谨慎而驾驶人谨慎时出现了交通事故，行人的收益为－100 单位，驾驶人的收益为－10 单位。

若行人谨慎而驾驶人不谨慎时出现了交通事故，行人的收益为－110 单位，驾驶人的收益为 0。

若行人和驾驶人都谨慎时，仍然有 10％的概率发生交通事故，此时行人的收益为－20 单位，驾驶人的收益为－10 单位。

假设法律对道路交通事故没有规定任何责任，这个博弈的收益矩阵见表 5—1。这是一个二人非合作静态博弈问题。

表 5—1　　实行无责任的收益矩阵

		驾驶人	
		不谨慎	谨慎
行人	不谨慎	**－100，0**	－100，－10
	谨慎	－110，0	－20，－10

由第二章介绍的划线法可知，双方的占优策略都是不谨慎，（不谨慎，不谨慎）是此博弈的纳什均衡。这显然是大家不愿意看到的结果，我们希望看到的结果是均衡解（谨慎，谨慎）。

在这个博弈中，行人作为弱势一方，理应受到法律的保护。为了能达到这个效果，可以引入具有相关责任条款的法律机制，规定不易遭受伤害的驾驶人承担部分或全部责任。因此，这是法律机制设计的问题。

实行无过失责任原则的法律体系规定：驾驶人要对涉及自己的任何交通事故负责。一旦发生交通事故，行人可以到法院起诉驾驶人。法院将判驾驶人赔偿行人 100 单位。此时这个博弈的收益矩阵见表 5—2。

表 5—2　　实行无过失责任原则的收益矩阵

		驾驶人	
		不谨慎	谨慎
行人	不谨慎	0，－100	0，－110
	谨慎	－10，－100	－10，－20

实行无过失责任原则的法律体系的优点是保护了博弈中处于弱势群体的行人。缺点也是明显的，因为行人有占优策略“不谨慎”，从而导致驾驶人也采取“不谨慎”策略。显然，无过失责任原则不是我们希望找到的答案。我们要设计使得行人和驾驶人都采取

"谨慎"策略的机制。

实行过错责任原则的法律体系规定：只有在驾驶人有过失（不谨慎）而行人没有过失（谨慎）的情况下，受害行人才可以获得赔偿；如果行人不谨慎而导致交通事故，驾驶人不承担责任。该博弈的收益矩阵见表5—3。

表5—3　　实行过错责任原则的收益矩阵

		驾驶人	
		不谨慎	谨慎
行人	不谨慎	−100，0	−100，−10
	谨慎	−10，−100	−20，−10

此时，行人的占优策略是"谨慎"，驾驶人的占优策略也是"谨慎"，我们得到了希望达到的纳什均衡（谨慎，谨慎）。此时的非合作均衡与合作均衡重合。但这里还存在两个问题：

一是要求受害行人对造成伤害发生的机动车一方的过错承担举证责任，这样的做法对作为弱势一方的受害人显然是不利的。

二是在双方都采取"谨慎"策略的情况下，仍然有10%的概率出现交通事故，由于行人一方更容易受到伤害，却仍然要承担一定的事故成本，这对行人是不公平的。

对第一个问题的解决办法是实行过错推定原则，由于在举证责任上实行倒置，机动车一方如果认为自己没有过错，则应当自己举证证明，能够证明者才能被免除其损害赔偿责任。

对第二个问题的解决办法是将无过失责任原则与过错推定原则相结合。除非由于行人不谨慎而导致交通事故，否则驾驶人就要承担责任。如果双方都谨慎时发生了交通事故，那么由驾驶人承担费用。此时博弈的收益矩阵见表5—4。此时的纳什均衡仍然是（谨慎，谨慎），但均衡解中双方的收益不同，因为行人已经采取"谨慎"的策略，尽量避免交通事故的发生，因而不承担交通事故费用。

表5—4　　实行无过失责任原则与过错推定原则相结合的收益矩阵

		驾驶人	
		不谨慎	谨慎
行人	不谨慎	−100，0	−100，−10
	谨慎	−10，−100	**−10**，**−20**

我国2011年新修订的《中华人民共和国道路交通安全法》对道路交通事故的基本归责原则，已经由以前的无过失责任原则改为现在的过错推定原则。其中第七十六条规定："机动车与非机动车驾驶人、行人之间发生交通事故，非机动车驾驶人、行人没有过错的，由机动车一方承担赔偿责任；有证据证明非机动车驾驶人、行人有过错的，根据过错程度适当减轻机动车一方的赔偿责任；机动车一方没有过错的，承担不超过百分之十的赔偿责任。"

从以上的机动车与行人道路交通事故责任的机制设计过程可以看出，应用博弈论的分析可以帮助我们找出结果满意的法律规则。

3. 阻止审计合谋的机制设计

注册会计师扮演着市场中“经济警察”的角色，在维护社会经济的健康与持续发展方面，发挥着举足轻重的作用。然而，一些注册会计师在提供审计服务的过程中，为了自身利益的最大化而丧失了应有的审计独立性、真实性，迎合被审计单位进行财务造假，歪曲提供会计信息的需要而做出虚假证明或虚伪陈述，欺骗审计委托人和社会公众并从中获利，从而陷入审计合谋的“深渊”，给资本市场带来了极其严重的后果。

造成审计合谋的原因很多，缺乏激励制度是重要原因之一。委托人需要提供给注册会计师报酬以激励其提供被审计单位的真实财务信息，然而，被审计单位管理层同样为了自身利益，也将积极地贿赂注册会计师和会计师事务所。所以，在获得的贿赂大大高于委托人提供的报酬并且缺乏相应的对审计合谋的检查力度、法律约束淡化的情况下，注册会计师有极大的可能性会选择审计合谋，这是作为一个“经济人”的理性考虑的结果。

如何监督审计人员是政府审计系统完善审计监督职能的重要内容。根据国内外学者们的研究，目前对审计合谋现象的治理主要基于两种思路：

第一种思路是通过调整、控制审计人员的利益所得来引导审计人员选择收益更大（损失更小）的非合谋行为。

第二种思路则是引入第二个审计师，使两个审计师之间形成“囚徒困境”，以防范审计合谋。

我们通过下面的例子，介绍针对这类问题的机制设计。

例 5.4 利用“囚徒困境”阻止审计合谋

假设委托人（政府审计部门）委托某会计师事务所对一家上市公司（以下简称公司）进行审计。审计技术是完美的，即如果被审计的公司存在违规行为，则一定会被注册会计师（以下简称会计师）发现。如果公司存在违规行为而被会计师发现，公司就有动机贿赂会计师，让会计师不要报告其违规行为。假设公司贿赂会计师的最高代价是 10 万元，那么，委托人为了激励会计师如实报告，可以设计如下的一种机制：

如果报告“公司未违规”，则支付奖金 0 元；

如果报告“公司违规”，则支付奖金 11 万元。

在这个机制下如果会计师发现公司存在违规行为，他会如实报告。因为他如实报告得到的收益会比接受贿赂多 1 万元。

如果我们认为支付给会计师的奖金过高，可以聘请两名会计师来进行审计。由于审计技术是完美的，如果会计师甲谎报，会计师乙如实报告，则可以肯定会计师甲说谎。

我们可以改进机制如下：

如果两个会计师都谎报，则都得不到奖金；但他们将分享公司的贿赂，各得 5 万元的净收益；

如果两个会计师都实报，则既得不到奖金也得不到贿赂，他们的净收益都为 0；

如果一个会计师实报，另一个会计师谎报，则对实报的会计师奖励 5.5 万元；对谎报的会计师罚款 11 万元。在这种情况下，实报的会计师净收益为 5.5 万元，谎报的会计师净收益为－1 万元。两个会计师的净收益见表 5—5。这是一个“囚徒困境”模型。

表 5—5　　两个会计师的净收益矩阵　　（单位：万元）

		会计师乙	
		实报	谎报
会计师甲	实报	0，0	5.5，－1
	谎报	－1，5.5	5，5

在这个改进的机制下，两个会计师都会选择“实报”，博弈的纳什均衡为（实报，实报），这个机制的代价是 0。

注意：这里设计的“囚徒困境”博弈是一次性的，隐含的假设是会计师甲与会计师乙没有长期合作关系，因此不太容易通过默契串谋而谎报。根据重复博弈的结论，如果两人有长期的合作关系，有可能两人合谋谎报。通常的解决办法是实行双重审计，而且每次承担同一审计任务的两个机构或两个会计师并不熟悉。

4.“智猪博弈”与激励机制设计

例 5.5　智猪博弈

猪圈中有一头大猪和一头小猪，假设它们都是有高智商的猪。在猪圈的一端设有一个开关，每按一下，位于猪圈另一端的食槽中就会有 10 单位的猪食进槽。但每按一下开关再走回食槽，会耗去相当于 2 单位猪食的成本。如果小猪去按开关，大猪在食槽等吃，则大猪吃到 9 单位食物，小猪只能吃到 1 单位食物；如果两猪同时去按开关，两猪同时到食槽，则大猪吃到 7 单位食物，小猪吃到 3 单位食物；如果大猪去按开关，小猪在食槽等吃，大猪吃到 6 单位食物，小猪吃到 4 单位食物。表 5—6 给出了这个博弈的收益。

表 5—6　　博弈的收益

		小猪	
		按	等
大猪	按	5，1	4，4
	等	9，－1	0，0

小猪有占优策略：“等”；大猪没有占优策略，大猪只能选择“按”。该博弈的纳什均衡为：大猪“按”，小猪“等”。

这种现象称为“搭便车”。现实中有很多类似现象，比如股市上等待庄家“抬轿”的散户；产品市场中每当出现具有盈利能力的新产品时，继而出现大批仿制品；企业里不创造效益但分享成果的人等。

“智猪博弈”模型告诉我们：一个企业制度和流程的重要性以及不合理的规则对公司带来的消极影响。这就要求规则的设计者应清楚并慎重地考虑规则制定的适应性、高效性和前瞻性。能否完全杜绝“搭便车”现象，就要看游戏规则的核心指标设置是否合适。“智猪博弈”模型的核心指标一般来说有两个：食物数量、开关与食槽之间的距离。

那么，如果改变这两个关键条件，“搭便车”的现象会不会杜绝呢？我们考察以下三个改进方案：

(1) 减量方案。投食量仅为原来的一半，结果小猪和大猪都不去按开关了。因为如果小猪去按开关，大猪将会把食物吃完；如果大猪去按开关，小猪将吃掉4单位食物，大猪得到的收益是−1。谁去按开关，就意味着谁为对方贡献食物，所以谁也不会有按开关的动力。如果目的是想让大猪、小猪都去按开关，那么这个游戏规则的设计显然是失败的。

(2) 增量方案。投食量比原来多一倍。结果大猪、小猪谁想吃谁就会去按开关，反正对方不会一次把食物吃完。小猪和大猪相当于生活在物质相对丰富的高福利社会里，所以竞争意识不强。对于游戏规则的设计者来说，这个规则的成本相当高（每次提供双份的食物）；而且因为竞争不激烈，想让大猪、小猪都去按开关的效果并不好。

(3) 减量加移位方案。投食量仅为原来的一半，同时将食槽移到开关附近。结果就使小猪和大猪都拼命地抢着按开关，因为谁等待谁就不得食，而多劳者多得，每次按开关的收获刚好消费完。这是一个最佳方案，成本不高，但收获最大。

“智猪博弈”规则设计的改变，对于企业的经营管理者而言，就是采取不同的激励机制，不同的激励机制对调动员工工作积极性的效果也是不同的。并不是足够多的激励就能充分调动员工的积极性，比如有的公司奖励力度太大，又是持股，又是期权，公司职员个个都成了百万富翁，成本高不说，员工的积极性并不一定很高。这相当于增量方案所描述的情形。

但如果奖励力度不大，而且见者有份（不劳动的“小猪”也有），那么，一度十分努力的“大猪”也就不会有动力了，就像减量方案所描述的情形。

最好的激励机制设计是减量加移位方案所描述的那样，奖励并非人人有份，而是直接针对个人（如按比例提成），既节约了成本（对企业而言），又消除了“搭便车”现象，能实现有效的激励。

从整个社会来讲，要迅速提高整个社会的生产力水平，就需要有一个自身具有很大消费需求的群体，并且需要给他们一定程度的奖励。第三种方案反映的就是这种情况，方案中既降低了取食的成本，又能实现有效的激励，消灭了“搭便车”现象。

5.2 保护弱者的分配机制设计——塔木德财产分配法

1. 问题的提出

对合作博弈来说，有两个非常重要的解：夏普利值和核仁。核仁的概念是由施得勒于1969年提出的。在第三章已经介绍了夏普利值及其应用，这里主要介绍关于核仁应用的一个模型。

在资源不足时，保护弱者十分重要。社会本就是由多个不同的利益群体组成的，强者与弱者的关系是最敏感的关系。当弱者的生活遭到冲击时，他们会将自己的不如意归结为强者的剥夺，社会中也就潜伏着冲突的危险，现实社会中的一些冲突、犯罪大多都是在弱者身上爆发的，不稳定的社会也会直接影响到强者的利益，所以说保护弱者不是社会的进步，而是全社会人们的义务和责任。

现代文明社会征收的高额财产税，其目的就是维持社会平衡。社会福利，是平衡穷富的润滑剂。反观落后国家就不同了，利益阶层还不懂得什么是润滑剂，贫富悬殊、摩擦过度，不仅仅会使温度升高，还会损坏国家机器。

我们在本节讨论破产的债务纠纷问题。在资源不足时，如何分配资源、保护弱者？1985 年，两位经济学家 R. 奥曼（诺贝尔经济学奖得主）和 M. Maschler 发表在《经济理论杂志》（*Journal of Economic Theory*）上的论文（见图 5—1），对来自《塔木德》（一部犹太人作为生活规范的重要书籍）中的破产问题进行了博弈理论分析，成功地解决了这个问题。这篇论文首次从现代博弈论角度证明了古代犹太拉比们（古代犹太人中，精通律法的文士被称作“拉比”，他们不仅研究犹太教律法，担任教师，传播犹太文化，而且担任民事法庭的法官，进行民事案件的裁决）的裁决完全符合现代博弈论的原理（在现代博弈论所能提供的各种破产争执解决方案中，《塔木德》中犹太拉比给出的解决方案最接近博弈论的“核仁”概念）。从此，这个犹太法典中的“三妻争产”故事就成了人类认识博弈论的最早实例之一。

Journal of Economic Theory

Volume 36, Issue 2, August 1985, Pages 195–213

Game theoretic analysis of a bankruptcy problem from the Talmud ☆

Dedicated to the memory of shlomo aumann, Talmudic scholar and man of the world, killed in action near Khush-e-dneiba, lebanon, on the eve of the nineteenth of Sivan, 5742 (June 9, 1982)

Robert J Aumann, Michael Maschler

The Hebrew University, 91904 Jerusalem, Israel

Received 27 August 1984. Revised 4 February 1985. Available online 27 July 2004.

http://dx.doi.org/10.1016/0022-0531(85)90102-4, How to Cite or Link Using DOI　　Cited by in Scopus (186)

Permissions & Reprints

图 5—1　R. 奥曼和 M. Maschler 发表在《经济理论杂志》上的论文

“婚书”是古代犹太男子在结婚时给妻子的凭信，其中一项重要内容是万一婚姻终止（死亡或离婚），丈夫将赔偿妻子多少钱。《塔木德·妇女部·婚书卷》第十章第四节中记载的一场财产纠纷如下：

一个富翁娶了 3 个妻子后死亡。第 1 个妻子的婚书约定为 100 金币，第 2 个妻子的婚书约定为 200 金币，第 3 个妻子的婚书约定为 300 金币。但这个“富翁”身后并没有留下足够的钱，需要拉比根据实际所留遗产给出一个公平的分配方案。

犹太拉比对本案裁决如下：当遗产只有 100 金币时，则由 3 个妻子平分；当遗产只有 200 金币时，则第 1 个妻子分得 50 金币，第 2 个妻子和第 3 个妻子各分得 75 金币；当遗产只有 300 金币时，则第 1 个妻子分得 50 金币，第 2 个妻子分得 100 金币，第 3 个妻子分得 150 金币。这个分配方案称为“塔木德解决方案”，见表 5—7。

表 5—7　三妻争产问题的塔木德解决方案

遗产 \ 债权	第 1 个妻子	第 2 个妻子	第 3 个妻子
	100	200	300
100	100/3	100/3	100/3
200	50	75	75
300	50	100	150

按通常逻辑，这三人得到的遗产比例应为 1∶2∶3，而在犹太拉比的裁决中，只有在遗产数为 300 金币的情况下这一比例才成立。没有人可以解释原因，这个奇怪的方案也就成了千古之谜。

解决这个问题的两位经济学家注意到，这个难题在《塔木德》中留有一条提示。在《损害部·中门卷》第一章第一节中记载了这么一个故事：

甲和乙共分一件大衣。甲说："大衣是我的！"，乙也说："大衣是我的！"这时，两人各分一半大衣。如果甲说"大衣是我的！"，乙说"大衣有一半是我的！"，那么，甲分到 3/4，乙分到 1/4。

这个提示被称作"CG（contested garment）原则"即**"争执大衣原则"**：

将总财产分为"有争议"和"无争议"部分，无争议部分的财产直接分给声明者，争执双方再平分有争议部分的财产。对于声称拥有一半大衣的乙来说，显然另一半并不属于他，因此只能和声称拥有全部大衣的甲平分剩余的一半。

《塔木德》所提出的原则是一个不同寻常的财产争执解决原则。这一原则主要包含以下两项内容：

(1) 争执双方只分割有争议的部分，不涉及无争议的部分。所以声明拥有一半大衣的乙首先失去了一半大衣，只能跟声明拥有全部大衣的甲平分半件大衣，而另一半大衣属于甲。

(2) 争执中债权的更高声明者所得不得少于债权的较低声明者所得。

R. 奥曼和 M. Maschler 找到了这两项内容之间的联系。论文得出了以下结论：

定理：塔木德解决方案是与争执大衣原则相一致的唯一解决方案。

事实也的确如此。下面我们首先给出"二人争产问题"的博弈分析、"三人争产问题"的博弈分析；然后给出 n（$n\geqslant 2$）人按照"争执大衣原则"分配财产的一般算法；最后介绍利用 Excel 软件"塔木德财产分配法 1. xlt"，计算"n 人争产问题"的使用方法。

以下称按照"争执大衣原则"得到的分配方案为"塔木德解决方案"。

2."二人争产问题"的博弈分析

设债权人甲与乙分别要求获得的财产为 $c[1]$、$c[2]$（不妨设 $c[1]\leqslant c[2]$），可供分配的总财产为 E。债权人所要求的财产总和 $c[1, 2]=c[1]+c[2]$，甲与乙分到的财产记为 $x[1]$、$x[2]$，则向量 $\boldsymbol{x}(E)=(x[1], x[2])$ 就是与 E 对应的分配方案。按照 R. 奥曼和 M. Maschler 论文中的分配方法：当 E 不大时（标准为 $E\leqslant c[1]$）先两人平分；然后增长的部分只分给乙；一直到乙拿到一定份额时（标准为乙与甲的损失相同），总财产继续增长的部分由两人平分。

“二人争产问题”的塔木德算法：

情况 1. 当 $E \leqslant c[1]$ 时，显然两人都对全部财产提出了债权声明，所以采取平均分配。每人得到 $E/2$，分配方案为 $\boldsymbol{x}(E)=(E/2, E/2)$。

情况 2. 当 $c[1]<E \leqslant c[2]$ 时，由于乙声明获得全部财产，所以争议部分为甲声明的部分。因此，甲应获得声明值的一半（平分争议部分），即 $c[1]/2$；乙应获得余下的财产，即 $E-c[1]/2$，分配方案 $\boldsymbol{x}(E)=(c[1]/2, E-c[1]/2)$。特别地，当 $E=c[2]$ 时，分配方案 $\boldsymbol{x}(E)=(c[1]/2, c[2]-c[1]/2)$。

情况 3. 当 $E>c[2]$ 时，甲、乙双方应首先分别获得对方无争议的部分，即甲先获得 $E-c[2]$，乙获得 $E-c[1]$；然后再平分剩余财产。剩余财产为

$$E-(E-c[2])-(E-c[1])=c[2]+c[1]-E$$

因此，最终

$$\text{甲应获得：} E-c[2]+(c[2]+c[1]-E)/2=(E+c[1]-c[2])/2$$
$$\text{乙应获得：} E-c[1]+(c[2]+c[1]-E)/2=(E+c[2]-c[1])/2$$

按照该算法分配财产的示意图见图 5—2。

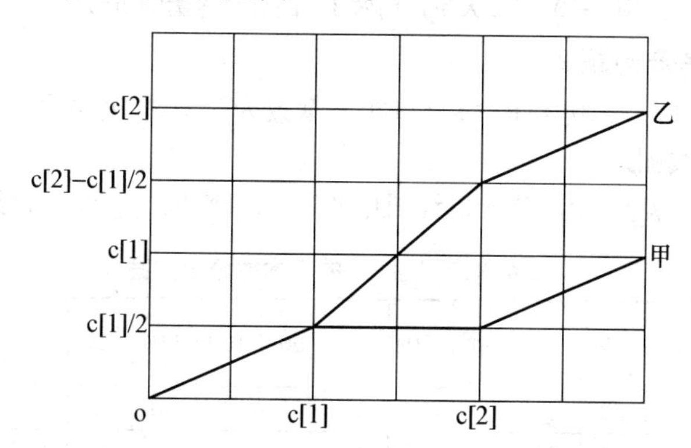

图 5—2 “二人争产问题”的分配方案的折线图

例 5.6 二人争产问题 1

甲、乙的债权分别为 $c[1]=30$，$c[2]=70$，待分配财产 $E=10 \sim 100$，基数为 10，每次递增 10。

（1）利用“二人争产问题”的博弈分析方法，对 E 的各种情况给出塔木德分配方案；

（2）画出分配折线图。

解：（1）当 $E=10$、20、30 时，由于 $E \leqslant c[1]$，**甲、乙二人**应该平分。计算结果见表 5—8 的第 2、3、4 列。

当 $E=40$、50、60、70 时，由于 $c[1]<E \leqslant c[2]$，乙声明获得全部财产，所以争议部分为甲声明的部分。因此，甲应获得声明部分的一半，即 $c[1]/2$；乙应获得余下的财产，即 $E-c[1]/2$。计算结果见表 5—8 的第 5、6、7、8 列。

当 $E=80$、90、100 时，由于 $E>c[2]$，甲应获得 $(E+c[1]-c[2])/2$，乙应获得 $(E+c[2]-c[1])/2$。计算结果见表 5—8 的第 9、10、11 列。

表 5—8　　“二人争产问题 1”的塔木德分配方案

分配方案 \ 总财产	10	20	30	40	50	60	70	80	90	100
$x[1]$	5	10	15	15	15	15	15	20	25	30
$x[2]$	5	10	15	25	35	45	55	60	65	70

（2）本例按照争执大衣原则的二人分配折线图，见图 5—3（横轴为总财产，纵轴为分配方案）。

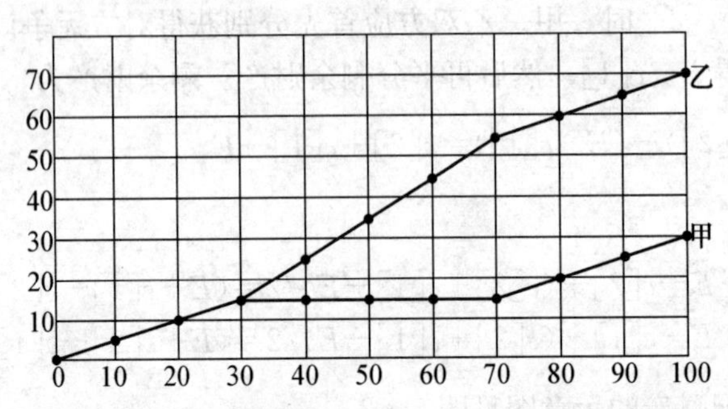

图 5—3　“二人争产问题 1”的分配方案的折线图

例 5.7　二人争产问题 2

设 $c[1]=70$，$c[2]=100$，$E=30\sim100$，基数为 30，每次递增 10。计算塔木德分配方案并画出分配折线图。

解：计算结果见表 5—9，分配折线图见图 5—4（横轴为总财产，纵轴为分配方案）。

表 5—9　　“二人争产问题 2”的塔木德分配方案

分配方案 \ 总财产	30	40	50	60	70	80	90	100	110	120	130	140	150	160	170
$x[1]$	15	20	25	30	35	35	35	35	40	45	50	55	60	65	70
$x[2]$	15	20	25	30	35	45	55	65	70	75	80	85	90	95	100

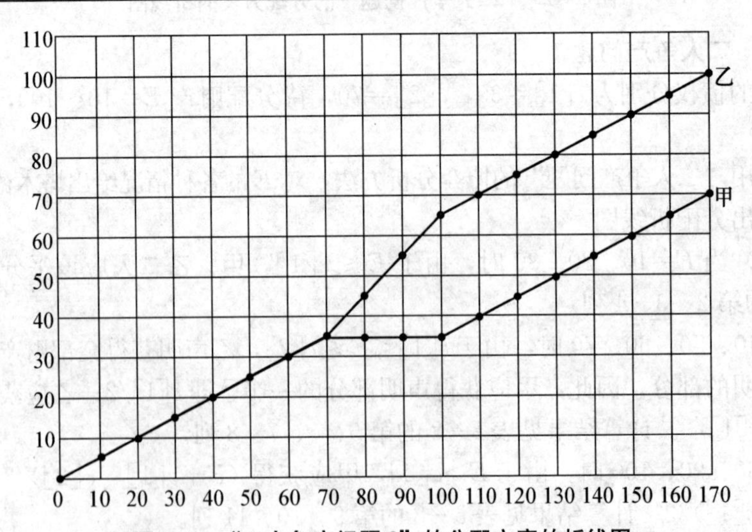

图 5—4　“二人争产问题 2”的分配方案的折线图

我们将例 5.6 中的“塔木德解决方案”与目前通常用于破产问题的按照债权比例分配财产的方案做比较，见表 5—10。

表 5—10　“塔木德解决方案”与“债权比例方案”的比较

待分财产	塔木德解决方案		债权比例方案	
	甲得数目	乙得数目	甲得数目	乙得数目
10	5	5	3	7
20	10	10	6	14
30	15	15	9	21
40	15	25	12	28
50	15	35	15	35
60	15	45	18	42
70	15	55	21	49
80	20	60	24	56
90	25	65	27	63
100	30	70	30	70

观察可以发现：当 $E \leqslant c[1] \times 2/2 = 30$ 时，二人都是平均分配的；当 $E > c[1] \times 2/2 = 30$ 时，二人的分配拉开了距离。

我们称 $c[1] \times 2/2$ 为**第一分界点**，记为 E^*。

当 $E=50$ 时，“塔木德解决方案”与按债权比例计算得出的结果是一样的。E 低于 50，则甲在“塔木德解决方案”中获得的分配高于按债权比例计算得到的；E 高于 50，则甲在“塔木德解决方案”中获得的分配低于按债权比例计算得到的；乙的情况则正好相反。

我们称 $E=50$ 为**第二分界点**（它恰好是总债务 100 的一半）。

当 $E=70$ 时，甲、乙的损失相等。当 $E>70$ 时，新增的部分被甲、乙平分，换言之，甲、乙的损失保持相等。我们称 $E=70$ 为**第三分界点**（它恰等于 $c[1]+c[2]-c[1] \times 2/2$），记为 E^{**}。

例 5.7 的第一分界点为 70；第二分界点为 85；第三分界点为 100。

事实上，在具体实施算法时，第一分界点的设置保证了“争执大衣原则”中的第二个内容的实现；第二分界点则体现了算法不但拥有一个贯穿始终的原则，而且在资源不足的情况下，有效地保护了弱者；第三分界点保证了资源比较丰富时强者的利益。

“塔木德解决方案”的妙处恰恰在于它在保护了弱者利益的同时仍然保持了博弈规则的公正性。从整个破产决算来看，如果应用“塔木德解决方案”制定规则，那么强者、弱者都有胜出的机会，而且至少从理论上说，双方胜出的机会是 50%∶50%。如果财产数目超过负债额的一半，则强者胜出，否则弱者胜出。这种公正性可以在很大程度上保证各债权人对规则的尊重。

3.“三人争产问题”的博弈分析

如果《塔木德》全书秉承相同的财产观，那么“三妻分产”问题有没有可能是“争执大衣原则”在超过两人的情况下的推广呢？

解决“三人争产问题”的基本思路：把“三人争产问题”转化为两个“二人争产问题”来处理。

对“三人争产问题”，我们给出一般性描述，据此可以写出实际操作的算法和程序。

我们记所有债权人的编号为｛1，2，3｝，要求的财产按从少到多依次排序为 $c[1]\leqslant c[2]\leqslant c[3]$，假设待分配的总财产为 E。债权人所声明的债权总和 $c[1,2,3]=c[1]+c[2]+c[3]$。

第一分界点为 $E^{*}=c[1]\times 3/2$；第三分界点为 $E^{**}=c[1,2,3]-c[1]\times 3/2$。

记总财产为 E 时编号为 1、2、3 的债权人分到的财产依次为 $x[1]$，$x[2]$，$x[3]$，则向量 $\boldsymbol{x}(E)=(x[1],x[2],x[3])$ 就是与 E 对应的分配方案。

“三人争产问题”的塔木德算法：

（1）当 $E\leqslant E^{*}$ 时，即待分财产不超过**第一分界点**时，应采取平均分配，以保证实现“争执大衣原则”中的第二项内容：声明数额小的分得的不能比声明数额大的分得的多。这时每人分得 $E/3$，分配方案为 $\boldsymbol{x}(E)=(x[1],x[2],x[3])=(E/3,E/3,E/3)$。

（2）在第三分界点 $E^{**}=c[1,2,3]-c[1]\times 3/2$ 处，债权人的损失相同，对应的分配方案为 $\boldsymbol{x}(E^{**})=(x[1],x[2],x[3])$。因此，当 $E>E^{**}$ 时，总财产继续增长的部分 $d=E-E^{**}$ 由 3 个债权人平分，对应的分配方案为

$$\boldsymbol{x}(E)=(x[1]+d/3,x[2]+d/3,x[3]+d/3)。$$

（3）当 $E^{*}<E\leqslant E^{**}$ 时，解决问题的基本思路是将“三人争产问题”转化为两个“二人争产问题”，分两步进行。

第 1 步：先分成两组：｛1｝、｛2，3｝。**分组原则是：声明获得最少的那个人为一组，其他人为另一组。**此时，｛1｝组声明获得的财产为 $c[1]$，｛2，3｝组声明获得的财产记为 $c[2,3]=c[2]+c[3]$。

第 2 步：按照“争执大衣原则”，由于｛2，3｝组声明获得 $c[2,3]>c[1]$，所以争议部分为｛1｝声明的部分 $c[1]$。因此，｛1｝获得声明部分的一半，即 $c[1]/2$；｛2，3｝组获得余下的财产，即 $E-c[1]/2$。然后，再按照“二人争产问题”的塔木德算法，在｛2，3｝组的两个成员之间进行第 2 次分配。注意，这时待分配的总财产是 $E-c[1]/2$。

注意：算法中每次分配的成员和待分配的总财产是变化的，而分配原则是不变的。

例 5.8　三人争产问题 1

设债权人 1，2，3 的债权依次为 $c[1]=100$，$c[2]=200$，$c[3]=300$，待分配的财产 $E=100\sim600$，基数为 100，每次递增 50。

（1）利用“三人争产问题”的塔木德算法，对 E 的各种情况，给出对应的分配方案 $\boldsymbol{x}(E)=(x[1],x[2],x[3])$。

（2）画出分配折线图。

解：按照“三人争产问题”的塔木德算法，

三人声明的总债权 $c[1,2,3]=c[1]+c[2]+c[3]=100+200+300=600$

第一分界点 $E^{*}=c[1]\times 3/2=100\times 3/2=150$

第三分界点 $E^{**}=c[1,2,3]-c[1]\times 3/2=600-150=450$

（1）对 E 的各种情况，给出对应的分配方案。

当 E=100、150 时，由于 $E \leqslant E^{*}=150$，**三人应该平分**。对应的分配方案见表 5—11 中的第 2、3 列。

当 E=200～450 时，由于 $E^{*}<E \leqslant E^{**}=450$，先将三人分为两组：{1} 与 {2，3}。{1} 组应获得要求部分的一半，即 c[1]/2=50；{2，3} 组应获得余下的财产，即 E−c[1]/2。{2，3} 组再按照“二人争产问题”的塔木德算法，在债权人 2、3 之间进行分配。分配方案见表 5—11 的第 4～9 列。特别地，在第三分界点 $E^{**}=450$ 时，分配方案为 $\boldsymbol{x}(450)=(50，150，250)$。

当 E=500～600 时，由于 $E>E^{**}=450$，总财产继续增长的部分 $d=E-E^{**}=E-450$，由 3 个债权人平分，对应的分配方案为

$$\boldsymbol{x}(E)=(50+d/3,150+d/3,250+d/3)$$

分配方案见表 5—11 的第 10、11、12 列。

表 5—11　　“三人争产问题 1”的塔木德分配方案

分配方案＼总财产	100	150	200	250	300	350	400	450	500	550	600
$x[1]$	100/3	50	50	50	50	50	50	50	$66\frac{2}{3}$	$83\frac{1}{3}$	100
$x[2]$	100/3	50	75	100	100	100	125	150	$166\frac{2}{3}$	$183\frac{1}{3}$	200
$x[3]$	100/3	50	75	100	150	200	225	250	$266\frac{2}{3}$	$283\frac{1}{3}$	300

可以看到：分别取 E=100、200、300，对应的分配方案为：

$$\boldsymbol{x}(100)=(100/3,100/3,100/3)，\quad \boldsymbol{x}(200)=(50,75,75)，\quad \boldsymbol{x}(300)=(50,100,150)$$

这一分配方案与《塔木德》中关于“三妻争产”的记载是吻合的。至此，我们就解决了这一千古难题。

（2）本例的分配折线图，见图 5—5（横轴为总财产，纵轴为分配方案）。

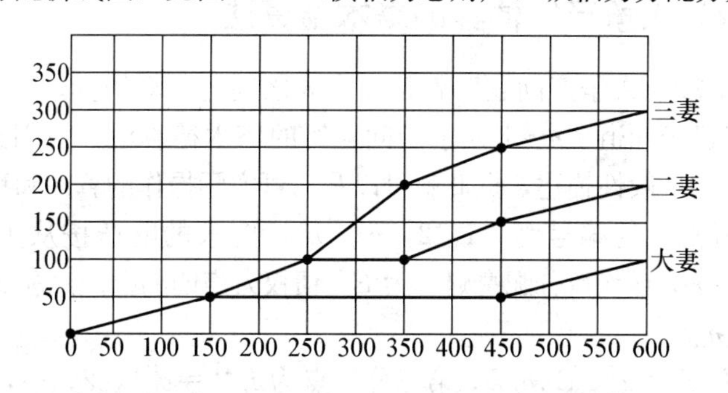

图 5—5　“三人争产问题 1”的分配方案的折线图

例 5.9　三人争产问题 2

设债权人 1、2、3 的债权依次为 $c[1]=200$，$c[2]=300$，$c[3]=400$，E=200～900，基数为 100，每次递增 100。利用“三人争产问题”的塔木德算法，对 E 的各种情况，给

出对应的分配方案 $\boldsymbol{x}(E)=(x[1], x[2], x[3])$。

解：按照“三人争产问题”的塔木德算法，

$$三人声明的总债权\ c[1,2,3]=c[1]+c[2]+c[3]=200+300+400=900$$
$$第一分界点\ E^{*}=c[1]\times 3/2=200\times 3/2=300$$
$$第三分界点\ E^{**}=c[1,2,3]-c[1]\times 3/2=900-300=600$$

（1）当 $E=200$、300 时，由于 $E\leqslant E^{*}=300$，三人应该平分。对应的分配方案见表5—12中的第2、3列。

（2）当 $E=400$，500，600 时，由于 $E^{*}=300<E\leqslant E^{**}=600$，应先将三人分为两组：{1} 与 {2，3}。{1} 组应获得声明部分的一半，即 $c[1]/2=100$；{2，3} 组应获得余下的财产，即 $E-c[1]/2$。{2，3} 组再按照“二人争产问题”的塔木德算法，在债权人 2、3 之间进行分配。分配方案见表 5—12 的第 4、5、6 列。特别地，在第三分界点 $E^{**}=600$ 处，分配方案为 $\boldsymbol{x}(600)=(100, 200, 300)$。

（3）当 $E=700$，800，900 时，由于 $E>E^{**}=600$，总财产继续增长的部分 $d=E-600$，由 3 个债权人平分，对应的分配方案为

$$\boldsymbol{x}(E)=(100+d/3, 200+d/3, 300+d/3)$$

$E=700$，800，900 时的分配方案见表 5—12 的第 7、8、9 列。

表 5—12　“三人争产问题 2”的塔木德分配方案

分配方案 \ 总财产	200	300	400	500	600	700	800	900
$x[1]$	$66\frac{2}{3}$	100	100	100	100	$133\frac{1}{3}$	$166\frac{2}{3}$	200
$x[2]$	$66\frac{2}{3}$	100	150	150	200	$233\frac{1}{3}$	$266\frac{2}{3}$	300
$x[3]$	$66\frac{2}{3}$	100	150	250	300	$333\frac{1}{3}$	$366\frac{2}{3}$	400

4. “$n(n\geqslant 2)$ 人争产”博弈的塔木德算法

实质上，“$n(n\geqslant 2)$ 人争产问题”就是 n 个人之间的一场博弈。一般地，对 $n(n\geqslant 2)$ 人争产问题，假设已经知道“$n-1$ 人争产问题”的塔木德算法，我们给出“n 人争产问题”的塔木德算法的一般性描述，据此就可以写出可实际操作的算法和程序。

我们记所有债权人的编号为 $\{1, 2, \cdots, n\}$，要求的财产按从少到多依次排序为 $c[1]\leqslant c[2]\leqslant\cdots\leqslant c[n]$，假设待分配总财产为 E。债权人声明的财产总和 $c[1, 2, \cdots, n]=c[1]+c[2]+\cdots+c[n]$。

第一分界点为 $E^{*}=c[1]\times n/2$；第三分界点为 $E^{**}=c[1, 2, \cdots, n]-c[1]\times n/2$。

记总财产为 E 时编号为 1，2，…，n 的债权人分到的财产依次为 $x[1]$，$x[2]$，…，$x[n]$，则向量 $\boldsymbol{x}(E)=(x[1], x[2], \cdots, x[n])$ 就是与 E 对应的分配方案。

“$n(n\geqslant 2)$ 人争产问题”的塔木德算法：

（1）当 $E\leqslant E^{*}$ 时，即待分财产不超过第一分界点时，应采取平均分配，以保证实现

“争执大衣原则”中的第 2 项内容：声明数额小的分得的不能比声明数额大的分得的多。这时每人分得 E/n，分配方案为 $\boldsymbol{x}(E)=(E/n, E/n,\cdots, E/n)$。

(2) 在第三分界点 E^{**} 处，债权人的损失相同，记对应的分配方案为 $\boldsymbol{x}(E^{**})=(x[1], x[2], \cdots, x[n])$。因此，当 $E>E^{**}$ 时，总财产继续增长的部分 $d=E-E^{**}$ 由 n 个债权人平分，每人增加 d/n。故当 $E>E^{**}$ 时，对应的分配方案为

$$\boldsymbol{x}(E)=(x[1]+d/n, x[2]+d/n,\cdots,x[n]+d/n)$$

(3) 当 $E^{*}< E\leqslant E^{**}$ 时，解决问题的基本思路是将“n 人争产问题”转化为一个“二人争产问题”和一个“$n-1$ 人争产问题”，步骤如下：

第 1 步：先分成两组：{1}，{2，3，…，n}。**分组原则是：声明获得最少的那个人为一组，其他人为另一组。**此时，{1} 组声明获得的财产为 $c[1]$，{2，3，…，n} 组声明获得的财产记为 $c[2, 3, \cdots, n]=c[2]+c[3]+\cdots+c[n]$。

第 2 步：按照“争执大衣原则”，由于 {2，3，…，n} 组声明获得 $c[2, 3, \cdots, n]>c[1]$，所以争议部分为 {1} 声明的部分 $c[1]$。因此，{1} 获得声明部分的一半，即 $c[1]/2$；{2，3，…，n} 组获得余下的财产，即 $E-c[1]/2$。然后，再按照“$n-1$ 人争产问题”的塔木德算法，在 {2，3，…，n} 组的 $n-1$ 个成员之间进行第 2 次分配。注意，这时待分配的总财产是 $E-c[1]/2$。

注意：算法中每次分配的成员和待分配总财产是变化的，而分配原则是不变的。

例 5.10 “四人争产问题”的博弈分析

设甲、乙、丙、丁的债权（单位：万元）分别为 $c[1]=100$，$c[2]=200$，$c[3]=300$，$c[4]=400$，待分配的总财产为 E。$E=100\sim1\,000$，基数为 100，每次递增 100。利用“四人争产问题”的塔木德算法，对 E 的各种情况，给出对应的分配方案 $\boldsymbol{x}(E)=(x[1], x[2], x[3], x[4])$。

解：利用“四人争产问题”的塔木德算法，本例中所有债权人的编号为 {1，2，3，4}，

总债权 $c[1,2,3,4]=100+200+300+400=1\,000$

第一分界点 $E^{*}=c[1]\times4/2=100\times4/2=200$

第三分界点 $E^{**}=c[1,2,3,4]-c[1]\times4/2=1\,000-200=800$

(1) 当 $E=100$、200 时，由于 $E\leqslant E^{*}=200$，4 人应该平分。对应的分配方案见表 5—13 中的第 2、3 列。

(2) 当 $E=300$、400、500、600、700、800 时，由于 $E^{*}<E\leqslant E^{**}$，先将 4 人分为两组：{1} 与 {2，3，4}，{1} 组应获得声明部分的一半，即 $c[1]/2=50$；{2，3，4} 组应获得余下的财产，即 $E-c[1]/2$。{2，3，4} 组再按照“三人争产问题”的塔木德算法，在债权人 2、3、4 之间进行分配。分配方案见表 5—13 的第 4～9 列。特别地，在第三分界点 $E^{**}=800$ 处，分配方案为 $\boldsymbol{x}(800)=(50, 150, 250, 350)$。

(3) 当 $E=900$、1 000 时，由于 $E>E^{**}=800$，总财产继续增长的部分 $d=E-800$ 由 4 个债权人平分，对应的分配方案为

$$\boldsymbol{x}(E)=(50+d/4, 150+d/4, 250+d/4, 350+d/4)。$$

分配方案见表 5—13 的第 10、11 列。

表 5—13　　　　　　　　　“四人争产问题”的塔木德分配方案

总财产 / 分配方案	100	200	300	400	500	600	700	800	900	1 000
$x[1]$	25	50	50	50	50	50	50	50	75	100
$x[2]$	25	50	83.333	100	100	100	116.67	150	175	200
$x[3]$	25	50	83.333	125	150	175	216.67	250	275	300
$x[4]$	25	50	83.333	125	200	275	316.67	350	375	400

例 5.11　“五人争产问题”的博弈分析

设债权人 1，2，3，4，5 的债权依次为：$c[1]=100$，$c[2]=100$，$c[3]=300$，$c[4]=400$，$c[5]=400$，待分配的总财产为 E。$E=100\sim1\,300$，基数为 100，每次递增 50。

（1）利用“$n=5$ 人争产问题”的塔木德算法，对 E 的各种情况，给出对应的分配方案 $\boldsymbol{x}(E)=(x[1],\ x[2],\ x[3],\ x[4],\ x[5])$。

（2）画出分配折线图。

解： 利用“$n=5$ 人争产问题”的塔木德算法，对 E 的各种情况，给出对应的分配方案。所有债权人的编号为 {1，2，3，4，5}，

$$c[1,2,3,4,5]=100+100+300+400+400=1\,300$$

第一分界点 $E^{*}=c[1]\times5/2=100\times5/2=250$

第三分界点 $E^{**}=c[1,2,3,4,5]-c[1]\times5/2=1\,300-250=1\,050$

（1）当 $E=100$、150、200、250 时，由于 $E\leqslant E^{*}=250$，5 人应该平分。对应的分配方案见表 5—14 中的第 2～5 列。

当 $E=300\sim1\,050$ 时，由于 $E^{*}<E\leqslant E^{**}$，先将 5 人分为两组：{1} 与 {2，3，4，5}，{1} 组应获得声明部分的一半，即 $c[1]/2=50$；{2，3，4，5} 组应获得余下的财产，即 $E-c[1]/2$。{2，3，4，5} 组再按照“四人争产问题”的塔木德算法，在债权人 2、3、4、5 之间进行分配。分配方案见表 5—14 的第 6～21 列。特别地，在第三分界点 $E^{**}=1\,050$ 处，分配方案 $\boldsymbol{x}(1\,050)=(50,\ 50,\ 250,\ 350,\ 350)$。

当 $E=1\,100\sim1\,300$ 时，由于 $E>E^{**}=1\,050$，总财产继续增长的部分 $d=E-1\,050$ 由 5 个债权人平分，对应的分配方案为

$$\boldsymbol{x}(E)=(50+d/5,50+d/5,250+d/5,\ 350+d/5,\ 350+d/5)$$

分配方案见表 5—14 的第 22～26 列。

表 5—14　　　　　　　　　“5 人争产问题”的塔木德分配方案

总财产 / 分配方案	100	150	200	250	300	350	400	450	500	550	600	650	700
$x[1]$	20	30	40	50	50	50	50	50	50	50	50	50	50
$x[2]$	20	30	40	50	50	50	50	50	50	50	50	50	50
$x[3]$	20	30	40	50	66.667	83.333	100	116.67	133.33	150	150	150	150
$x[4]$	20	30	40	50	66.667	83.333	100	116.67	133.33	150	175	200	225
$x[5]$	20	30	40	50	66.667	83.333	100	116.67	133.33	150	175	200	225

续前表

分配方案 \ 总财产	750	800	850	900	950	1 000	1 050	1 100	1 150	1 200	1 250	1 300
$x[1]$	50	50	50	50	50	50	50	60	70	80	90	100
$x[2]$	50	50	50	50	50	50	50	60	70	80	90	100
$x[3]$	150	166.67	183.33	200	216.67	233.33	250	260	270	280	290	300
$x[4]$	250	266.67	283.33	300	316.67	333.33	350	360	370	380	390	400
$x[5]$	250	266.67	283.33	300	316.67	333.33	350	360	370	380	390	400

注意：按算法编程用计算机计算时，分配方案中的某些数据只能取满足一定精度要求的近似值。

(2) 分配方案的折线图见图 5—6（横轴为总财产，纵轴为分配方案）。

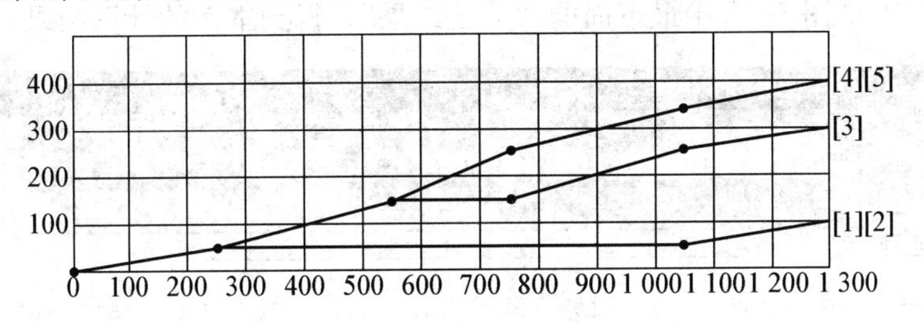

图 5—6 “五人争产问题”分配方案的折线图

5. 利用 Excel 实现“$n(n\geqslant 2)$ 人争产”博弈的塔木德分配方案

为实现“$n(n\geqslant 2)$ 人争产”博弈的塔木德分配方案，我们编制了能在 Office 办公系统中的 Excel 环境下运行的软件——“塔木德财产分配法 11. xlt”。

以例 5.11“五人争产问题”的博弈分析过程为例。

第 1 步：运行软件“塔木德财产分配法 11. xlt”，得到界面，见图 5—7。

（提示：计算机要先安装 Excel 软件。）

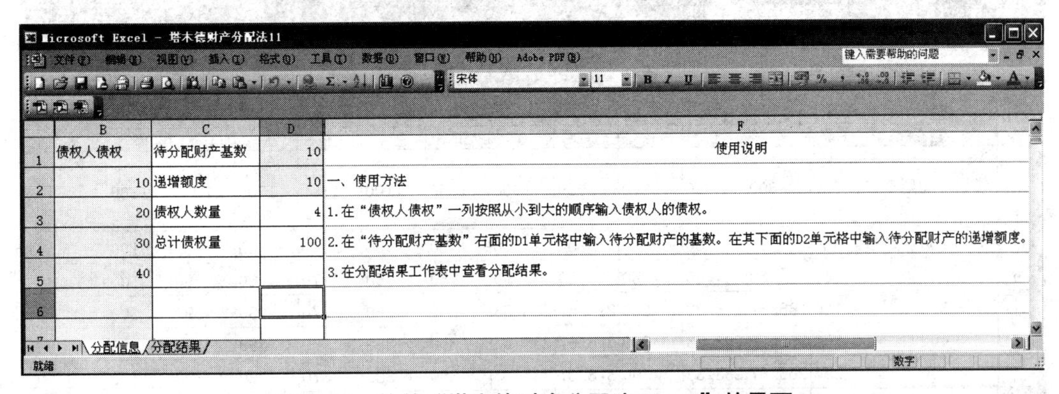

图 5—7 软件“塔木德财产分配法 11. xlt”的界面

第 2 步：按照本例题修改相关数据，将“债权人债权”依次修改为 100，100，300，400，400；将“待分配财产基数”修改为 100，将“递增额度”修改为 50，如图 5—8 所示。

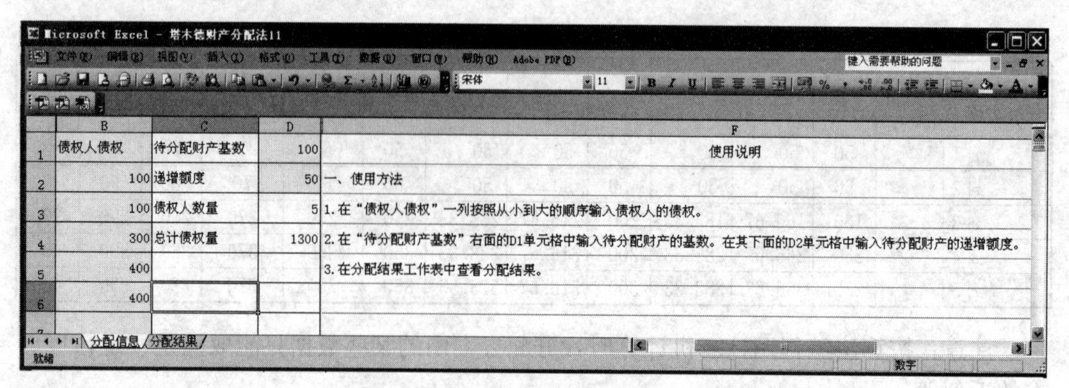

	B	C	D	F
1	债权人债权	待分配财产基数	100	使用说明
2	100	递增额度	50	一、使用方法
3	100	债权人数量	5	1.在“债权人债权”一列按照从小到大的顺序输入债权人的债权。
4	300	总计债权量	1300	2.在“待分配财产基数”右面的D1单元格中输入待分配财产的基数。在其下面的D2单元格中输入待分配财产的递增额度。
5	400			3.在分配结果工作表中查看分配结果。
6	400			

图 5—8 本例的数据

第 3 步：点击图 5—8 中最下面的“分配结果”，得到本例的计算结果，见图 5—9。

	A	B	C	D	E	F	G	H	I	J	K	L	M	N
1	债权 总财产	100	150	200	250	300	350	400	450	500	550	600	650	700
2	100	20	30	40	50	50	50	50	50	50	50	50	50	50
3	100	20	30	40	50	50	50	50	50	50	50	50	50	50
4	300	20	30	40	50	66.667	83.333	100	116.67	133.33	150	150	150	150
5	400	20	30	40	50	66.667	83.333	100	116.67	133.33	150	175	200	225
6	400	20	30	40	50	66.667	83.333	100	116.67	133.33	150	175	200	225

图 5—9 本例的计算结果

	A	B	C	D	E	F	G	H	I	J	K	L	M	N
1	债权 总财产	750	800	850	900	950	1000	1050	1100	1150	1200	1250	1300	
2	100	50	50	50	50	50	50	50	60	70	80	90	100	
3	100	50	50	50	50	50	50	50	60	70	80	90	100	
4	300	150	166.67	183.33	200	216.67	233.33	250	260	270	280	290	300	
5	400	250	266.67	283.33	300	316.67	333.33	350	360	370	380	390	400	
6	400	250	266.67	283.33	300	316.67	333.33	350	360	370	380	390	400	

图 5—9 本例的计算结果（续）

从博弈论的角度看，“塔木德解决方案”是 n 人合作博弈的一个解，这个解不同于夏普利值。“塔木德解决方案”为破产争执提供了一个出色的解决方案，它的特点是：在资源不足的情况下，不仅保护了弱者，而且拥有一个贯穿始终的原理。一旦接受这一原理，则争执中的任意方无论从哪个角度考虑都会发现这一解决方案是公正的，都不会产生不满。由于“塔木德解决方案”恰好是相应博弈的“核仁”，因此有的学者认为“塔木德解决方案”是现代博弈论中“核仁”概念的鼻祖。

5.3 拍卖的博弈分析

拍卖是财产权利转让的最古老的方式之一，近现代以来在世界各国广为应用与发展。作为现代经济中十分活跃的拍卖过程充满了竞争和博弈的现象，它包含着竞买人与竞买人之间的博弈、竞买人与拍卖人之间的博弈以及拍卖人与拍卖人之间的博弈。博弈论不但可以很好地解释拍卖行为，而且已经被广泛应用于拍卖机制设计中。大多数设计拍卖机制的目的是比传统的政府实践更加有效地分配资源。拍卖本身是一个博弈的过程，因而可以通过现代经济学的方法对传统的拍卖方法的效率做出评估，同时也可以设计出新的拍卖方法。自 20 世纪 90 年代以来，互联网使得拍卖和普通人之间产生了密切的关系，网上拍卖提供商 eBay 公司成立于 1995 年 9 月，目前是全球最大的网络交易平台之一，2012 年年底它的市值就已经达到 659.9 亿美元，位于 2012 年终全球 IT 企业市值 TOP25 排行榜第 13 位。

1. 关于拍卖的几个概念

在一般的产品销售途径下，当卖方不知道顾客认为他的产品有多少价值时，价格定高，产品可能卖不出去；价格定低，会白白蒙受损失。特别是当你卖的是有时效性的产品（蔬菜、水果等）时，一旦找不到买主，时限一到产品就永远失效。而通过拍卖，卖方不需要确定最理想的价格，因为产品的拍卖价格会随着买方的需求而自动调整。由于拍卖的价格会自动降低或提高，直到市场接受为止，因此，通过拍卖，几乎不会让你的东西卖不出去。

（1）拍卖的定义。

《中华人民共和国拍卖法》第三条规定：“拍卖是指以公开竞价的形式，将特定物品或者财产权利转让给最高应价者的买卖方式。”一般可以将拍卖定义为：拍卖人接受出卖人的委托或根据法律的强制规定，通过公开叫价或者密封递价的方式，将特定财产出售给出价最高且超过底价的竞买人而进行的买卖活动。拍卖的性质是以转让拍卖标的的所有权或使用权为目的的买卖活动。公开、公平、公正及诚实信用为拍卖活动必须遵守的基本原则。美国经济学家普雷斯顿·麦卡菲（Preston Mcafee）认为：“拍卖是一种市场状态，此市场状态在市场参与者标价基础上具有决定资源配置和资源价格的明确规则。”经济学界认为：“拍卖是一个集体（拍卖群体）决定价格及其分配的过程。”

（2）拍卖的基本条件。

1）拍卖必须有两个以上的买主，从而得以具备使买主相互之间能就其欲购的拍卖物品展开价格竞争的条件。

2）拍卖必须有不断变动的价格，是由买主以卖主当场公布的起始价为基准另行报价，直至最后确定最高价为止。

3）拍卖必须有公开竞争的行为，是不同的买主在公开场合针对同一拍卖物品竞相出价，如果没有任何竞争行为发生，拍卖就失去了意义。

2. 几种常见的拍卖方式

英格兰式拍卖，也称“增价拍卖”或“低估价拍卖”，是指在拍卖过程中，拍卖人宣布拍卖标的的起叫价及最低增幅，竞买人以起叫价为起点，由低至高竞相应价，最后最高竞价者在三次报价无人应价后，响槌成交，但成交价不得低于保留价。

荷兰式拍卖，也称“降价拍卖”或“高估价拍卖”，是指在拍卖过程中，拍卖人宣布拍卖标的的起叫价及降幅，并依次叫价，第一位应价人响槌成交，但成交价不得低于保留价。

英格兰式与荷兰式相结合的拍卖，是指在拍卖过程中，拍卖人宣布起拍价及最低增幅后，由竞买人竞相应价，拍卖人依次升高叫价，由最高应价者竞得；若无人应价则转为拍卖人依次降低叫价及降幅，并依次叫价，由第一位应价者竞得，但成交价不得低于保留价。

招标式拍卖，是由买主在规定的时间内将密封的标书递交拍卖人，由拍卖人选择买主。两种最常见的形式：一种是第一价格密封拍卖，另一种是第二价格密封拍卖。

在第一价格密封拍卖下，竞买者们要同时对所卖的东西投标。出价最高的竞买者中标后，便可以用投标金额把东西买走。所有的竞买者都是同时投标，并以秘密的方式进行。

在第二价格密封拍卖下，每个竞买者以秘密的方式投标，由出价最高的竞买者中标，但中标者所支付的价格是次高的投标金额。只要其他竞买者的估价比他低，他就可以得到收益。

反向拍卖方式，常用于政府采购、工程采购等。由采购方提供希望得到的产品的信息、需要服务的要求和可以承受的价格定位，由卖家之间以竞争方式决定最终的产品提供商和服务供应商，从而使采购方以最优的性能价格比实现购买。

定向拍卖方式，是一种为特定的拍卖标的物而设计的拍卖方式，有意竞买者必须符合卖家所提出的相关条件，才可成为竞买人，参与竞价。

3. 英格兰式拍卖的博弈分析

例 5.12 考虑 A、B 二人竞买一件艺术品的投标博弈。A 对该拍卖品的估价是 205 万元，他不知道 B 对该拍卖品的估价，但他估计是 180 万元或 190 万元。现在 B 的出价是 170 万元，规定涨幅为 10 万元。用博弈论分析，A 应该如何出价？他的最优反应是什么？

解：由于 A 对该拍卖品的估价是 205 万元，如果他以高于这个价格竞得该物品，则他的收益为负值；如果他以低于这个价格竞得该物品，则他的收益为正值。对 B 有类似的分析。

A 有 5 种可供选择的策略，出价：180 万元，190 万元，200 万元，210 万元，或弃拍。他是否应该出价 210 万元以使 B 弃拍呢？虽然他们彼此不知道对方对拍卖品的估价，但他们都知道彼此的出价，因此该拍卖博弈的扩展式如图 5—10 所示，其中收益向量中括号左边的数据为 A 的收益，括号右边的数据为 B 的收益。

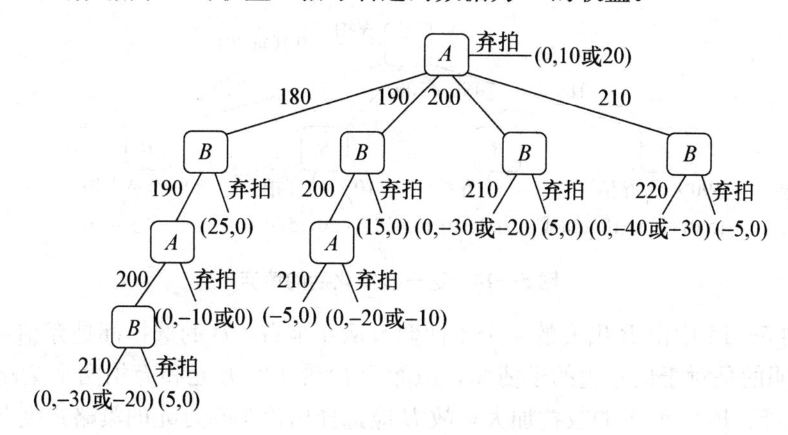

图 5—10　拍卖博弈的扩展式

应用逆向归纳法，在图 5—11 表示的基本子博弈中（见图 5—10 的左下侧），B 再次出价的选择是弃拍，收益为 0。

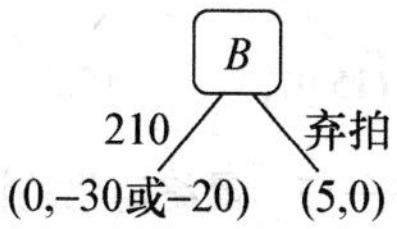

B
210　弃拍
(0,–30或–20)　(5,0)

图 5—11　基本子博弈

这样原博弈得到简化，见图 5—12。

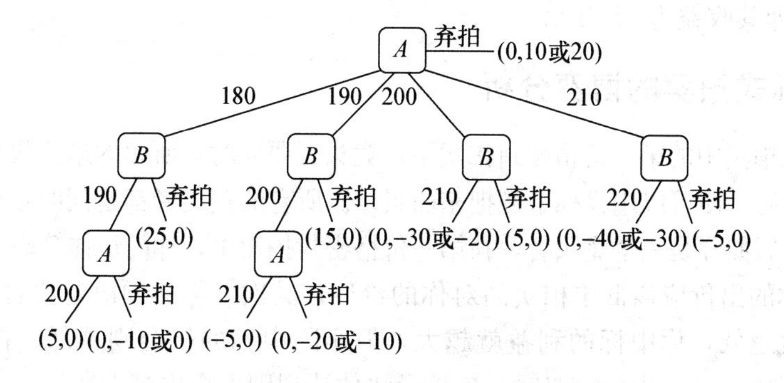

图 5—12　简化后的博弈

考虑图 5—13 表示的两个子博弈：对图 5—13(a) 中的子博弈，A 应选择出价 200 万元，收益为 5；对图 5—13(b) 中的子博弈，A 应选择弃拍，收益为 0。

图 5—13　两个子博弈

从而可以将原博弈进一步简化，见图 5—14。

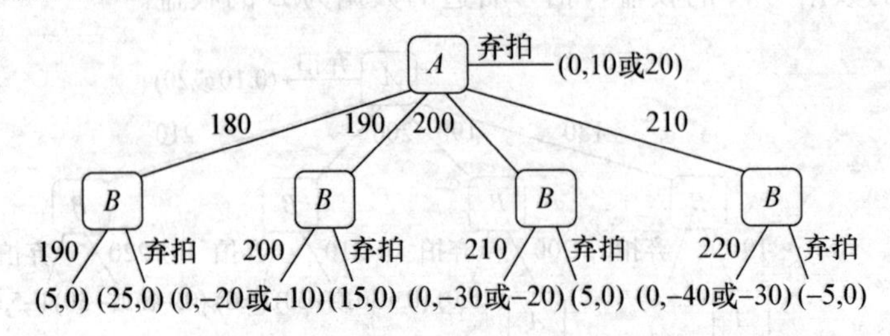

图 5—14　进一步简化后的博弈

对于图 5—14 中由 B 出发的 4 个子博弈，从左至右，B 的选择都是弃拍，收益均为 0。需要说明的是对于最左边的子博弈，虽然 B 出价 190 万元和弃拍两个策略的收益都是 0，但选择弃拍会使 A 的收益加大，故 B 应选择出价 190 万元的策略。据此将原博弈进一步简化，见图 5—15。

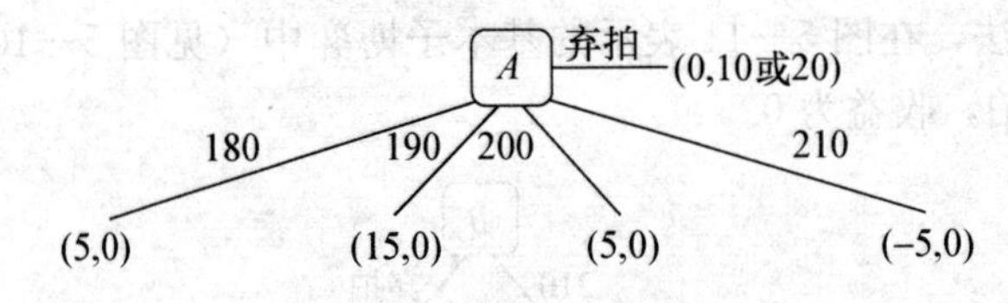

图 5—15　最终简化的博弈

显然，A 的最优策略是出价 190 万元。该博弈的子博弈完美均衡是：A 选择出价 190 万元，B 选择弃拍。结果是：A 以 190 万元的价格得到竞拍物品，比他的估价节省了 15 万元，即其收益为 15 万元。

4. 招标式拍卖的博弈分析

在招标式拍卖中的第一价格密封拍卖下，竞买者要同时对所卖的东西投标。出价最高的竞买者中标后，便可以用投标金额把东西买走。所有的竞买者都是同时投标，并以秘密的方式进行。假如你是一个竞买者，在第一价格密封拍卖中，你的最佳策略是什么？

首先，你的出价应该低于拍卖品对你的价值；其次，你必须决定要冒多大的风险。因为你的出价越低，你中标的利益就越大，但实际中标的机会则越低。在理想的情况下，当你在形成自己的投标策略时，应该设法估计到别人会出多少钱。

在第二价格密封拍卖中，每个竞买者以秘密的方式投标，由出价最高的竞买者中标，但中标者所支付的价格是次高的投标金额。只要其他竞买者的估价比他的低，他就可以得到收益。在第二价格密封拍卖中，你的最佳策略是什么？

最佳策略是：拍卖品对你有多少价值，你就应该以这个价值投标。下面我们通过实例来具体分析这种拍卖方式的博弈过程。

例 5.13 假设你要竞买的拍卖品对你的价值是 100 万元，按照第二价格密封拍卖的投标策略，你出价 100 万元是最优策略。事实上，如果目前最高的投标金额都小于 99 万元，则你出价 100 万元或 99 万元都不会影响结果，你会中标，并得到 100 万元和次高价之差的收益。如果目前最高的投标金额大于 100 万元，比如 104 万元，这时你出价 100 万元或小于 100 万元，则你不会赢得拍卖；如果你出价超过 104 万元，比如你出价 105 万元，虽然会中标，但你必须支付 104 万元买下拍卖品，而这个价格超过了该拍卖品对你的价值。因此你出价 100 万元是最佳的。

在第二价格密封拍卖中，你的投标金额决定了你会不会中标，但它并不能决定你中标的时候要付多少钱。在这种拍卖中，只有当你的中标金额低于拍卖品对你的价值时，你才会想中标。如果你按照拍卖品对你的价值来投标，则只有当次高的出价低于拍卖品对你的价值时，你才会中标。

例 5.14 eBay 拍卖

eBay 公司成立于 1995 年 9 月，是目前全球最大的网络交易平台之一。eBay 的拍卖基本上属于第二价格密封拍卖，它的中标者一定是出价最高的竞买者，而他所支付的金额则是次高的投标金额。因此，如果你知道拍卖品对你的价值，而且相信拍卖公正，你在 eBay 的最优策略就是按照拍卖品对你的价值来出价。当别人出价更高时你绝对不应该追价，否则，即使你中标，你支付的金额也必将大大超过拍卖品对你的价值。

在实际使用这个原则时，eBay 提供了一种方便的功能，具体操作为：

（1）确定你的最高出价，即拍卖品对你的价值，在 eBay 拍卖窗口的指定位置输入这个数值。见图 5—16。

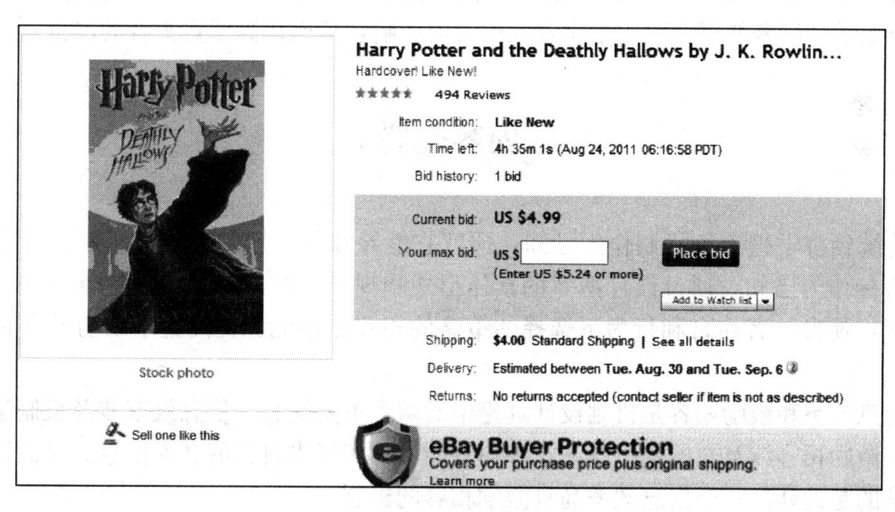

图 5—16 eBay 的拍卖窗口

（2）eBay 根据你愿意支付的这个最高价自动为你出价，你就不用一直关注拍卖的进行了。

（3）如果其他竞买者的出价高于你所愿意支付的最高出价，你将无法获得这一物

品；如果其他竞买者的出价低于你所愿意支付的最高出价，你将会竞拍得到这一物品，你实际支付的价格会低于你所愿意支付的最高出价。

5. 赢者的诅咒

有时，你并不能完全确定拍卖品的价值，很可能高估了拍卖品的价值，虽然你赢得了拍卖品，但该拍卖品不值你付出的金额，这时你就陷入了“赢者的诅咒”。

下面是关于“赢者的诅咒”的出处。传说在公元193年，当时的罗马皇帝柏提那克斯（Pertinax）被他的近卫军杀害，而想大捞一把的近卫军士兵对皇位进行拍卖，一个叫狄第乌斯（Didius）的富翁拍得皇位并承诺支付给每名近卫军士兵25 000塞特策（Sesterces，罗马货币单位）。然而皇帝的位置还没坐多久，这位赢家便被从远方赶回的罗马军队赶下了台，并得到了“赢者的诅咒”——被砍头。从而“赢者的诅咒”这个概念被用来指：拍卖的赢家成功获得物品后发现其价值并不值得出如此高的价。这种情况常见于矿产资源开采权的拍卖，比如拍得的开采地域的储量并不尽如人意。

在其他竞买者对物品的信息更完备时，对一个信息不够灵通的竞买者而言，赢得拍卖就是一件更糟糕的事情。

如何避免“赢者的诅咒”呢？当你不确定物品的价值时，要考虑其他竞买者的出价。出价高，表明其他竞买者认为该物品很有价值；出价低，则表明其他竞买者认为该物品没有什么价值。如果其他竞买者对于你所不知道的拍卖品可能有所了解，那么他们的出价应该会影响你对拍卖品的价值的估计。

“赢者的诅咒”对买卖双方都会导致不利的影响。当买方无法确认物品的价值时，他们会担心付出太多，“赢者的诅咒”会使所有的竞买者压低出价，因而减少卖方的收入。要破除“赢者的诅咒”，卖方必须提供物品的相关信息，使买方了解物品的价值，这就降低了“赢者的诅咒”对拍卖收入的负面影响，从而提高了竞买者的出价。

内容提要

传统经济学把市场机制作为已知，研究它能导致什么样的配置；机制设计理论把社会目标作为已知，通过设计博弈的具体形式和规则，在满足参与者各自条件约束的情况下，使参与者在自利行为下选择的策略的相互作用能够让配置结果与预期目标相一致。

信息效率和激励相容是机制设计理论中的两个重要概念。信息效率涉及机制运行的成本；激励相容涉及在给定机制下，参与者能够如实报告自己的私人信息。机制设计理论追求的是设计出一个信息效率高且激励相容的机制。

“塔木德解决方案”给破产争执提供了一个出色的解决方案，其特点是在资源不足的情况下，不仅保护了弱者，而且拥有一个贯穿始终的原则。一旦接受这一原则，则争执中的任意方无论从哪个角度考虑都会发现这一解决方案是公正的，都不会产生不满。

大多数拍卖机制设计的目的是希望比传统的政府实践能更加有效地分配资源。拍卖本身是一个博弈的过程，因而可以通过现代经济学的方法对传统的拍卖方法的效率做出评估，同时也可以设计出新的拍卖方法。

关键概念

机制设计　信息效率　激励相容　无过失责任原则　过错责任原则　过错推定原则　审计合谋　争执大衣原则　第一价格密封拍卖　第二价格密封拍卖

复习题

1. 机制设计理论讨论的一般问题是什么？
2. 论述设计合理的社会机制对构建和谐社会的重要性。
3. 给出一个“搭便车”的实例，并给出一种消除“搭便车”的机制设计。
4. 指出塔木德分配方案的特点。
5. 在 eBay 网络交易平台上做一次购物实践。

问题与应用 5

1. 阐述社会机制设计的一般过程。
2. **采购机制设计**

假如你是一家公司的采购员，正决定向两家供应商采购 100 万个配件，每个配件的生产成本是 6 元。如果你分别向两家供应商各订购 50 万个，则每个供应商就会把价格定在 10 元，从而每个供应商将获利 200 万元，你将支付 1 000 万元。如果总经理只给你 800 万元采购费，你能轻松完成这次采购任务吗？

提示：利用囚徒困境模型设计一种采购机制。

3. **破产决算纠纷**

试用“塔木德算法”解决破产决算纠纷：设甲、乙的债权（单位：万元）分别为 $c[1]=200$、$c[2]=800$，待分配的总资产为 E。当 E 分别为 100，200，300，450，500，550，850，950 时，应如何分配？将计算结果与通行的比例计算方法作一个对比，对比结果说明什么？

4. **遗产分配问题**

某位老人的遗嘱中声明，遗产分配情况为：赠予第 1、2、3 个儿子的遗产分别为 $c[1]=100$ 万元，$c[2]=150$ 万元，$c[3]=200$ 万元。但由于各种原因，老人并没有留下足够的遗产。若老人故去后留下的待分配遗产分别为 $E=100$，150，200，225，250，300，350，400，450 时，试用“塔木德算法”解决此问题。

5. **照相机拍卖**

假设张先生和李先生在英格兰式拍卖中竞买一架照相机。张先生的出价为 100 元，竞价涨幅为 5 元；李先生对相机的估价为 114 元，他不知道张先生的估价，但猜测可能是 102 或 108。李先生有三种策略：出价 105，110 或弃拍。问：(1) 二人的最优策略各是什么？(2) 该博弈的子博弈完美均衡是什么？

附录5　婚姻合同问题

犹太人对于教育极为重视，他们认为教育对于个人、家庭、整个民族都是极为重要的，教育代表着未来，代表着一切。从诺贝尔奖设立以来，全世界的获奖者中大约有22%是犹太人。截至2012年，共有69人获诺贝尔经济学奖，其中有犹太人23人，占获奖总人数的三分之一，可见其非凡的创造力。其中，以色列经济学家罗伯特·奥曼获得了2005年诺贝尔经济学奖，再次证明了犹太科学家在经济学博弈论研究领域的超群优势。

事实上，犹太人的这种优势并不只是近代才有的事情。在公元2世纪至6世纪之间编纂的犹太教口传律法集《塔木德》，不仅是一部犹太人作为生活规范的权威经典，而且是一部丰富多彩的文学作品。在希伯来语中，“塔木德”（Talmud）的意思是“伟大的研究”。《塔木德》这部巨著约40卷，分为6部：一为农事，二为节日，三为妇女，四为损害，五为神圣之事，六为洁净与不洁。《塔木德》在世界上广为流传，已被译成十几种语言。尤其是犹太人人手一册，从生到死一直研读，常读常新。它不仅教会了犹太人思考什么，而且教会了他们如何思考。

在《塔木德》时代的犹太拉比（犹太教负责执行教规、律法并主持宗教仪式的人）们就已经具备了出色的博弈论知识，而且这种知识被罗伯特·奥曼于1985年发表的一篇论文所证实。

在《塔木德·妇女部·婚书卷》第十章第四节记载了一起财产纠纷及解决方案：一个男子在和他的3个妻子的婚书中分别许诺：若婚姻终止，大妻可获得100金币，二妻可获得200金币，三妻可获得300金币。

可是等他死后人们清算遗产的时候，发现这名“富翁”撒谎了，他的财产不够600金币，只有100金币或200金币或300金币这三种可能。那么，这时候他的3位妻子应该各分多少金币？（为数量表述清晰，以下我们称大妻为100金币者，二妻为200金币者，三妻为300金币者。）

犹太拉比们进行的裁决如下：

当遗产只有100金币时，则由她们平分；

当遗产只有200金币时，则100金币者得50金币，200金币者与300金币者各得75金币；

当遗产只有300金币时，则100金币者得50金币，200金币者得100金币，300金币者得150金币。

简单地说，拉比们规定的财产分配解决方案（简称“塔木德解决方案”）如附表1所示。

附表1　**塔木德解决方案**

遗产总额 / 债权人及债权	100	200	300
大妻100	100/3	50	50
二妻200	100/3	75	100
三妻300	100/3	75	150

按照通常逻辑，这个表格显然存在严重问题。因为这三个人应得遗产的比例为1∶2∶3，而在拉比们的裁决中，只有在遗产数为300金币的情况下这一比例才成立。这种分配方式合理吗？符合逻辑吗？长期以来，很多犹太经济学家企图找到这个问题的答案，却无人能给出合理的解释。

直到1985年，罗伯特·奥曼和另一位科学家发表了一篇题为《博弈——犹太法典中破产问题的理论分析》的论文，这个千古之谜才算解开。这篇论文首次从现代博弈论角度证明了古代犹太拉比们的裁决完全符合现代博弈论的原理。从此，这部犹太法典中的“三妻争产”故事就成了人类认识博弈论的最早实例之一。

在本书的第五章，我们根据罗伯特·奥曼等人在《塔木德·损害部·中门卷》第一章中发现的解决破产问题的理论依据，对$n(n\geqslant 2)$人争产及破产决算问题进行了详细分析，并给出了一般性算法。

在现代博弈论所能提供的各种破产争执解决方案中，“塔木德解决方案”最接近博弈论的“核仁”概念，因此，也有人说“塔木德解决方案”是现代博弈论“核仁”概念的鼻祖。

附录 6　数学预备知识

1. 几个常用数学公式

（1）等比数列求和。

首项 $a\neq 0$，公比 $r\neq 1$ 的等比数列 a，ar，ar^2，…，ar^{n-1}，…的前 n 项和为

$$S_n=a+ar+ar^2+\cdots+ar^{n-1}=\frac{a(1-r^n)}{1-r}$$

当 $-1<r<1$ 时，等比数列 a，ar，ar^2，…，ar^{n-1}，…的无穷项的和为

$$S=a+ar+ar^2+\cdots+ar^{n-1}+\cdots\cdots=\frac{a}{1-r},\quad -1<r<1$$

（2）max，min，$\sum_{i=1}^{n}x_i$，$\sum_{i=1}^{m}\sum_{j=1}^{n}a_{ij}x_iy_j$ 的含义。

已知实数 x_1，x_2，…，x_n，则

$\max\{x_1,x_2,\cdots,x_n\}$ 或 $\max\limits_{1\leqslant i\leqslant n}\{x_i\}$ 表示这 n 个数的最大值。

$\min\{x_1,x_2,\cdots,x_n\}$ 或 $\min\limits_{1\leqslant j\leqslant n}\{x_j\}$ 表示这 n 个数的最小值。

$$\sum_{i=1}^{n}x_i=x_1+x_2+\cdots+x_n$$

$$\begin{aligned}\sum_{i=1}^{m}\sum_{j=1}^{n}a_{ij}x_iy_j&=\sum_{j=1}^{n}a_{1j}x_1y_j+\sum_{j=1}^{n}a_{2j}x_2y_j+\cdots+\sum_{j=1}^{n}a_{mj}x_my_j\\&=a_{11}x_1y_1+a_{12}x_1y_2+\cdots+a_{1n}x_1y_n\\&\quad+a_{21}x_2y_1+a_{22}x_2y_2+\cdots+a_{2n}x_2y_n\\&\quad+\cdots\cdots\\&\quad+a_{m1}x_my_1+a_{m2}x_my_2+\cdots+a_{mn}x_my_n\end{aligned}$$

特别地，

$$\begin{aligned}\sum_{i=1}^{2}\sum_{j=1}^{2}a_{ij}x_iy_j&=\sum_{j=1}^{2}a_{1j}x_1y_j+\sum_{j=1}^{2}a_{2j}x_2y_j\\&=a_{11}x_1y_1+a_{12}x_1y_2+a_{21}x_2y_1+a_{22}x_2y_2\end{aligned}$$

（3）阶乘：$n!=n(n-1)\cdot\cdots\cdot 2\cdot 1$；$0!=1$。

2. 关于集合与子集合

对于两个非空集合 A 与 B，如果集合 A 的任何一个元素都是集合 B 的元素，我们就说 $A\subseteq B$（读作 A 含于 B），称集合 A 是集合 B 的子集。

如果 $A\subseteq B$，而且集合 B 中至少有一个元素不属于集合 A，则称集合 A 是集合 B 的

真子集。任何一个集合是它本身的子集。

规定： 空集∅是任何集合的子集，是任何非空集合的真子集。空集的子集是它本身。如果一个集合有 n 个元素，那么它的子集有 2^n 个（注意空集∅的存在），非空子集有 2^n-1 个。

例如：集合 $A=\{a, b, c\}$ 的非空子集有 $2^3-1=7$ 个：

$$\{a\},\{b\},\{c\},\{a,b\},\{a,c\},\{b,c\},\{a,b,c\}$$

集合 $A=\{a, b, c, d\}$ 的非空子集有 $2^4-1=15$ 个：

$$\{a\},\{b\},\{c\},\{d\},\{a,b\},\{a,c\},\{a,d\},\{b,c\},\{b,d\},\{c,d\}$$
$$\{a,b,c\},\{a,b,d\},\{a,c,d\},\{b,c,d\}$$
$$\{a,b,c,d\}$$

集合 $A=\{a, b, c, d, e\}$ 的非空子集有 $2^5-1=31$ 个：

$$\{a\},\{b\},\{c\},\{d\},\{e\}$$
$$\{a,b\},\{a,c\},\{a,d\},\{a,e\},\{b,c\},\{b,d\},\{b,e\},\{c,d\},\{c,e\},\{d,e\}$$
$$\{a,b,c\},\{a,b,d\},\{a,b,e\},\{a,c,d\},\{a,c,e\},\{a,d,e\},\{b,c,d\},\{b,c,e\},\{b,d,e\},\{c,d,e\}$$
$$\{a,b,c,d\},\{a,b,c,e\},\{a,b,d,e\},\{a,c,d,e\},\{b,c,d,e\}$$
$$\{a,b,c,d,e\}$$

3. 关于向量与矩阵的概念

（1）向量。

线性代数中的向量是指 n 个实数组成的有序数组，称为 n **维向量**。例如，$\boldsymbol{X}=(x_1, x_2, \cdots, x_n)$ 是 n 维行向量，其中 x_i 称为 $\boldsymbol{X}=(x_1, x_2, \cdots, x_n)$ 的第 i 个分量；$\boldsymbol{X}^{\mathrm{T}}=(x_1, x_2, \cdots, x_n)^{\mathrm{T}}$ 表示向量 $\boldsymbol{X}=(x_1, x_2, \cdots, x_n)$ 的转置，是 n 维列向量。

（2）矩阵。

在数学名词中，矩阵用来表示统计数据等方面的各种有关联的数据。例如：

$$\boldsymbol{A}=\begin{pmatrix}1 & 2\\ 3 & 4\end{pmatrix},\quad \boldsymbol{B}=\begin{bmatrix}a_{11} & a_{12}\\ a_{21} & a_{22}\end{bmatrix}\text{都是 } 2\times 2 \text{ 矩阵，而}$$

$$\boldsymbol{A}=\begin{bmatrix}1 & 2 & 3\\ 4 & 5 & 6\\ 7 & 8 & 9\end{bmatrix},\quad \boldsymbol{B}=\begin{bmatrix}b_{11} & b_{12} & b_{13}\\ b_{21} & b_{22} & b_{23}\\ b_{31} & b_{32} & b_{33}\end{bmatrix}\text{都是 } 3\times 3 \text{ 矩阵。}$$

一般的，$m\times n$ 矩阵表示为

$$\boldsymbol{A}=\begin{bmatrix}a_{11} & a_{12} & \cdots & a_{1n}\\ a_{21} & a_{22} & \cdots & a_{2n}\\ \vdots & \vdots & \ddots & \vdots\\ a_{m1} & a_{m2} & \cdots & a_{mn}\end{bmatrix}\text{，经常简记为 } \boldsymbol{A}=(a_{ij})_{m\times n}\text{。}$$

（3）双矩阵。

一般的，$m\times n$ 双矩阵表示为

$$\begin{pmatrix} (a_{11},b_{11}) & (a_{12},b_{12}) & \cdots & (a_{1n},b_{1n}) \\ (a_{21},b_{21}) & (a_{22},b_{22}) & \cdots & (a_{2n},b_{2n}) \\ \vdots & \vdots & \ddots & \vdots \\ (a_{m1},b_{m1}) & (a_{m2},b_{m2}) & \cdots & (a_{mn},b_{mn}) \end{pmatrix}$$

4. 关于向量与矩阵的计算

（1）向量的加法。

向量 $\boldsymbol{X}=(x_1, x_2, \cdots, x_n)$ 与向量 $\boldsymbol{Y}=(y_1, y_2, \cdots, y_n)$ 相加定义为

$$\boldsymbol{X}+\boldsymbol{Y}=(x_1+y_1, x_2+y_2, \cdots, x_n+y_n)$$

例如：向量 $\boldsymbol{X}=(1, 2, 3)$ 与向量 $\boldsymbol{Y}=(4, 5, 6)$ 的和为 $\boldsymbol{X}+\boldsymbol{Y}=(5, 7, 9)$。

注意：只有相同维数的向量才能相加减。

（2）矩阵的加法。

两个同阶（即有相同的行数、相同的列数）的矩阵可以相加，它们的和定义为由对应元素的和构成的矩阵，即如果矩阵

$$\boldsymbol{A}=\begin{pmatrix} a_{11} & a_{12} & \cdots & a_{1n} \\ a_{21} & a_{22} & \cdots & a_{2n} \\ \vdots & \vdots & \ddots & \vdots \\ a_{m1} & a_{m2} & \cdots & a_{mn} \end{pmatrix}, \quad \boldsymbol{B}=\begin{pmatrix} b_{11} & b_{12} & \cdots & b_{1n} \\ b_{21} & b_{22} & \cdots & b_{2n} \\ \vdots & \vdots & \ddots & \vdots \\ b_{m1} & b_{m2} & \cdots & b_{mn} \end{pmatrix}$$

则两个矩阵的和定义为

$$\boldsymbol{C}=\boldsymbol{A}+\boldsymbol{B}=\begin{pmatrix} a_{11}+b_{11} & a_{12}+b_{12} & \cdots & a_{1n}+b_{1n} \\ a_{21}+b_{21} & a_{22}+b_{22} & \cdots & a_{2n}+b_{2n} \\ \vdots & \vdots & \ddots & \vdots \\ a_{m1}+b_{m1} & a_{m2}+b_{m2} & \cdots & a_{mn}+b_{mn} \end{pmatrix}$$

（3）标量与矩阵的乘法。

标量 α 与矩阵 $\boldsymbol{A}=\begin{pmatrix} a_{11} & a_{12} & \cdots & a_{1n} \\ a_{21} & a_{22} & \cdots & a_{2n} \\ \vdots & \vdots & \ddots & \vdots \\ a_{m1} & a_{m2} & \cdots & a_{mn} \end{pmatrix}$ 的乘法定义为：

$$\alpha\boldsymbol{A}=\alpha\begin{pmatrix} a_{11} & a_{12} & \cdots & a_{1n} \\ a_{21} & a_{22} & \cdots & a_{2n} \\ \vdots & \vdots & \ddots & \vdots \\ a_{m1} & a_{m2} & \cdots & a_{mn} \end{pmatrix}=\begin{pmatrix} \alpha a_{11} & \alpha a_{12} & \cdots & \alpha a_{1n} \\ \alpha a_{21} & \alpha a_{22} & \cdots & \alpha a_{2n} \\ \vdots & \vdots & \ddots & \vdots \\ \alpha a_{m1} & \alpha a_{m2} & \cdots & \alpha a_{mn} \end{pmatrix}$$

（4）向量与矩阵的乘法。

向量 $\boldsymbol{X}=(x_1,x_2,\cdots,x_m)$ 与矩阵 $\boldsymbol{A}=\begin{pmatrix} a_{11} & a_{12} & \cdots & a_{1n} \\ a_{21} & a_{22} & \cdots & a_{2n} \\ \vdots & \vdots & \ddots & \vdots \\ a_{m1} & a_{m2} & \cdots & a_{mn} \end{pmatrix}$ 的乘积

$$\boldsymbol{XA}=(x_1,x_2,\cdots,x_m)\begin{pmatrix} a_{11} & a_{12} & \cdots & a_{1n} \\ a_{21} & a_{22} & \cdots & a_{2n} \\ \vdots & \vdots & \ddots & \vdots \\ a_{m1} & a_{m2} & \cdots & a_{mn} \end{pmatrix}$$

$$=(a_{11}x_1+a_{21}x_2+\cdots+a_{m1}x_m,\ a_{12}x_1+a_{22}x_2+\cdots+a_{m2}x_m,\ \cdots,\ a_{1n}x_1+a_{2n}x_2+\cdots+a_{mn}x_m)$$

是一个 n 维行向量。

矩阵 $\boldsymbol{A}=\begin{pmatrix} a_{11} & a_{12} & \cdots & a_{1n} \\ a_{21} & a_{22} & \cdots & a_{2n} \\ \vdots & \vdots & \ddots & \vdots \\ a_{m1} & a_{m2} & \cdots & a_{mn} \end{pmatrix}$ 与向量 $\boldsymbol{Y}=\begin{pmatrix} y_1 \\ y_2 \\ \vdots \\ y_n \end{pmatrix}$ 的乘积

$$\boldsymbol{AY}=\begin{pmatrix} a_{11} & a_{12} & \cdots & a_{1n} \\ a_{21} & a_{22} & \cdots & a_{2n} \\ \vdots & \vdots & \ddots & \vdots \\ a_{m1} & a_{m2} & \cdots & a_{mn} \end{pmatrix}\begin{pmatrix} y_1 \\ y_2 \\ \vdots \\ y_n \end{pmatrix}=\begin{pmatrix} a_{11}y_1+a_{12}y_2+\cdots+a_{1n}y_n \\ a_{21}y_1+a_{22}y_2+\cdots+a_{2n}y_n \\ \vdots \\ a_{m1}y_1+a_{m2}y_2+\cdots+a_{mn}y_n \end{pmatrix}$$

是一个 m 维列向量。

当矩阵 $\boldsymbol{A}=\begin{pmatrix} a_{11} & a_{12} & \cdots & a_{1n} \\ a_{21} & a_{22} & \cdots & a_{2n} \\ \vdots & \vdots & \ddots & \vdots \\ a_{m1} & a_{m2} & \cdots & a_{mn} \end{pmatrix}$，向量 $\boldsymbol{X}=(x_1,x_2,\cdots,x_m)$，$\boldsymbol{Y}=(y_1,y_2,\cdots,y_n)$ 时，乘积

$$\boldsymbol{XAY}^{\mathrm{T}}=(x_1,x_2,\cdots,x_m)\begin{pmatrix} a_{11} & a_{12} & \cdots & a_{1n} \\ a_{21} & a_{22} & \cdots & a_{2n} \\ \vdots & \vdots & \ddots & \vdots \\ a_{m1} & a_{m2} & \cdots & a_{mn} \end{pmatrix}\begin{pmatrix} y_1 \\ y_2 \\ \vdots \\ y_n \end{pmatrix}=\sum_{i=1}^{m}\sum_{j=1}^{n}a_{ij}x_iy_j$$

是一个标量，即实数。

例如：向量 $\boldsymbol{A}=\begin{pmatrix} 5 & 7 \\ 4 & 6 \end{pmatrix}$，$\boldsymbol{X}=(x_1,x_2)$，$\boldsymbol{Y}=(y_1,y_2)$ 时，

$$\boldsymbol{XAY}^{\mathrm{T}}=(x_1,x_2)\begin{pmatrix} 5 & 7 \\ 4 & 6 \end{pmatrix}\begin{pmatrix} y_1 \\ y_2 \end{pmatrix}=\sum_{i=1}^{2}\sum_{j=1}^{2}a_{ij}x_iy_j=5x_1y_1+7x_1y_2+4x_2y_1+6x_2y_2$$

5. 关于概率与数学期望

(1) 随机试验：可以在相同的条件下重复进行，并且每次试验的结果事先不可预知的试验，称为随机试验。

(2) 随机事件：在随机试验中，可能发生也可能不发生的事件，称为随机事件，简称事件。

(3) 事件的概率（统计定义）：如果在 n 次重复试验中事件 A 发生了 m 次，当 n 无限增大时，比值 m/n 稳定地在某一个常数 p 附近摆动，且 n 越大，摆动幅度越小，则称此常数 p 为事件 A 的概率，记为 $p(A)$。

(2) 数学期望：一个随机事件 X 有 n 个结果，把第一个结果的值记为 x_1，它发生的概率记为 p_1；第二个结果的值记为 x_2，它发生的概率为 p_2；……；第 n 个结果的值记为 x_n，它发生的概率记为 p_n。那么，随机事件 X 的数学期望定义为

$$E(X)=x_1p_1+x_2p_2+\cdots+x_np_n$$

附录7　WinQSB软件操作指南

1. WinQSB软件简介

WinQSB是一种教学软件，特别适合多媒体课堂教学。该软件可应用于管理科学、决策科学、运筹学及生产管理领域中的非大型问题的求解。WinQSB软件的19个子程序模块、缩写及文件名后缀、子程序名称见附表1。

附表1

序号	子程序	缩写及文件名后缀	子程序名称
1	Aggregate Planning	AP	综合计划编制
2	Decision Analysis	DA	决策分析
3	Dynamic Programming	DP	动态规划
4	Facility Location and Layout	FLL	设备场地布局
5	Forecasting and Linear Regression	FC	预测与线性回归
6	Goal Programming	GP	目标规划
7	Inventory Theory and System	ITS	存储论与存储控制系统
8	Job Scheduling	JOB	作业调度
9	Linear and Integer Programming	LP-ILP	线性与整数规划
10	MarKov Process	MKP	马尔可夫过程
11	Material Requirements Planning	MRP	物料需求计划
12	Network Modeling	Net	网络模型
13	Nonlinear Programming	NLP	非线性规划
14	PERT_CPM	PERT _ CPM	网络计划
15	Quadratic Programming	QP	二次规划
16	Quality Control Chart	QCC	质量管理控制图
17	Queuing Analysis	QA	排队分析
18	Queuing System Simulation	QSS	排队系统模拟
19	Acceptance Sampling Analysis	ASA	抽样分析

2. WinQSB操作简介

(1) 安装与启动。

安装WinQSB软件后，在系统程序中自动生成WinQSB应用程序，用户可根据不同问题选择子程序，操作与一般Windows的应用程序的操作相同。进入某个子程序后，用户可先打开已有数据文件，观察数据输入格式、能够解决哪些问题、计算结果的输出格式等内容。

(2) 与Office文档交换数据。

从Excel或Word文档中复制数据到WinQSB：用户放在Excel电子表格中的数据

可以复制到 WinQSB 中，方法是先选中要复制的电子表格中单元格的数据，点击复制，然后在 WinQSB 的电子表格编辑状态下选中要粘贴的单元格，点击粘贴完成复制。

将 WinQSB 的数据复制到 Office 文档：先清空剪贴板，选中 WinQSB 表格中要复制的单元格，点击 Edit→Copy，然后粘贴到 Excel 或 Word 文档中。

将 WinQSB 的计算结果复制到 Office 文档：问题求解后，先清空剪贴板，点击 File→Copy to clipboard 就将结果复制到了 Office 文档。

保存计算结果：问题求解后，点击 File→Save as，系统便以文本格式（*.txt）保存结果，然后复制到 Office 文档。

关于矩阵博弈求解的操作请参阅第二章 2.4 节 WinQSB 软件应用部分。

问题与应用参考答案

问题与应用 1

1. **是否交换红包**

两人错在当他们都表示愿意交换时没有考虑对方的收益情况，即当任一人拿到的是 1 000 元红包时才有可能选择交换红包，而拿到 2 000 元红包的人衡量交换收益后肯定不会选择交换。两人均表示愿意交换，说明两人拿到的红包都不会是 2 000 元而是 1 000 元，而他们忽略了这个细节。

2. **手势博弈**

		乙		
		石头	剪刀	布
甲	石头	0，0	1，−1	−1，1
	剪刀	−1，1	0，0	1，−1
	布	1，−1	−1，1	0，0

3. **取硬币游戏**

取硬币博弈存在最优战略，对于甲，其最优战略是第一轮从第二行取出一枚硬币，不管乙怎么取硬币，甲都将拿走乙留下的任意一枚硬币。

对于乙，若甲留下一行硬币，则全部拿走；否则，取出任意一枚硬币。

结论：若甲实行最优战略，则必将获得游戏胜利。

4. **取硬币游戏（续）**

假设游戏都由局中人甲开始第一轮。

（1）对策略的选择有影响。

（2）当第三行有一枚硬币时：甲只需要取走第二行的两枚硬币，就能保证获胜。

当第三行有两枚硬币时：甲首轮需要取走第一行的一枚硬币。接下来如果乙取走第二行的一枚硬币，那么甲接下来就应该取走第三行的一枚硬币；如果乙取走第三行的一枚硬币，那么甲接下来就应该取走第二行的一枚硬币。然后，乙只能取走余下两枚硬币中的一枚（因为这两枚硬币不同行）。最后，甲取走最后一枚硬币。如果乙取走第二行或第三行的两枚硬币，那么甲只需要取走余下的两枚硬币就可以获胜。

当第三行有三枚硬币时：甲首轮仍然要取走第一行的一枚硬币。接下来，如果乙取走第二行或者第三行的全部硬币，甲再取走剩余的硬币就可以获胜；如果乙只取走第二行或者第三行的部分硬币，那么无论乙怎样取，甲都可以使自己取完剩余的不同行的两枚硬币。最终甲获胜。

5. **价格博弈**

博弈论研究的是理性行为，这意味着每个局中人都会根据对手的策略选择自己的最优反应。首先，我们来看对于甲公司的策略，乙公司的最优反应是什么：如果甲公司选择“低价”，乙公司的最优反应是“低价”；如果甲公司选择“高价”，乙公司的最优反应仍然是“低价”。然后，我们来看对于乙公司的策略，甲公司的最优反应是什么：同样的分析可知，甲公司的最优反应与乙公司的相同。因此，如果两公司不合谋，最有可能出现的局势是：两公司都选择“低价”，双方收益都为 2 000。如果两公司合谋，则有可能出现两公司都选择“高价”的局势，双方收益均为 10 000。

6. **三枪博弈**

由于最优结果是自己活着，其他两个枪手被打死；次优结果是自己活着，其他两个枪手中有一人活着；第三优结果是三人同归于尽；最差结果是自己被打死，其他两个枪手有一个或两个活着。所以，

（1）因为每个人自己是否活下来不取决于自己是否开枪，但如果自己不开枪，其他人活下来的概率就会增加，因此开枪是最优策略。

（2）最优策略是对空开枪。这是因为：

1）如果你开枪打死其他两个枪手中的一个，另一个就会向你开枪，你死了而他活下来。

2）如果你对空开枪，其他两个枪手认为你对他们没有威胁，此时可能有两种结果：一是他们二人会自相残杀；二是他们会预见到自相残杀的结果，从而约定向你开枪。但是这个约定是无效的，因为一旦两个枪手中一人向已经解除武装的你开枪，另一个人的最优策略就是向对方开枪，当他们都这样想时，这个约定便无效了。

问题与应用 2

1. **努力工作还是偷懒**

（1）存在占优策略，甲、乙的占优策略都是“偷懒”；

（2）存在占优策略均衡，是（偷懒，偷懒）；

(3) 该博弈的合作解是(努力，努力);

(4) 这个博弈属于社会两难博弈，因为博弈的占优策略均衡与合作解相悖。

2.

		乙方		
		石头	剪刀	布
甲方	石头	0，0	1，0	0，1
	剪刀	0，1	0，0	1，0
	布	1，0	0，1	0，0

对于甲方来说，

如果乙方选择	则甲方的最优战略是
石头	布
剪刀	石头
布	剪刀

对于乙方来说，

如果甲方选择	则乙方的最优战略是
石头	布
剪刀	石头
布	剪刀

所以，甲、乙双方都没有占优策略，于是该博弈没有占优策略均衡，也不存在纳什均衡。

3. **旅行者困境**

最优策略是双方都写下100美元，这样航空公司会判定他们讲真话，每人将获得100美元。如果甲写下100美元，乙写下99美元，那么航空公司将判定甲说假话，乙说真话，从而甲只能获得100－2＝98美元，而乙可以获得99＋2＝101美元。由于双方都是理性人，他们都能计算到对方的策略，最终他们为了获得奖励，避免罚款，都会写下0美元，于是航空公司只会付给他们0＋2＝2美元。这个博弈的纳什均衡是(2，2)。

4. (1) 纳什均衡是(A_1，B_1)，(A_3，B_3)。

(2) 纳什均衡是(A_1，B_1)。

5. **狩猎博弈**

由于纳什均衡是每个局中人策略对其他局中人策略的最优反应，故：

(1)(抓兔，抓兔)，(打鹿，打鹿)为该博弈的纳什均衡。

(2)(打鹿，打鹿)是该博弈的合作解。

6. **古巴导弹危机**

(1) 该博弈与懦夫博弈一样；

(2) 纳什均衡分别是(封锁,留下导弹)以及(空袭,拆除导弹);

(3) 美苏两国为了缓和紧张局势,避免因该事件引发世界核战争而造成巨大损失,于是都没有选择攻击性策略。

7. **鹰鸽博弈**

(1) 有两个纳什均衡,分别是(鹰策略,鸽策略),(鸽策略,鹰策略)。

(2) 不能确定谢林点。

8. **双寡头市场**

两厂商的利润收益函数分别为:

$$\begin{aligned}u_1(q_1,q_2)&=q_1P(Q)-c_1q_1\\&=q_1[10-(q_1+q_2)]-4q_1\\&=6q_1-q_1q_2-q_1^2\end{aligned}$$

$$\begin{aligned}u_2(q_1,q_2)&=q_2P(Q)-c_2q_2\\&=q_2[10-(q_1+q_2)]-4q_2\\&=6q_2-q_1q_2-q_2^2\end{aligned}$$

在本博弈中,寻找均衡策略的充分必要条件是求出 q_1 和 q_2 的最大值,即求

$$\begin{cases}\max\limits_{q_1}(6q_1-q_1q_2-q_1^2)\\ \max\limits_{q_2}(6q_2-q_1q_2-q_2^2)\end{cases}$$

这时,我们可以把 u_1 看成是 q_1 的一元二次函数,利用求极值的方法,可得使 u_1 实现最大值的 q_1,即

$$q_1=\frac{1}{2}(6-q_2)=3-\frac{q_2}{2} \tag{1}$$

同样,可以把 u_2 看成是 q_2 的一元二次函数,利用求极值的方法,可得使 u_2 实现最大值的 q_2,即

$$q_2=\frac{1}{2}(6-q_1)=3-\frac{q_1}{2} \tag{2}$$

将式(1)与式(2)联立,解之得 $q_1^*=q_2^*=2$。即两个厂商产量决策为:各自生产 2 个单位。

9. (1) 该博弈有鞍点:局中人 1 取第 2 个策略,局中人 2 取第 3 个策略,简记 (a_2, b_3)。博弈的值 $V=4$。

(2) 该博弈有鞍点:(a_1, b_1),该博弈值 $V=0$。

(3) 博弈有鞍点:(a_1, b_2),(a_1, b_4),(a_3, b_2),(a_3, b_4),该博弈值 $V=5$。

(4) 博弈有鞍点:(a_2, b_3) (a_4, b_4),该博弈值 $V=-10$。

(5) 博弈不存在鞍点。

(6) 博弈不存在鞍点。

10. (1) 用 WinQSB 软件的求解过程和求解结果如下页图所示,最优解为 $\boldsymbol{x}=$

(0.37，0.43，0.20)，$\boldsymbol{y}$＝(0.30，0.26，0.43)，博弈值 V＝0.65。

Player1 \ Player2	Strategy2-1	Strategy2-2	Strategy2-3
Strategy1-1	-1	2	1
Strategy1-2	1	-2	2
Strategy1-3	3	4	-3

10-23-2011	Player	Strategy	Dominance	Elimination Sequence
1	1	Strategy1-1	Not Dominated	
2	1	Strategy1-2	Not Dominated	
3	1	Strategy1-3	Not Dominated	
4	2	Strategy2-1	Not Dominated	
5	2	Strategy2-2	Not Dominated	
6	2	Strategy2-3	Not Dominated	
	Player	Strategy	Optimal Probability	
1	1	Strategy1-1	0.37	
2	1	Strategy1-2	0.43	
3	1	Strategy1-3	0.20	
1	2	Strategy2-1	0.30	
2	2	Strategy2-2	0.26	
3	2	Strategy2-3	0.43	
	Expected	Payoff	for Player 1 =	0.65

(2) 用 WinQSB 软件的求解过程和求解结果如下图所示，最优解为 $\boldsymbol{x}$＝(0.50，0.50，0)，$\boldsymbol{y}$＝(0.60，0.40，0)，博弈值 V＝1。

Player1 \ Player2	Strategy2-1	Strategy2-2	Strategy2-3
Strategy1-1	3	-2	4
Strategy1-2	-1	4	2
Strategy1-3	2	-1	6

10-23-2011	Player	Strategy	Dominance	Elimination Sequence
1	1	Strategy1-1	Not Dominated	
2	1	Strategy1-2	Not Dominated	
3	1	Strategy1-3	Not Dominated	
4	2	Strategy2-1	Not Dominated	
5	2	Strategy2-2	Not Dominated	
6	2	Strategy2-3	Dominated by Strategy2-1	
	Player	Strategy	Optimal Probability	
1	1	Strategy1-1	0.50	
2	1	Strategy1-2	0.50	
3	1	Strategy1-3	0	
1	2	Strategy2-1	0.60	
2	2	Strategy2-2	0.40	
3	2	Strategy2-3	0	
	Expected	Payoff	for Player 1 =	1.00

(3) 用 WinQSB 软件的求解过程和求解结果如下图所示，最优解为 $\boldsymbol{x}$＝(0.33，0，0.67)，$\boldsymbol{y}$＝(0.33，0.33，0.33)，博弈值 V＝2.33。

Player1 \ Player2	Strategy2-1	Strategy2-2	Strategy2-3
Strategy1-1	1	3	3
Strategy1-2	4	2	1
Strategy1-3	3	2	2

	Player	Strategy	Optimal Probability	
1	1	Strategy1-1	0.33	
2	1	Strategy1-2	0	
3	1	Strategy1-3	0.67	
1	2	Strategy2-1	0.33	
2	2	Strategy2-2	0.33	
3	2	Strategy2-3	0.33	
	Expected	Payoff	for Player 1 =	2.33

11. 该博弈有纯策略纳什均衡（A_1，B_2），（A_2，B_1）；再用奇数定理判断该博弈有1个混合策略纳什均衡，计算求得：$\boldsymbol{X}^*=(0.375, 0.625)$，$\boldsymbol{Y}^*=(0.375, 0.625)$，博弈值 $V=5.625$。

12. **公共物品提供博弈**

采用划线法，可知该博弈的纳什均衡为（不提供，不提供，不提供）。显然，该博弈的合作解是（提供，提供，提供）。纳什均衡与合作解相悖，因此该博弈反映了社会两难现象。但是如果有政策等的引导，那么三者都选择提供，均有收益1.5，解决了社会两难问题。

13. **青蛙择偶博弈**

（1）纳什均衡：（观坐，鸣叫，鸣叫），（鸣叫，观坐，鸣叫），（鸣叫，鸣叫，观坐）。

（2）如果允许出现联盟，就会有大联盟（鸣叫，鸣叫，鸣叫）或（观坐，观坐，观坐）。

问题与应用3

1. 列表计算例3.1三人合作经商问题的利益分配中 $\varphi_B(V)$，$\varphi_C(V)$ 的值。

计算参与者 B 的分配值 $\varphi_B(V)$：

S	B	AB	BC	ABC
$V(S)$	1	7	4	10
$V(S\backslash\{B\})$	0	1	1	5
$V(S)-V(S\backslash\{B\})$	1	6	3	5
$\|S\|$	1	2	2	3
$(n-\|S\|)!\,(\|S\|-1)!$	2	1	1	2
$W(\|S\|)$	1/3	1/6	1/6	1/3
$\varphi_B(V)$	3.5			

计算参与者 C 的分配值 φ_C（V）：

S	C	AC	BC	ABC
$V(S)$	1	5	4	10
$V(S\backslash\{C\})$	0	1	1	7

续前表

S	C	AC	BC	ABC
$V(S)-V(S\backslash\{C\})$	1	4	3	3
$\|S\|$	1	2	2	3
$(n-\|S\|)!\ (\|S\|-1)!$	2	1	1	2
$W(\|S\|)$	1/3	1/6	1/6	1/3
$\varphi_C(V)$	2.5			

2. 该问题中持有半数以上股份的股东联盟（称为有效联盟）有：

$$\{C,D\},\ \{A,B,C\},\{A,B,D\},\{A,C,D\},\{B,C,D\},\ \{A,B,C,D\}$$

设特征函数

$$V(S)=\begin{cases}1, & S\text{ 为有效联盟}\\ 0, & S\text{ 为无效联盟}\end{cases}$$

利用夏普利值计算公式求 $\varphi_i(V)$，$i=A$，B，C，D。计算 A 的股权 $\varphi_A(V)$ 值：

S	ABC	ABD	ACD	$ABCD$
$V(S)$	1	1	1	1
$V(S\backslash\{A\})$	0	0	1	1
$V(S)-V(S\backslash\{A\})$	1	1	0	0
$\|S\|$	3	3	3	4
$(n-\|S\|)!\ (\|S\|-1)!$	2	2	2	6
$W(\|S\|)$	1/12	1/12	1/12	1/4
$\varphi_A(V)$	1/6			

同理可得：$\varphi_B(V)=\frac{1}{6}$。由于 C、D 的持股分别为 40%、40%，故 $\varphi_C(V)=\varphi_D(V)$，根据夏普利值的完全分配原则，有

$$\varphi_C(V)=\varphi_D(V)=\frac{1}{2}[1-(\varphi_A(V)+\varphi_B(V))]=\frac{1}{2}\left[1-\left(\frac{1}{6}+\frac{1}{6}\right)\right]=\frac{1}{3}$$

因此，股东 A，B，C，D 对公司形成决定影响的比重分别是$\left(\frac{1}{6}，\frac{1}{6}，\frac{1}{3}，\frac{1}{3}\right)$。

3. 将总利润均分（即每人 20 单位）是不合理方案。因为每个人的贡献不同。计算夏普利值得 A、B、C、D、E 各自的分配（单位：亿元）。

计算 A 的分配：

S	A	AB	AC	AD	AE	ABC	ABD	ABE	ACD	ACE	ADE	$ABCD$	$ABCE$	$ABDE$	$ACDE$	$ABCDE$
$V(S)$	0	0	5	15	20	25	35	40	40	45	55	60	65	75	80	100
$V(S\backslash\{A\})$	0	0	0	5	10	15	25	30	30	35	45	50	55	65	70	90

续前表

S	A	AB	AC	AD	AE	ABC	ABD	ABE	ACD	ACE	ADE	$ABCD$	$ABCE$	$ABDE$	$ACDE$	$ABCDE$
$V(S)-V(S\backslash\{A\})$	0	0	5	10	10	10	10	10	10	10	10	10	10	10	10	10
$\|S\|$	1	2	2	2	2	3	3	3	3	3	3	4	4	4	4	5
$(n-\|S\|)!(\|S\|-1)!$	24	6	6	6	6	4	4	4	4	4	4	6	6	6	6	24
$W(\|S\|)$	1/5	1/20	1/20	1/20	1/20	1/30	1/30	1/30	1/30	1/30	1/30	1/20	1/20	1/20	1/20	1/5
$\varphi_A(V)$	7.25															

计算 B 的分配：

S	B	AB	BC	BD	BE	ABC	ABD	ABE	BCD	BCE	BDE	$ABCD$	$ABCE$	$ABDE$	$BCDE$	$ABCDE$
$V(S)$	0	0	15	25	30	25	35	40	50	55	65	60	65	75	90	100
$V(S\backslash\{B\})$	0	0	0	5	10	5	15	20	30	35	45	40	45	55	70	80
$V(S)-V(S\backslash\{B\})$	0	0	5	20	10	20	20	20	20	20	20	20	20	20	20	20
$\|S\|$	1	2	2	2	2	3	3	3	3	3	3	4	4	4	4	5
$(n-\|S\|)!(\|S\|-1)!$	24	6	6	6	6	4	4	4	4	4	4	6	6	6	6	24
$W(\|S\|)$	1/5	1/20	1/20	1/20	1/20	1/30	1/30	1/30	1/30	1/30	1/30	1/20	1/20	1/20	1/20	1/5
$\varphi_B(V)$	14.75															

计算 C 的分配：

S	C	AC	BC	DC	EC	ABC	ACD	ACE	BCD	BCE	CDE	$ABCD$	$ABCE$	$ACDE$	$BCDE$	$ABCDE$
$V(S)$	0	5	15	30	35	25	40	45	50	55	70	60	65	80	90	100
$V(S\backslash\{C\})$	0	0	0	5	10	0	15	20	25	30	45	35	40	55	65	75
$V(S)-V(S\backslash\{C\})$	0	5	15	25	25	25	25	25	25	25	25	25	25	25	25	25
$\|S\|$	1	2	2	2	2	3	3	3	3	3	3	4	4	4	4	5
$(n-\|S\|)!(\|S\|-1)!$	24	6	6	6	6	4	4	4	4	4	4	6	6	6	6	24
$W(\|S\|)$	1/5	1/20	1/20	1/20	1/20	1/30	1/30	1/30	1/30	1/30	1/30	1/20	1/20	1/20	1/20	1/5
$\varphi_C(V)$	18.50															

计算 D 的分配：

S	D	AD	BD	CD	ED	ABD	ACD	ADE	BCD	BDE	CDE	$ABCD$	$ABDE$	$ACDE$	$BCDE$	$ABCDE$
$V(S)$	5	15	25	30	45	35	40	55	50	65	70	60	75	80	90	100
$V(S\backslash\{D\})$	0	0	0	0	10	0	5	20	15	30	35	25	40	45	55	65
$V(S)-V(S\backslash\{D\})$	5	15	25	30	35	35	35	35	35	35	35	35	35	35	35	35
$\|S\|$	1	2	2	2	2	3	3	3	3	3	3	4	4	4	4	5
$(n-\|S\|)!(\|S\|-1)!$	24	6	6	6	6	4	4	4	4	4	4	6	6	6	6	24
$W(\|S\|)$	1/5	1/20	1/20	1/20	1/20	1/30	1/30	1/30	1/30	1/30	1/30	1/20	1/20	1/20	1/20	1/5
$\varphi_D(V)$	27.25															

计算 E 的分配：

S	E	AE	BE	CE	DE	ABE	ACE	ADE	BCE	BDE	CDE	$ABCE$	$ABDE$	$ACDE$	$BCDE$	$ABCDE$
$V(S)$	10	20	30	35	45	40	45	55	55	65	70	65	75	80	90	100
$V(S\backslash\{E\})$	0	0	0	0	5	0	5	15	15	25	30	25	35	40	50	60
$V(S)-V(S\backslash\{E\})$	10	20	30	30	40	40	40	40	40	40	40	40	40	40	40	40
$\|S\|$	1	2	2	2	2	3	3	3	3	3	3	4	4	4	4	5
$(n-\|S\|)!\ (\|S\|-1)!$	24	6	6	6	6	4	4	4	4	4	4	6	6	6	6	24
$W(\|S\|)$	1/5	1/20	1/20	1/20	1/20	1/30	1/30	1/30	1/30	1/30	1/30	1/20	1/20	1/20	1/20	1/5
$\varphi_E(V)$	32.25															

综上所述，A、B、C、D、E 各应分配（单位：亿元）：(7.25，14.75，18.5，27.25，32.25)。

4. 1958 年的欧共体中，卢森堡尽管有 1 票，但其权力指数为 0，即尽管卢森堡每次都在投票，但在任何情况下这个国家对议案均不会产生任何影响。

5. **合作捕猎博弈**

(1) 解集是 $\{ABC\}$；(2) 1 号联盟结构是核。

6. **商业伙伴博弈**

核是 $\{ABC\}$，在核中 A、B、C 的收益各是 20，20，15。

问题与应用 4

1. 囚徒困境问题的扩展式为

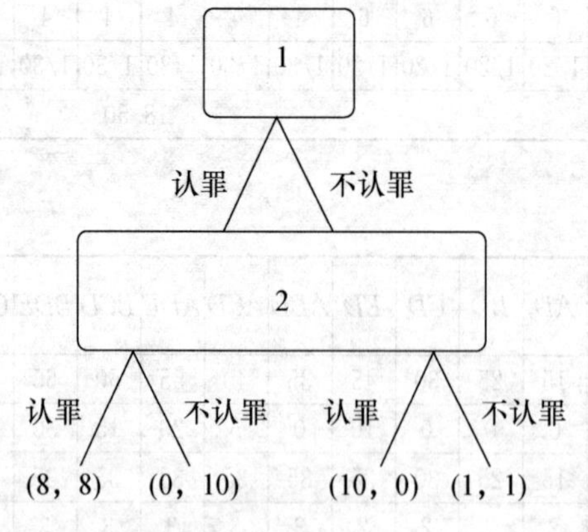

它没有适当子博弈，只有 1 个复合子博弈。

2. **价格博弈**

(1) 这个博弈的标准式为

		厂商 2	
		高价	降价
厂商 1	高价	（11，11）	（2，**12**）
	降价	（**12**，2）	（**7**，**7**）

纳什均衡为（降价，降价）；

（2）这个博弈的扩展式为

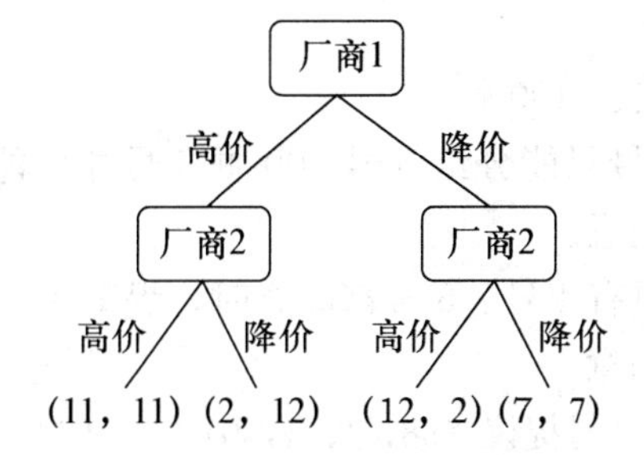

（3）用逆向归纳法求解得纳什均衡为（降价，降价）。

3.（1）该博弈有 4 个子博弈：

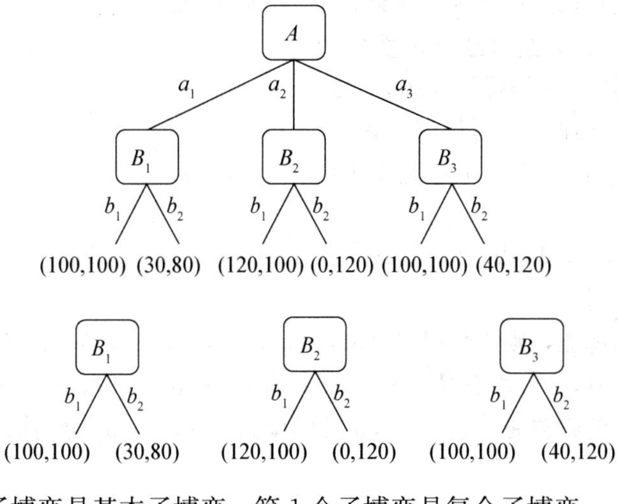

（2）后 3 个子博弈是基本子博弈，第 1 个子博弈是复合子博弈；

（3）用逆向归纳法求解这个动态博弈，纳什均衡为（a_1，b_1）。

4. 另一类蜈蚣博弈

（1）如果 $Y=5$，$Z=5$，子博弈完美均衡是 A“抓”；A、B 收益为（5，1）；

（2）如果 $Y=8$，$Z=8$，子博弈完美均衡是 A、B 都“传”，A、B 收益为（8，8）。

5. 另外版本的海盗分宝石博弈

（1）如果要求包括提议海盗在内的所有海盗超过半数（大于 1/2）同意才能使提议通过，则在这个规则下：

只剩 5 号时，他分给自己 100 颗。

只剩 4 号、5 号时，4 号只能分给 5 号 100 颗 5 号才可能同意，所以 4 号提议（0，

100)，但不保证5号一定同意。

只剩3、4、5号时，3号提议（100，0，0），4号一定会同意，5号反对无效。

只剩2、3、4、5号时，2号提议（98，0，1，1），4、5号一定会同意，3号反对无效。

再看1号。1号提议（97，0，1，2，0），3、4号一定会同意，2、5号反对无效。

或1号提议（97，0，1，0，2），3、5号一定会同意，2、4号反对无效。

（2）如果要求提议海盗之外的所有海盗超过半数（大于1/2）同意才能使提议通过，则在这个规则下：

只剩5号时，他分给自己100颗。

只剩4号、5号时，4号只能分给5号100颗5号才可能同意，所以4号提议（0，100)，但不保证5号一定同意。

只剩3、4、5号时，只有4号、5号都同意时，提案才能通过，故3号提议（0，0，100)，但不保证5号一定同意。

只剩2、3、4、5号时，2号提议（98，1，1，0），3、4号一定会同意，5号反对无效。

再看1号。1号提议（95，0，2，2，1），3、4、5号一定会同意，2号反对无效。

（3）如果海盗的个数增加到10个或100个。按照当达到半数的人同意（包括提案者在内）时方案就算通过的原则，如果有10名海盗，则

只剩10号时，他分给自己100颗。

只剩9、10号时，9号提议（100，0）。

只剩8、9、10号时，8号提议（99，0，1）。

只剩7、8、9、10号时，7号提议（99，0，1，0）。

……

1号提议（96，0，1，0，1，0，1，0，1，0）。

类似的分析可得：

如果有100名海盗，则1号提议（51，0，1，0，1，…，0，1，0）。

6. 当$\delta=0.5$时，$\delta-\delta^2$有最大值0.25；当$0.5<\delta<1$时，δ越大，$\delta-\delta^2$就越小，甲的收益越大，乙的收益越小；当$0<\delta<0.5$时，δ越大，$\delta-\delta^2$就越大，甲的收益越小，乙的收益越大。

7. 略。

8. **蜈蚣博弈**

B的选择是“签”。

问题与应用5

2. **采购机制设计**

你可以制定如下机制：向两家供应商宣布，如果谁肯把价钱降到8元/个，谁就可以得到100万个配件的全部订货；如果两家都愿意以8元/个的价格供货，则两家各半。

且两家供应商只有一次机会，下次是否订货尚未可知。按照 8 元/个的价格，订货 100 万个时供应商的利润是 200 万元，订货 50 万个时供应商的利润是 100 万元。于是得到相应的博弈矩阵如下：

供应商的囚徒困境博弈矩阵

		供应商乙	
		8 元/个	10 元/个
供应商甲	8 元/个	100，100	200，0
	10 元/个	0，200	150，150

不难看出，该博弈的纳什均衡是（8 元/个，8 元/个）。你的订货成本是 800 万元。

3. **破产决算纠纷**

“塔木德算法”解决破产决算纠纷的结果见下表。

解决破产决算纠纷的计算结果

待分财产	塔木德解决方案		比例计算方法	
	甲得数目	乙得数目	甲得数目	乙得数目
100	50	50	20	80
200	100	100	40	160
300	100	200	60	240
450	100	350	90	360
500	100	400	100	400
550	100	450	110	440
850	125	725	170	680
950	175	775	190	760

与“比例计算方法”对比可发现：500（万元）是一个分界线，在这条分界线上，“塔木德解决方案”跟“比例计算方法”得出的结果是一样的。低于此线，则甲在“塔木德解决方案”中的获利高于“比例计算方法”；高于此线，则甲在“塔木德解决方案”中的获利低于“比例计算方法”；乙的情况则正好相反。

破产决算纠纷问题的如此解决，再次验证了：在资源不足的情况下，“塔木德解决方案”不仅保证了博弈规则的公正性，而且有效地保护了弱者的利益。

4. **遗产分配问题**

“塔木德算法”解决该遗产分配问题的结果见下表。

“三儿争遗产”的塔木德分配方案的计算结果

债权 / 遗产	第 1 个儿子	第 2 个儿子	第 3 个儿子
	100	150	200
100	100/3	100/3	100/3
150	50	50	50
200	50	75	75

续前表

遗产 \ 债权	第 1 个儿子	第 2 个儿子	第 3 个儿子
	100	150	200
225	50	75	100
250	50	75	125
300	50	100	150
350	50	125	175
400	75	137.5	187.5
450	100	150	200

5. **照相机拍卖**

（1）张先生的最优反应是弃拍；李先生的最优反应是出价 105 元。

（2）该博弈的子博弈完美均衡是：李先生选择出价 105 元，而张先生选择弃拍。

主要参考文献

1. 艾里克·拉斯缪森著，王晖等译. 博弈与信息（第二版）. 北京：北京大学出版社，2003.

2. 朱·弗登伯格等著，黄涛等译. 博弈论. 北京：中国人民大学出版社，2010.

3. 董保民，王运通，郭桂霞. 合作博弈论. 北京：中国市场出版社，2008.

4. 威廉姆·庞德斯通著，吴鹤龄译. 囚徒的困境. 北京：北京理工大学出版社，2005.

5. 罗杰·麦凯恩著，原毅军等译. 博弈论——战略分析入门. 北京：机械工业出版社，2006.

6. 熊义杰. 现代博弈论基础. 北京：国防工业出版社，2010.

7. 肖条军. 博弈论及其应用. 上海：上海三联书店，2004.

8. 张万红. 趣味博弈学. 郑州：郑州大学出版社，2007.

9. 胡运权等. 运筹学基础及其应用（第四版）. 北京：高等教育出版社，2004.

10. 焦宝聪，陈兰平. 运筹学思想方法及应用. 北京：北京大学出版社，2008.

11. 董志强. 身边的博弈. 北京：机械工业出版社，2007.

12. 奚恺元. 别做正常的傻瓜. 北京：机械工业出版社，2006.

13. 斯科特·普劳斯著，施俊琦等译. 决策与判断. 北京：人民邮电出版社，2004.

14. 米勒著，李绍荣译. 活学活用博弈论——如何利用博弈论在竞争中获胜. 北京：中国财政经济出版社，2006.

15. 潘天群. 博弈生存——社会现象的博弈论解读. 北京：中央编译出版社，2002.

16. 谢识予. 经济博弈论. 上海：复旦大学出版社，1997.

17. 张维迎. 博弈论与信息经济学. 上海：上海人民出版社，1996.

18. 张奠宙. 20世纪数学经纬. 上海：华东师范大学出版社，2002.

19. 熊伟. 运筹学. 北京：机械工业出版社，2005.

20. Robert J. Aumann and Michael Maschler. "Game Theoretic Analysis of a Bankruptcy Problem from the Talmud". *Journal of Economic Theory*, 36 (1985), 195-213.

21. 冯·诺伊曼，摩根斯顿著，王文玉，王宇译. 博弈论与经济行为. 北京：三联书店，2004.